U0382265

Ouvrage publié avec le concours du Ministère français des Affaires Etrangères
et l'aide de l'Ambassade française en Chine qui méritent d'être vivement remerciés
par éditeur et traducteur du présent ouvrage.

本书出版承蒙法国外交部和法国驻华使馆赞助，特此致谢！

De la problématologie
Philosophie, science et langage
Par Michel Meyer

哲学的叩问译丛

主编／史忠义　张龙海

厦门大学外文学院书系

论问题学：
哲学、科学和语言

De la problématologie
Philosophie, science et langage

［比］米歇尔·梅耶⊙著
史忠义⊙译

中国社会科学出版社

图登字:01-2013-3298

图书在版编目(CIP)数据

论问题学:哲学、科学和语言/[比]梅耶著;史忠义主编;史忠义译.
—北京:中国社会科学出版社,2014.4(2015.3 重印)
(哲学的叩问译丛)
ISBN 978-7-5161-3951-6

Ⅰ.①论… Ⅱ.①梅…②史…③史… Ⅲ.①科学哲学—研究
Ⅳ.①N02

中国版本图书馆 CIP 数据核字(2014)第 026606 号

出 版 人　赵剑英
责任编辑　陈肖静
责任校对　张玉霞
责任印制　戴　宽

出　　　版　中国社会科学出版社
社　　　址　北京鼓楼西大街甲 158 号 (邮编100720)
网　　　址　http://www.csspw.cn
　　　　　　中文域名:中国社科网　　010-64070619
发 行 部　010-84083685
门 市 部　010-84029450
经　　　销　新华书店及其他书店

印　　　装　北京君升印刷有限公司
版　　　次　2014 年 4 月第 1 版
印　　　次　2015 年 3 月第 2 次印刷

开　　　本　710×1000　1/16
印　　　张　19.75
插　　　页　2
字　　　数　323 千字
定　　　价　59.00 元

目　录

译者序

　　2010 年岁末和 2011 年初，当我完成拙著《现代性的辉煌与危机：走向新现代性》的书稿时，原本计划按照拙文《世界诗学视野下的〈文心雕龙〉》的思路，回到文论研究上来，再写一部文学理论方面的专著。当时我发现让·贝西埃的几部新作是一定要细读的，最好能够介绍给国内读者，因为那里边有不少新观点和新思路。这时我发现了米歇尔·梅耶主编的"哲学的叩问"丛书的学术价值和梅耶本人的《论问题学——哲学、科学和语言》一书。

　　十余年来，我一直以为，经过康德、黑格尔、马克思、胡塞尔、海德格尔等人的系统性研究和著述之后，哲学的系统性创新已经不可能了，今后将是实践哲学的天下，而法国在实践哲学方面一直是比较突出的。

　　《论问题学——哲学、科学和语言》一书使我眼前一亮，我迅速浏览了这部著作的主要内容和梅耶的另一部代表作《修辞学原理：论据化的一种一般理论》。我发现问题学哲学是系统性的，而据作者所说，《论问题学——哲学、科学和语言》一书只是他的系统工程的一部分。除了这两部著作外，我们尚不清楚梅耶的系统工程还包括哪些研究课题，但期待他的大作相继问世。

　　笔者钦佩作者的胆量和远见卓识。梅耶对苏格拉底之下柏拉图、亚里士多德、笛卡尔、康德、维特根斯坦、海德格尔等哲学大家的学术思想，对柏拉图和亚里士多德的辩证法思想，对西方的命题主义传统和本体论研究以及实证主义、新实证主义和虚无主义等哲学思潮进行了梳理。他对西方的传统哲学基本上是持批判态度的，其著作亦构成了当代的批判理论。问题学哲学首先是一种哲学观。《论问题学——哲学、科学和语言》一书初版于 1986 年。2008 年法国大学出版社再版了这部论著,适逢西方世界发生了金融危机和经济危机,著作产生了广泛的影响。这种背景使然,我首先是从世界观、社会观、人生观和伦理观角度去理解问题学哲学的。这种解读本身就有了一些新意。我一向不愿意局限于仅介绍别人的观点,总希望自己有一些新的进展。于是就希望从问题学哲学扩展到对人类理想的伦理学研究,作为自己的下一个研究课题。

2012 年 11 月,我在距离日内瓦很近的法国境内的 Bons en Chablais 这个镇上开始翻译梅耶的《论问题学——哲学、科学和语言》一书。梅耶的哲学语言很难,笔者因为有阅读哲学著作的积淀,译得很快,五个星期就译了 13 万字。回国后因忙于我牵头的国家社科基金重大招标课题"经典法国文学史翻译工程"的开题以及开题后引进版权合同的准备和与国内 20 位同仁的合作协议的签订等工作,速度下降了一半。2 月份译完后,我又用了一个多月的时间逐字逐句仔细校对了全部译稿。原以为改动会很多,需要整个地理顺译文,使其通畅、易懂,有些概念大概也需要重新理解。实际修改时,我仅改动了对 in – différence 和 consacrer 两个概念或语词的理解,其他就是把句子搞得更顺畅一些。至于译法,我只能保持目前这种贴得很紧的译法,因为西方的哲学家们,为了使自己的理论具有体系性和"真理性",经常把问题设想得过多过细,不说得很深刻绝不罢休,不像我们中国学者,更习惯于微言大义的思路。梅耶著作后几章那些深入挖掘简直就像绕口令一样,稍微改动就可能篡改了作者的原意。我只有奉劝读者朋友们读慢一点,千万别着急,边读边思考,多读几遍。这部著作值得我们花这样的工夫。笔者原来设想的写一篇较长的导读梳理作者主要思想的工作,因为颇费时间,还因为需要加深理解,只好留待做课题的时候了,亦请朋友们原谅。

我无意为自己的译文遮掩,恳盼学术界的朋友们和广大读者朋友们斧正,笔者不胜感激之至。

2013 年 4 月 13 日　于北京清河

问题学哲学是辩证唯物主义的最新形态
——米歇尔·梅耶的问题学哲学思想探析

史忠义

（中国社会科学院外文所研究员，北京 100732）

内容提要： 比利时哲学家米歇尔·梅耶在其两部代表作《论问题学——哲学、科学和语言》与《修辞学原理：论据化的一般理论》中提出并详细地阐述了问题学哲学的基本内涵和思想内容。研究米歇尔·梅耶问题学哲学的思想，我们会发现，问题学哲学是一种社会观、人生观、世界观和伦理观。米歇尔·梅耶的两部代表作之间的关系是一致的、和谐的，实际上，问题学的修辞学是问题学哲学的社会观、人生观、世界观和伦理观的修辞版或生活版。问题学哲学全面颠覆了各种形而上学的世界观，它对各种问题的论述实际上都是基于唯物主义的立场，它阐述了辩证法的发展过程，评述了苏格拉底的原初辩证法，批判了柏拉图对辩证法的曲解，指出了亚里士多德辩证法的合理性和不足，尤其提出了叩问、回答、再叩问以至无穷的新辩证法。

关键词： 米歇尔·梅耶　问题学哲学　问题学修辞学　辩证唯物主义的新形态

1977 年，年仅 27 岁的米歇尔·梅耶（Michel Meyer, 1950—）在比利时布鲁塞尔自由大学（即非宗教大学）哲学与文学学院答辩了题为《科学上的发现和论证：试论对新实证主义的解构》（*Découverte et justification en science : essai de déconstruction du néo – positivisme*）的哲学博士论文。这部论文于 1979 年以《科学上的发现和论证：康德主义、新实证主义和问题学》（*Découverte et justification en science : kantisme, néo – positivisme et problématologie*）为书名由巴黎的克兰克西耶克出版社发行。从此，

problématique 一词成了学术界的时髦语词，后来竟至成了西方学术界近三十年来使用最多的学术语词之一。可是长期以来，我们对它的意义却把握不准。法语中的 questions 通常表示具体问题，而 problématique 一词则表示哲学意义上的问题属性，指出某领域问题性质的必然性。随着下面的介绍和论述，我们还会进一步加深对这个语词的理解。

1986 年，米歇尔·梅耶又出版了《论问题学——哲学、科学和语言》（ *De la problématologie—philosophie*, *science et langage*）一书。由于近代以来科学的崛起和人文社会科学的衰落，西方学术界遭遇到越来越多的问题，这部论著 1994 年又由巴黎的阿歇特出版社出版了简装本，1995 年由美国的芝加哥大学出版社出版了英译本。适逢西方世界发生了金融危机和经济危机，2008 年法国大学出版社再版了这部论著。法国的法亚尔出版社同时出版了米歇尔·梅耶的另一部著作《修辞学原理：论据化的一般理论》（ *Principia Rhetorica*: *une théorie générale de l'argumentation*），法国大学出版社两年后再版了这部论著。

米歇尔·梅耶是一个勤奋的学者，著述甚丰，涉猎的学术门类广泛。但笔者以为，《论问题学——哲学、科学和语言》与《修辞学原理：论据化的一般理论》才是其代表作。在后一部著作里，米歇尔·梅耶把他的问题学哲学的基本思想用于他的专业修辞学，从而在其导师夏伊姆·佩雷尔曼（Chaïm Perelman）的修辞学基础上，创立了问题学的新修辞学。夏伊姆·佩雷尔曼和露西·奥尔布雷希茨—泰特卡（Lucie Olbrechts – Tyteca）1958 年出版了他们的名著《论论据化》（ *Traité de l'argumentation*），从而创立了布鲁塞尔的论据化学派。

一

目前，问题学哲学和问题学的新修辞学已经在社会的各个学术领域产生了广泛的影响。近年来，这种影响愈来愈深入学者们和读者们的心灵。人们信服梅耶的观点并将其与更广泛的场域联系起来。单从米歇尔·梅耶在法国大学出版社主编的《哲学的叩问》丛书近年来发表的一些学理反思性著作来看，它们就涉及政治学、社会学、法学、教育学、文学、修辞学、演说术、艺术、美学、心理学和行为哲学、思想史等，甚至也影响到了自然科学。例如下述著作：克里斯蒂安·阿蒂亚斯：《法学中的问题和回答》（Christian Atias, *Questions et réponses en droit*），让·贝西埃：《当代小说或世界的问题性》（Jean Bessière, *Le roman contemporain ou la problématicité du monde*），米歇尔·法布尔：《问题世界的教育，图示与指南》（Michel Fabre, *Eduquer pour un monde problématique. La carte et la boussole*），诺贝尔·勒努瓦尔：《民主与其历史》（Norbert Lenoir, *La démocratie et son histoire*），吉约姆·瓦尼耶：《论据化与法学》（Guillaume Vannier, *Argumentation et droit*），吕特·阿莫西：《自我介绍。性情与话语身份》（Ruth Amossy, *La présentation de soi. Ethos et identité verbale*），弗洛朗斯·巴利克：《论文学中的诱惑》（Florence Balique, *De la séduction littéraire*），贝特朗·布封：《说服话语》（Bertrand Buffon, *La parole persuasive*），克洛德·雅沃：《后现代性的悖论》（Claude Javeau, *Les paradoxes de la postmodernité*），罗歇·普伊韦：《摇滚的哲学》（Roger Pouiver, *Philosophie du rock*），皮埃尔·玛丽：《信仰、欲望和行为》（Pierre Marie, *La croyance, le désir et l'action*），罗歇·普伊韦：《现实主义美学》（*Le réalisme esthétique*），弗·柯绪塔主编：《笛卡尔与哲学的论据化》（F. Cossutta, *Descartes et l'argumentation philosophique*），C. 霍加埃主编：《论据化与叩问》（C. Hoogaert, *Argumentation et questionnement*），B. 蒂默曼斯：《从笛卡尔到康德对问题的解决。科学革命时代的分析》（B. Timmermans, *La résolution des problèmes de Descartes à Kant. L'analyse à l'age de la révolution scientifique*），雅·欣蒂加：《康德的数学观。先验论据化的结构》（J. Hintikka, *La philosophie des mathématiques chez Kant. La structure de l'argumentation transcendantale*），雅克·赖斯：《材料的漫长历史》（Jacques Reisse, *La longue histoire de la matière*）等。其中的雅·欣蒂加是波士顿大学教授，他的《语言理论的基础》（*Fondements d'une théorie du langage*）是语言学领域的一部基本的参考书。安热尔·克雷默—玛利耶第（Angèle Kremer – Marietti）2008 年出版了一部小册子《米歇尔·梅耶与问题学》（*Michel Meyer et la problématologie*），把米歇尔·梅耶誉为当代最伟大的哲学家之一，盛赞其著作的生殖能力（cette nouvelle manière de pensée était féconde）和产生硕果的能力（au fil d'une oeuvre désormais conséquente）。①

　　显然，问题学是一种不同于以往的新的哲学思维方式。与哲学领域经

---

① Voir *Le Soir*, Paris, vendredi 14 novembre 2008, p. 43, livres.

常发生的情况相类似，问题学的起点也可以简单地构成如下：与其对回答感兴趣，毋宁关注叩问的存在本身，因为叩问是思想最根本的基础。任何回答都反馈到叩问。一直以来，人们习惯于聚焦思想家、科学家或街头巷尾人们的各种回答、评判、正确的或错误的命题。人们没有把叩问视为智识活动的基础，而是系统地寻求各种肯定意见，即足以让各种问题销声匿迹的终极性回答。如今我们发现，这种销声匿迹是不可能的。米歇尔·梅耶详述其原因："叩问构成智识活动不可超越的根基。显然，相对于具有问题属性的东西，人们即使逃避不了这种问题性，还是更喜欢各种肯定意见和回答。由于加速运行的历史甚至把那些最成立的回答也变得问题重重，那么今天我们就应该把这种问题性理论化，并因而'叩问问题域'。因为哲学不仅是提问，哲学思考问题与回答的耦合。"①

<h2 style="text-align:center">二</h2>

我们不禁要问，何以这种哲学思维方式的转变会发生在今天这个时代，为什么会发生在现在？而这正是梅耶要表述的观点之一："我们生活的社会，事实上一切都变成问题性的了：与他人的关系、价值观、家庭、历史，还有我们自身。真实本身变得问题重重，因为它的微观结构是数量的，即由量变编织而成。因此，应该意识到下述事实，即在一个像我们这样破碎的世界里，问题到处都是，从语言到文学，从历史到道德，从科学到修辞学和论据化。"② 笔者以为，这正是问题学哲学所要表达的社会观。米歇尔·梅耶在《修辞学原理：论据化的一般理论》出版接受访谈时从新修辞学角度表达了同样的观点：

"修辞学其实是对问题性的表达。人们不再知道如何区分好的回答与其他回答，因此应该向前者提供支持的论据而向后者提供反论。世界不是一蹴而就的，它在叩问中发展。另外，这种情况也参与当今的精神状态，后者希望一切都具有问题属性：价值、社会、行为表现、与其他人的关系等等。然而，修辞学不是自足的：它属于某种广泛的思想场域，问题学是这种思想场域的表达。关于自身问题性之思考的哲学表

---

① Voir *Le Monde*, Paris, vendredi 14 novembre 2008, 8/rencontre, "Michel Meyer: 'Il nous faut questionner le questionnement'".

② Ibid.

达，即是问题学。"①

米歇尔·梅耶在《论问题学——哲学、科学和语言》的结论部分说："人确实是某种不可缩减的叩问，这种叩问唯有的回答远没有取消叩问，而是不断地再生产这种永远无法饱和的叩问。人们把这叫做生活。然而为了使各种回答具有回答的某种意义，气韵生动的人被按照意识和潜意识来理解，被遗忘，他甚至遗忘了自己不可缩减之叩问的本性，把它转移为众多可化解的问题（questions），然而无论如何，它们具有人类真实的问题学（problématologiques）性质。人活着就要思考，因为他提出各种问题，并在对他者的无法解除的需求中谈天说地，他要求他者成为我们的回答。他因此而爱。与对话相反，在对话中，我向他人提出一个具体问题，他通过我向他要求的答复来解决这个问题，而他的答复解除了同时提出的问题。我所能说的或做的，归根结底就是，我的叩问和存在否定着问题学的表达。人远未建立叩问，而是被叩问所'界定'，界定为叩问的主体兼主题，这个术语最好按其双重意义来理解。"② 这段话表达了五层意思，一是人生就是不断地进行叩问，叩问构成人的生命意义；二是人生碰到的各种具体问题是可以解决的，但是它们具有人类真实的问题学（problématologiques）性质；三是他者的存在构成人生的必然条件，这种条件决定了叩问的存在；四是对话可以解决具体问题，但问题学意义上的人生逃脱不了它的问题属性；五是人被叩问所界定，界定为叩问的主体和主题。在这个意义上，问题学哲学就是一种人生观。

米歇尔·梅耶在其结论部分继续说："坚持不捕捉对问题学原初的这种关注，因为不再有原初，也不再有先验形而上学，有可能把哲学带入某种彷徨状态，这种状态有可能牺牲其方法的意义（祭祀其方法的无意义），而哲学的方法只能是彻底的叩问。在这种叩问中，还有什么比叩问本身更彻底呢？然而，放弃对基石的追寻，这似乎是某种现代性的特征，即使在最好的情况下，人们不可避免地热衷于投身于一系列纯粹描述性的关注之中，这些关注更是一些'现象学的'关注…… 对问题学原初的澄清却不可以与任何回归形而上学的传统观念相混淆，尽管问题学事实上确实重新

---

① Voir *Le Soir*, vendredi 14 novembre 2008, p. 43, livres, "La rhétorique par principe. Le monde ne se donne pas, il s'interroge. Michel Meyer nous aide à en décoder les discours".

② Michel Meyer, *De la problématologie*: *Philosophie*, *science et langage*, Paris, PUF, 2008, pp. 303—304.

走上属于永恒哲学（*Philosophia Perennis*）的基本路径。"①

　　这段话的核心颠覆了形而上学，即问题学因为否认了先验形而上学的世界的"原初论"，也就具体否定了上帝创世说，否定了柏拉图的理念论，否定了康德的先验哲学和黑格尔的绝对精神，也否定了胡塞尔的精神现象学（或先验意识的现象学）。在问题学看来，"说根基即叩问，归根结底是说，唯有各种问题是原初的，它们具有面向回答的多元开放性"。② 从这个意义上说，问题学哲学也是一种世界观。其实，上面的社会观已经蕴涵着世界观的意义，在阐述社会观时，作者曾经说过，"在一个像我们这样破碎的世界里，问题到处都是"，又说，"世界不是一蹴而就的，它在叩问中发展"。这两句话都可以视为作者对世界基本性质的概括。我们生活的这个作为家园的地球，从来就不曾平静过。人类自诞生以来，就不断地叩问有关地球的种种谜团，以适应地球的环境，以便生存下去。至今人类仍然在探索地球上许多司空见惯的自然现象，如地震、火山爆发、海啸、气候变暖、温室气体、资源匮乏等，并尝试着回答这些问题。亚里士多德曾经主张"地心说"，中国古代也有天圆地方的观念，哥白尼主张"日心说"。其实太阳只是太阳系的核心。太阳系之外，还有银河，银河之外，还有许多我们肉眼根本看不见的星系。宇宙是无始无终、无边无沿的。今天，人类刚刚开始实际探索太空，关于太空，我们有着无限的问题，也永远不会穷尽这些问题。从宇宙的存在状况和人类探索太空的努力来看，问题学哲学显然也是一种宇宙观。

　　梅耶在结论部分还说道："随着尼采（Nietzsche）等思想家的出现，某种'基石的形而上学'死亡了。那么哲学将成为科学、或者某种简单的游戏例如语言游戏吗？需要放弃两千年的哲学求索并像海德格尔（Heidegger）那样，宣称哲学的终结吗？或者应该把哲学视作对智识危机的唯一回答，且不把这种回答思考为某种隐喻而是字斟句酌地遵循其字面意义吗？那么，唯一的出路就是叩问思想，作为永远勇于回答的思想来叩问，即使思想的全部显示它不是回答而是在评论时，亦如此。问题学就是传统投向自身衰退的这种挑战，或者投向其单纯崇拜过去的这种挑战，两者的

---

　　① Michel Meyer, *De la problématologie：Philosophie, science et langage*, Paris, PUF, 2008, pp. 304—305.

　　② Ibid. , p. 305.

意义相同。"① 这段话也是有深意的，它是对尼采和海德格尔等人实际主张、某些后现代主义学者热捧的"哲学终结论"的颠覆（类似的终结论还有文学终结论、历史终结论等）。

问题学哲学还是广义的伦理观。人生在世要学习各种知识，这就要不断地提出问题，理解并掌握知识。人的宝贵财富是拥有思想，而思想的过程就是提出各种问题、回答并解决各种现实问题的过程，包括对已经有过回答甚至多次回答的问题及其答案的再提问和再回答，以至无穷。通过这个过程使自己的思想和精神境界得到升华。"这些问题把对我们自身的置疑蕴涵在它们的最深处，通过这种置疑迫使我们捍卫自身、伸张正义、建构某种和谐性，后者将保证我们之所是与我们的最优向往在存在方面的同一性。思考的人就是向自己提出各种问题的人，因为他迫使自己回答，即迫使自己理解，迫使自己把各种材料联系起来，从前人们把这类行为称之曰'发挥自己的判断力'。"② 人的道德伦理不是生来就处于优良状态，人生会碰到许多曲折，甚至走弯路。人就是在不断提出问题、不断思考真善美的过程中，不断同自己的私心杂念做斗争的过程中，获得灵魂的净化，逐渐成为一个道德高尚的人。

<h2 style="text-align:center">三</h2>

其实，米歇尔·梅耶的两部代表作之间存在着关联和一致性。在这样一个人们必须进行交际的社会里，修辞学作为说服言语的理论，本应占据核心地位。遭遇19世纪末几近消失、长期被遮蔽的命运后，20世纪下半叶修辞学通过两种不同的潮流获得了自己的新生。一方面是热奈特、罗兰·巴特、Mu小组的辞格修辞学，辞格修辞学逐渐转向风格学；另一方面，夏伊姆·佩雷尔曼推广以逻各斯为中心的某种论据化修辞学。如前所述，米歇尔·梅耶作为佩雷尔曼在布鲁塞尔自由大学的继承者，在《修辞学原理：论据化的一般理论》一书中，试图赋予修辞学这门学科一种和谐的、统一的风貌。

米歇尔·梅耶建议从三个基本概念讨论修辞学：性情（ethos）表达

---

① Michel Meyer, *De la problématologie*：*Philosophie*, *science et langage*, Paris, PUF, 2008, p. 305.

② Ibid. , p. 306.

说话者所支持的价值观点；逻各斯（logos）属于言语的风格，即论辩要有论据，行文要有逻辑性；情感（pathos）引入对话方或受众的感动。这三种风貌主导着问题与回答的耦合，其中某些问题和回答把对话双方（或数方）团结起来，而其他一些问题和回答则反映或导致了他们之间的分歧。因此，"修辞学是围绕一定问题个人之间距离的协商"。①

　　梅耶将问题学方法引入修辞学并对修辞学作了重大修改。梅耶重申，从本质上说，问题到处都存在，但许多时候并未表达出来："倘若我对一位女性说她很漂亮，这是一种向她暗示其他意义的引申方式，我也许无法直接表达自己的真实意图，那样就会堕入庸俗"。② 如果说问题性界定我们提出的问题，这些问题随着历史而演进，那么问题学更多地关注构成问题并促使人们讲话的结构。这样论据场就受两种规律的支配：统一规律：一个回答可以是肯定另一回答的好理由，另一回答回复另一问题；个人之间的距离规律：具体体现在言语中的任何同意或不同意意见都可以阐释为主体间的某种差异。由此得出的道德训教是："通过逻各斯行动无法实现的东西，也许可以通过个人之间距离的探索而实现"。③ 由此开始，修辞学成了一门"有理"的艺术。米歇尔·梅耶围绕他的性情—逻各斯—情感轴线，展示了论据化的各种形式，他演示了显示各种回答之问题性或者让这种问题性消失的一千零一种方式（这是一种学术调查方式，极有代表性，也很丰富）：只有他清醒地驻足于他所谓的"修辞学互动"中。

　　言语互动游戏比你我都更复杂。为了深化对问题的理解，米歇尔·梅耶不厌其烦地回到他的三个基本概念。例如他从性情概念中分离出多重维度，显示人们如何从中作出选择：如果你想增加距离，那么就把性情引向权威性一边；如果你想缩小距离，那么就向正义一侧倾斜。在任何情况下，性情都是自我的忠实形象。其次是逻各斯。语言的丰富性可以理解为对话者无限共享的可能性："叩问一个已经有了答案的问题，是对话的缘起"。④ 因而，语言较少是命题的汇集，而更多地是各种回答的汇集，它们的根本功能就是提出问题！最后一个概念是情感。情感是修辞关系中的

---

　　①　Michel Meyer, *Principia rhetorica. Une théorie générale de l' argumentation*, Paris, PUF, 2008, p. 21.

　　②　Ibid. , p. 90.

　　③　Ibid. , p. 95.

　　④　Ibid. , p. 161.

动感风貌。"激情是某种价值的主观表达，是按照高兴或不高兴轴线模式化的某种隐形评判。"① 从这个意义上说，各种价值并不是绝对的、超验的规范，它们起源于建立团体生活的个体们之间的各种差异。梅耶对共同体的这种对话性质的定义喻示着，个体们较少因为其所拥有某种共同点而走到一起，而更多的是因为他们建立了相互之间的种种差异。那么价值的逻辑就在于把本该不同的东西距离化。于是，它们的定义与激情的定义适成正反面："激情是缩减为某种简单的主观反应的价值。反之，价值则是去掉主观动感性回答的激情"。②

这些看似琐细的纯粹修辞学描写时而再现了政治辩论的场景，时而把我们带入鲜活的个人争吵之中，时而又给我们带来了恋爱旧闻的乐趣。它们其实就是每个人人生的真实写照，是人类道德风貌的真实写照，也是我们这个社会、我们这个世界的真实反映。可以说，问题学的修辞学是问题学哲学的世界观、社会观、人生观和道德观的修辞版或生活版，两部著作的基本点是一致的、和谐的。

问题学哲学更是一种哲学观和方法论，它包括很多内容，这些内容有待于我们做更深刻的研究和介绍。总体而言，问题学哲学对柏拉图以降直至当代的西方主流哲学基本上是持批判态度的。它之所以自 2008 年西方发生金融危机和经济危机以来受到学术界的广泛欢迎，就是因为它成为西方当代批判和重新认识世界、认识社会、认识人性的锐利工具。《论问题学——哲学、科学和语言》一书三次提到了马克思。第一次，作者在提到19 世纪末和 20 世纪存在着严重的主体虚无主义时，后边的括号里列了三位著名哲学家和学者的名字，他们是尼采、马克思和弗洛伊德。阅读哲学和现代思想史的人都知道，尼采的超人哲学是不正常的人生哲学，自然是对主体的取消。马克思认为资本主义社会把人异化为物，资本主义的拜物教自然也是对主体的取消。这是对马克思主义基本观点的肯定。弗洛伊德提出了潜意识概念，认为潜意识几乎超越了意识，统摄着人的一生，这自然也是一种货真价实的主体虚无主义。第二次提到马克思是在谈论科学观时，作者列举了学术界的一种说法，即马克思并没有很好地解决历史问

---

① Michel Meyer, *Principia rhetorica. Une théorie générale de l'argumentation*, Paris, PUF, 2008, p. 176.

② Ibid. , p. 194.

题，或者历史问题在他那儿处于悬而未决的状态。笔者以为，这是辩证唯物主义在新形势下对19世纪的历史观的新认识。如上所述，19世纪的历史观基本上是线性进步观。马克思主义创始人，特别是恩格斯提出了人类社会必然经历从原始社会、奴隶社会、封建社会、资本主义社会到共产主义社会的发展进步过程。经历了19世纪末和20世纪现代性发展曲折道路和消极因素、现代化对生态文明的负面影响的当代辩证唯物主义开始反思这种历史观，认为这种历史观至少需要重新澄清。这是辩证唯物主义自身在当代的提高，从发展马克思辩证唯物主义哲学的维度看，是有一定道理的。第三次提到马克思是说马克思没有很好地处理知识分子问题。马克思和恩格斯在《共产党宣言》里提出了"全世界无产者联合起来"的口号。关于知识分子问题的论述至少不够充分。后来的社会主义国家几乎都犯过把知识分子当作资产阶级知识分子和小资产阶级知识分子的错误，与马克思主义创始人在历史条件制约下对这个问题论述不够是有关系的。问题学哲学提出这个问题，这是当代辩证唯物主义的自我提高，这一点也是有道理的，是对马克思主义的发展。

　　我们之所以说问题学哲学是辩证唯物主义的最新形态，主要基于三点理由：1. 问题学哲学全面颠覆了各种形而上学的世界观；2. 它对各种问题的论述实际上都是基于唯物主义的立场；3. 它阐述了辩证法的发展过程，评述了苏格拉底的原初辩证法，批判了柏拉图对辩证法的曲解，指出了亚里士多德辩证法的合理性和不足，尤其提出了叩问、回答、再叩问以至无穷的新辩证法。梅耶的专著在一再论述辩证法的基础上，后边还专设了"辩证法的沉思"一章。综合言之，问题学哲学是辩证唯物主义的最新形态。

"四部丛刊版"序

　　问题学在成为一种哲学思想之前，首先是一部著作的名称：我们下面将要阅读的就是它的再版。这部著作在"大作"丛书中的重印将褒奖它在这种新思想的传播中所发挥的奠基作用，这种新思想在岁月的线条中确立为某种第三条道路，它的一侧是虚无主义和解构论，另一侧是分析哲学和唯科学主义。

　　到底什么是问题学呢？它是把各种问题的解决，首先是对它们的思考置于人类活动之核心和基础地位的思想观。它同样卓越地把日常性与哲理性、实践与理论、存在性与历史性耦合在一起。真实并不自然给予，它要通过叩问，而这种情况不管是对科学还是对道德或政治学，一概有效。只有当人们头脑里有了某种问题时，他们才说话和思考。哲学的特性在于以彻底的方式叩问。不应该青睐回答，诚然，它们是人们唯独看到和言说的素材，不管是在科学领域还是在生活实践中皆如此。在那里，各种问题一旦得到解决，人们就把它们搁置一旁。这种现象给人以这样的感觉，即在思想的建树中，问题不是基本的要素，而实际上它们却是头等重要的要素。

　　哲学思考不仅仅是提出问题，而是变成了对提问这种现象本身的叩问，以期上溯到我们最深刻之本质的根基本身。是否存在一种能够表达叩问并把它与回答相分离的特有的语言呢？如何在艺术中、科学中、文学中，或者简而言之在日常生活的语言中，并进而在日常的存在中发现（标示）这种语言呢？这是哲学的重大关注之一，而只有拥有某种真正的叩问理论时，上述关注才能获得进展，这种理论不再以各种毁灭叩问的回答为核心，就像人们一以贯之所做的那样，而是以那些维持叩问开放状态的回答为核心。这样，我们就从不区分问题与回答之差异属性的命题时代过渡到了就回答概念的定义而言，反馈到问题的回答时代。因此，就存在着问题学意义上的回答，它们反映了某种叩问，和其他可以谓之曰非批评性（apocritiques）的回答，后者关闭叩问。科学只看见后者，这很正常，因为这是它的探索目的，然而直至现在如出一辙的哲学，因而必然处于某种对立状态，考虑到它们各自的成果，哲学要走出上述对立状态，就只能失去哲学的色彩。哲学把自己的种种问题化等同于解决方案，这种宣称大概是错误的，这里的解决方案取人们通常使用的词义。即使这是一些答案，它们仍然有一些特殊。如今，由于问题学，我们可以结束这种二元对立状态，结束这种简化状态，通过建立种种不同的和特别的回答，它们在表达问题时并不吞没它们，似乎魔棍一动就给出了答案。

　　以前的哲学领域之所以没有采用这种方法，大概是因为，表面上似乎最成立的各种价值、基石、回答都没有达到这种问题性的程度。如今人们再也回避不了这种问题性。因此，应该能够这样思考它，即不再把问题性压缩到习以为常的回答中，并从修辞学角度排空问题性。那些简单的解决方案的思想也应该结束了，它们从深层次反映了日常生活中人们对近乎科学性或宗教意义上的可靠性的需要。存在着某种此岸，那是哲理性的场域，在这种场域里，各种问题都展开了，然后又经常归于消失。然而，正是任何解决方法中实际存在的这种潜在的问题域，应该成为哲学回答研究的对象。尽可能把叩问理论化，并考察对这种新基础的凸显能达到何种程度，今后将引导着我们。直至今日，人们从来不曾怀疑过他们的基础。这正是这部书稿提出的挑战。

米歇尔·梅耶

布鲁塞尔，2008 年 6 月

卷首语

　　为什么今天要就叩问提问呢？在今天哲学所遭受的危机中，是什么东西导致了这种方法论呢？作为人们持续与柏拉图、亚里士多德或笛卡尔对话动机的这些问题，且莫说像海德格尔和维特根斯坦这些当代哲学家，是我称之为问题学的这种思想的构成部分，而问题学不是别的，它是对叩问的研究。这种研究从与传统的这种对话中脱颖而出，它是思考性的必然，是哲理性与历史性之关系中哲理性的实证。

　　然而，也由于这种哲理性的实证本身，这部著作有其自身的局限性。它是对一项更带根本性的任务的准备，后者在于从彻底的叩问性出发把它自身耦合起来，以便触及思想原则的体系性。因为，一旦人们接受叩问是回避不了的，那么就需要弄清楚叩问如何进入并建构这种理性。

　　这就是说，这部著作既雄心勃勃，又必然贡献微薄。雄心勃勃，因为这是通过某种新方法超越某种不可能性的危机；贡献微薄，因为它主要还是提供了对传统及其疑难的某种分析，即使涉及科学路径和语言时，问题学是建树性的，因为其中提出了这种双重耦合的一种哲学理论。

哲学的性质

　　这是一部经典意义上的哲学书籍。对此，应该理解为大传统意义上对基本精神的探索，理解为彻底的叩问。正如笛卡尔（Descartes）对那些可能遗忘了他们的祖宗亚里士多德（Aristote）的人们提醒说，"所谓真正的哲学"，乃是"探索这些最初的原因，即种种原理……而我以为在这方面，没有任何东西不获得所有博学者的一致意见"。

　　但是，大家且莫误解，因为那种类型的哲学已经失传了。历史的冲击把种种个人方案的荒诞性推向前台，它们热衷于怀疑这位所谓奠基人的各种言语，另外这些言语太经常潜意识地或受各种利益的驱动而出现。那么，自笛卡尔以来哲学赖以生存的主体就死亡了，其后果是，学者们的兴趣从此转向他的语言和他的种种言语。这就是我们时代知识领域的两大特点，它完善了20世纪由尼采（Nietzsche）、马克思（Marx）和弗洛伊德（Freud）开创的对主体去本质化的活动。

　　这样，哲学就与加速前进、愈来愈不稳定的历史联姻了，以至于把自己的演进节奏建立在时尚和时兴的效果之上。这就是赫斯（Hesse）在《玻璃珍珠的游戏》（*Le Jeu des perles de verre*）中所描述的"片断时代"。思想最终迎合了离散性、短暂性，从以前的古老沙龙过渡到现在的大厅，由于听众规模而变得必要的各种媒体的鼓噪，民主派的精英们重新聚会在这类大厅里。然而，哲学放弃了它自身，让位于言辞的肤浅和严谨的缺失，严谨的缺失允许最晦涩的文字游戏畅行无阻。必然如此，因为不再有哲学路径的基石能够引导它，不管是在它所提出的各种问题中，还是在它所提供的种种回答中。毫无疑问，笛卡尔之后，人们很少把重心集中在原理的探索上，因为思想恰恰建立在自我意识的笛卡尔起点上。然而，康德

（Kant）的贡献达到了这样的程度，以至于紧随其后的他的继承者费希特（Fichte），为了更好地确立康德的贡献，仍然投入对这种新观察方式之基础的某种探索。

如今，随着奠基者的死亡，事情变得不同了。倘若不重新遵循基础路径，就不再可能进行哲学思考，因为要赋予自己一种哲学基础。就其深层而言，当今哲学的碎片化方式意味着什么呢，如果不是主导原则的缺失所导致的人们不再知道提出什么样的问题、如何严谨地解决它们还能有什么呢？从此，每个人对他很想的事情感兴趣，以最适合自己的方式谈论它，并因而寻找今后唯独可以掌控的担保：广大公众的支持，得不到公众支持时，或者转而寻求大学的支持，后者经常缺少对哲学记忆的丰富，但保留着哲学记忆。因为所谓严谨的哲学没有其他出路，只能躲进过去体验的孤独性中，沉潜于纯粹的哲学史写作。然而，不幸的是，这种沉潜只能获得与上述态度同样的结果，即过去一贯、未来永远遵循统一和综合路径的哲学的分散和碎片化。每个人谈论"他的"作者，一个人"喜欢"莱布尼茨（Leibniz），另一个人则"爱好"洛克（Locke）或黑格尔（Hegel），似乎这些偏爱不需要得到论证，除非我们的专家因为自己教授他们的简单事实而认为他们是可以得到论证的。诚然，最低限度的严谨性因为伟大文本的存在而得以保证，然而为什么这些文本是伟大的，它们还向我们谈论了什么，我们应该自己研究它们并真正以它们为对象，似乎这个任务是显而易见的吗？难道不应该叩问它们，并根据我们努力解决的问题和向它们提出的问题（它们有可能是对这些问题的回答）把它们向我们言说的东西耦合起来吗？在这种情况下，选择中的任意性就不再应该受到辩护。除非重新堕入下述思想，即人们可以提出任何问题并仅仅因为面对其历史就可以"从事哲学工作"。于是人们就躲在解决方案建制化的背后，来论证提出有关它们的种种问题并非很有道理。

思想的碎片化是典型的反哲学的，尽管其外表相反，理由是，哲学的内在维度就肩负着体系化的使命。它回答各种混乱时期的方式，如果不是歪曲，那也不是作为这些时期的回声，而是尝试着赋予那些因为碎片和不连贯现象缺乏条理而无法宣称有意义的东西以意义。哲学上的不连贯是术语之间的某种矛盾。这有点下述味道，即哲学家们试图让我们相信，在某既定时代的某社会里，所有的结构相互独立地漂浮，它们之间没有普遍的理性，而是每次都受不同的内在规律的支配随兴而动。

　　简言之，躲进哲学史里并不能代替哲学，尽管哲学不能不参照自己的历史。各种文本叩问中的从属问题并由此开始的排列问题，它们的价值、真理，全都既需要讨论，也需要直接重构。总之，人们对思想史的基本关注不应该作为不思考的托辞，尽管与文本的关系可能提供幻觉，由此流露出时髦哲学所缺少的学院主义的严肃性，这种严肃性有可能激发我们相信，这是一种坚实的态度，因为人们相信它基本上是自足的。然而，如果我们深长思之，这种把哲学仅局限为哲学史的态度，是无法超越纯粹史的视角哲学地反映其自身的。更有甚者，如果我们想谨慎地表述哲学观念时，作为哲学史的哲学观只能自我反驳。其实，这种格式本身不属于哲学史。那么，如果我们不顾一切地将其具体化，这种路径究其实意味着什么呢？它仅意味着，某种原理是不存在的，找不到的，因而不必要去寻找这样的原理。更为严重的是，我已经说过，我们不再生活在某种后笛卡尔的情境里，在那种情境里，人们尚可以在可接受的种种基础上积累某种传统，这就论证了省去探索某种第一原理的合理性，还因为德国传统后来把费希特（Fichte）其人推为自己的笛卡尔（Descartes）。不管怎样，如何设立否定任何原理设定的主导原理呢？显然，如果设定这样的哲学思维还是哲学思维的话，我们就无法进行哲学思维。叩问一个作者反馈到外在于他的某种叩问的必然性，最好情况下是他本人确认外在于他的某种必然性；反过来，这就迫使人们确切地把叩问彻底化，迫使人们对其进行哲学思考时某种程度上将其客观化。

　　不管人们是否采纳相对于客体的某种历史化的方法，哲学思维永远都具化为叩问和问题化。因此，应该能够从其他问题中裁定需要提出的问题，并从应该放弃的各种肯定意见中辨认出各种回答来。我们想到了苏格拉底（Socrate），然而，这是哲学的一种持久关注。康德（Kant）的《纯粹理性批判》（la *Critique de la raison pure*）扎根于同样的关注之中："人类的理性，"康德在为第一版所写序言的一开始就说，"在其认识世界的某种类型中，即拥有充满它无法回避的种种问题这种独特的命运，因为它的性质本身使它们强加于它，而它却无法回答它们，因为它们完全超出了人类理性的能力"。警觉的读者将从问题的这种划分中，如同从建立在解释这种划分的某种解决标准的探索中一样，辨认出《纯粹理性批判》的根本性耦合，后者甚至支撑着该著作内在的多样性。我们出于同样的理由，在经验主义那里也发现了这种问题意识，即哲学的表面繁荣和争论更多的是思想贫乏的一种标志，而非真正的丰富，理由是，它们意味着某种随意性，某种模糊状态，并迫使人们通过重新获得体系性而找回自我。在阅读《人性论》（*Traité de la nature humaine*）的导言时，颇有点当今形势被描述的感觉。"不需要掌握某种很深刻的知识，就能够发现当今各种科学的不完备性，门外围着许多人这件事本身以及他们听到的嘈杂和喧闹声，就可以判断出门内并非很和睦。没有任何东西不经过讨论，没有任何东西知识界人士没有不同意见。最平庸的问题也躲不过我们的意见分歧，而在那些最重要的问题上，我们很难给出某种确定的结论。各种讨论此伏彼起地进行着，似乎只有不确定性。在所有这种躁动中，并非理性夺冠了，而是能言善语；而任何人永远都不应该失去在最奇谈怪论的学说中获得新支持者的希望，只要他足以机灵地用有利的色彩描绘它。胜利没有被挺矛弄剑的武装战士所夺取，而是被武装部队的军号、战鼓和音乐家们所获得。"阅读预示当今媒体哲学的这部文本，人们可能会以为，休谟（Hume）正如他自己所说的那样，试图通过对叩问提问，而赋予那些最平庸的问题以结论，但是这不宜忘记了对于他和他的前辈们，讨论的起点仍然是同一主题，用他的术语表示，即"人性"。洛克（Locke）认为，根源在于知性层面，但是出于同样的因素："我们不应该出于对某种普遍知识的单纯热爱，急于向我们自己和其他人提出其主题富有争执和令人困惑的种种问题，在这些主题方面，我们尚无这样的知性，意思是说，我们无法在精神上形成有关它们的任何清晰有致的感觉"。

如今，当作为阿基米德式根基及其经验主义的或康德式不同变体的纯粹自我的笛卡尔式自明性，因为主体的死亡而从此缺失时，如果我们希望达到弄清提出什么样的问题，如何把它们与那些无法解决的问题相区分，并揭示出重要的解决办法时，比较恰当的途径，就是对这样的叩问提问，不作其他迂回。

这似乎很好地构成了今后哲学自然而然的任务，但是，超越方法论方面的各种论证或者对历史变化的考虑，我们敢于肯定从中碰到了哲学的主要要求吗？任何情况下，都不要从视点和主观主义方面（我们已经分析过，后者源自主体的死亡！）重蹈惯常言语的窠臼。倘若必须对叩问提问，那么应该有能力奠定这种路径，而非在其他从尊严方面相似的问题中和有悖于这一称谓的问题中肯定上述问题。

因此，最重要的在于首先叩问原理、本原、叩问最先提出的问题，然后再步入某种具体的叩问。须知，在有关何谓首要问题的叩问中独占鳌头的，乃是通过一般问题而提出的叩问本身。这就是何以提问是思想本身的原理，是绝妙的哲学原则。为了从一开始就能够回答，因为这是我们的宗旨，应该能够回答起点本身，这一回答不管可以呈现何种风貌，都反馈到它所隐含的问题即提问本身。倘若它不能肯定提问的优先性，就不会有以这种面貌出现的第一回答。没有提问的优先性，它将变成某种矛盾而自毁作为第一回答的面貌，因为回答预设了即使它自诩为第一成分仍然无法肯定的某种东西。

哲学是彻底的叩问，因为它的第一主题是提问本身。希腊人如果想到了提问，他们本应该忠实于字面意义地把这种情况称作问题学，但是他们未能这样做，我们将观照其原因。

哲学变成了其他东西，从某种程度上拒绝了叩问，那是它的生动原则。对历史的简单检视告诉我们，提问从来都不是哲学固有的主题。然而，哲学倘若不能在其实践层面实施提问，就可能不会诞生，也不会延续至今。于是，我们看到了叩问现象的某种偏移，它没有成为主题，而是走向自身以外的其他东西。彻底提问自身的这种非主题化现象产生了哪些后果呢？

各种回答自视为命题是不可避免的，因为从各种问题中浮现出来的言语没有与它们关联起来思考，而是自身被独立考察，似乎它自身是独立存在的，并通过其自身给予研究，如果不是为着它自身而研究，各种回答的自我命名的后果是，这些回答反过来被作为命题；而真理乃是即将赋予它们的基本属性。解决的思想在我称之为思维之命题范式的冲击下呱呱落地了。所谓思维的命题范式应该理解为随着柏拉图和亚里士多德逐渐脱颖而出的处理种种命题的范式：在柏拉图那里呈现为某种辩证和科学相统一的关联，而在亚里士多德那里，则分裂为一方面非科学和修辞领域的辩证法，另一方面是逻辑学。

在柏拉图和亚里士多德那里的共同点是，不管命题性关联在辩证法或逻辑学里处于弱势还是在逻辑学里处于强势，都属于论证范围，即后者建立并强化一命题的真理性。对论证的这种关注是仅从其自身活动的结果来自我界定的某种讨论性（discursivité，推论性）不可避免的结果，这种自身活动融化于非本质性之中，行将过渡到沉默之中或者被界定为心理现象和主观现象。此后便是根据这样论证的结果来衡量言语，它从何处诞生以及如何产生的,都无关紧要,唯一重要的,是可以肯定它作为结果的东西,即在其自身的真实性中论证它,在使它成为自立存在的它的真实性中论证它。这就是我之所以谈论思维的命题性范式而没有谈论语言的命题性范式的原因所在。如今,人们逐渐把命题看作某种语言实体,或者严格地看作逻辑和语义实体。然而,这是有关语言的某种独立思考的成果,某种新近的尝试,从历史的角度讲,我们刚刚展示过,希腊人不可能经历过这种尝试。对他们而言,逻各斯是他们毫无区别地用来命名思维和言语的语词,因为置于论证标志下的命题范式,必然表达了给出种种必然属于约束性理由的能力。这样,哲学在能够区别于科学之前,先变成了科学。哲学对认识的关注和认识论的关注恰恰与作为理性范式的论证相关联。我们从柏拉图那里看得非常清楚,对他而言,科学已经无愧于通过逻辑学的某种特别方法之誉,逻辑学在亚里士多德那里变成了三段论理论。

哲学很长时间内都没有成为科学,它也没有真正地脱离科学。由此产生了形而上学或者亚里士多德那里的第一哲学这种"所追求科学"的暧昧定位。事实上,命题范式不加区分地把哲学和科学安置在论证范围内。这是哲学自身没有对彻底提问主题化的一个后果。而由于它在自我放弃、走向并非它自身的某种客体,以及它同时在叩问的实践层面和它的相关概念化层面被极端化,它仍然是这种提问,那么提问的对象必然被泛化。可以说,就是存在(是)。这就解释了哲学何以与科学相反,将把自己的客体观或存在观整体化,不是瞄准这个或那个具体物质,甚或瞄准某种类型之现象,而是瞄准物质的客观性、现象的现象化、现是之所是。这就是造成客体为客体或现象为现象、事物为事物的原因。但是,命题模式得以继续,因为它一直关乎论证,关乎"这就造成了,等等"。科学关注具体的个别物质,而形而上学关注一般物质,正如我们上文已经看到的那样,由于两者都有哲学属性,随之而来的便是,人们把形而上学称作第一哲学,因为从它那里衍生出来的科学因其区域本体论的身份而多少有别于它。因此,普遍本体论便是第一哲学了。然而,科学的规则适用于任何哲学,除非还像当时那种相反情况,元物理学还没有真正分离出来,而文艺复兴时期让不同、有时甚至让新生的对立明显呈现出来,科学与哲学之间的对立在我们这个世纪被极端化。如果我们把两者混合在一起,这种情况还发生在 18 世纪,那么就应该谈论第一哲学日益增长的不可能性。科学在前进,而(第一)哲学在原地踏步。然而自康德起,分裂的见解明显确立。哲学问题逐渐被科学所吸纳，而其他问题将逐渐变成这些无法解决的问题，它们从时间的黑夜起，就一直在它们的无解性中重复。

这样，科学与哲学的性质区别因后者明显的退却而变得更加尖锐，最终构成了问题。但是，一直无视自己作为问题学的哲学，未能按照另一模式进行思考，赋予自己的特殊性以公正，并恰恰允许它接受甚至偏爱更多表达问题性的另一种言语方式，而非每次都把它融化在取消它的解决方法之中。哲学提供了许多回答，如果我们切近观照它们，这些回答并非语言、科学亦即理性之命题模式意义上的回答。各种哲学问题不考虑它们置于实践及蕴涵的彻底性，转向它们自身之外的其他东西，并由此开始，把哲学确定为本体论，使之与科学对立起来，带来的后果众所周知。尽管如此，某种差异在支撑科学和哲学领域之叩问的观念化中发挥了作用。由于没有拥有赋予这种差异以公正的某种问题学，人们便看到这里和那里纷纷出现了种种命题，它们可能蕴涵着真理和谬误，可能与其他命题相对立和相比拟。但是，那里我们碰到了各种哲学体系所缺乏的科学的实证性和有效性。事实上，各种哲学体系反馈到某种通过种种命题而展开的问题化活动，这些命题拥有这样的特殊性，即它们是问题学逻辑的，这就是说，它们在表达问题化的同时又回答了它。回答和表达问题学逻辑的这种双重性质明显地显示出，构成一个问题，在哲学领域里即解决它，因为问题化是哲学言语的目的。由此开始，惊异于哲学把它那些问题恒久化就变得荒诞了，因为它正是在这种方式中回答它们。它由此而与科学相区别，一俟问题解决，科学就取消了问题。这是科学的弱点，却反而成就了哲学的丰富性。还有，哲学问题的构成中包含回答的事实很好地显示，哲学应该在某种问题化中提出它的问题，从某种意义上说，这种问题化取消了作为回答的各种问题，同时又保留了它们。我们知道，不可能把问题与问题中带入的回答相分离，这就迫使哲学不能在它不预设任何东西的事实之外预设任何东西。无疑，这是经典的定义，我们可以在黑格尔（Hegel）那里原封不动地找到它，然而，我们已经能够在柏拉图那里看到作为思想最高要求的这种定义，追求某种非假设性原则，这就把哲学置于各种科学之上，例如置于几何学之上，它们只能从假设开始才可以动起来。

所有这一切都蕴涵着，哲学即是它自己的对象，它似乎一直都是这样，但是以迂回的方式，因为提问一直未能作为根本问题。因此，这种情况是间接实现的，通过本体论而非通过问题学。对它造成的后果是，哲学不得不支持本不成立的与科学的某种竞争，这种竞争因为从回答的视点看两者不处于同一层面而更显荒唐。形而上学就这样被抛弃，随后或多或少地与哲学相分离，后者继续与科学相关联，科学也回答即解决各种问题。例如，康德就用哲学与科学的这种分离来反对某种形而上学，我们不妨这样说，他既拒绝了形而上学，同时又在不可避免地扎根于思维本性的提问中建立了形而上学。从两种论点相互蕴涵的角度讲，它们是旗鼓相当的。尽管如此，我们上文已经讲过，哲学愈来愈离不开第一哲学，因为后者根本上是形而上学的、原理性的，于是转向对其种种叩问的本体论化，以至于落入膨胀之中，后者如今等同于那些最变动不居的方式。由此产生了哲学的背离，由此产生了重新赋予它某种原则并摆脱其本体论化的必要性，认识到它的深层实质不仅仅是叩问，而是通过提问把叩问彻底化，如果我们不想让它变异为神秘的回答时。

当我们说，哲学应该是它自己的对象，这似乎有点荒诞，或者如果我们接受这种思想时，有点古老。我们这里的话语的意指是极其具体的，我敢相信，也是极其清晰的。其实质不是要捍卫这样的论点，即哲学应该通过不断地询问它应该做什么和能够做什么，然后把这种路径作为思考的正面内容而空转。我想表达的东西更直接。哲学是它自己在其存在和其可能性本身中的问题。不管我们是否愿意，这是一种历史的真实。由于这种事实，它应该叩问问题化的资源，以便把它们应用于自身。思想是其自身的问题，这是一种历史的发现，应该理解到这一点：那么，叩问哲学就变成了把自己的注意力哲学地亦即彻底地、不带预设地集中在问题化上。哲学地意味着我们不会止步于简单的叩问问题，因为它反映了思想界的当今困局，而是为它而提出它，并从它开始而展开回答。这里需要弄清楚的，是看这样一种叩问是否是原理性的、奠基性的。这样，我们就从历史层面过渡到最严谨的形而上学层面，这就反过来赋予哲学自身存在某种很确切的价值：在感知哲学之基本性要求的历史形态之后，重新思考哲学性这种要求的双重价值。

倘若四散分布的主题化导致哲学失去了自己的根基时，我们应该说它直至今日一直在彷徨并且误入歧途吗？事实上，这既不是忘却，也不是彷徨，而是历史的不可能性。过去的各种哲学不是种种错误，一个很好的理由是，各种问题的性质不是瞄准自我思考，而是瞄准自我解决，不是瞄准自我探索，而是导向解决方案。因此，解决方案并不自称为解决方案，而是说这就是解决的方法，这两者是有区别的。问题消失于回答之中，后者并不自称为回答，而是肯定它将表述的东西，但又不说肯定它。很正常的情况是，回答不提自己是回答，并由此而不想反馈到某个任意问题，哪怕这是一个彻底的问题，意即它提出了作为问题的彻底性的问题。

回答当然要肯定它自身以外的其他东西，肯定使它成为回答的它的根基。哲学因为没有思考提问，只是把自我肯定作为回答行为，并由此而成为不知道它是回答的回答行为。哲学独特性的创造性区分来自存在着多种可能性回答这一事实，因而问题不会穷尽，而且它会再次提出以促使其他解决方案的诞生，以此类推。这样一种结构的可能性在于哲学回答行为的问题学属性：它把已经被叩问的东西放进回答中，而已经被叩问的东西因为曾经被叩问过，便融化在某种问题学的回答行为中。这种问题学的回答行为当然是问题化了，它像任何问题一样，不会只有唯一的回答。一个哲学问题（"何谓自由？"）建构的多元性与权利的多重体系相关，在权利中，问题被提出并被观念化；同时它又是被界定的，它被置身于其中的体系本身所解决。例如，自由问题在康德那里和在马克思（Marx）那里提出的方式不同，意思是说，自由在他们那里以不同的方式成为问题，因为两种哲学的每一种都以自己的方式切近自由，并借助自己内在的观念体系的光明来观照自由，即处理位于问题之中的自由。哲学的问题化必然是全部（整体）视野的，并由此而内在于它自身，因为它是问题学回答行为的缘故，即围绕自身而把问题与回答差异化。自身承载着被建议、被喻示的某种差异化的问题化，就这样回答它所提出的问题。这就是马克思和康德——我们重提这个例子——赋予他们各自所建构的自由问题的原貌某种解决方法，但是他们却不能一劳永逸地解决这个问题，恰恰因为这种回答行为是纯粹问题学兼逻辑性质的。

与其他类型的回答不同，出于对希腊回忆的关心，我把这些类型的回答称为非批评性的（apocritiques）回答，它们化解并取消问题。如果说我们在哲学领域能够发现各种问题不绝如缕，人们应该得出某种根本性的失常、某种内在性失败的见证使得哲学徒有虚名的结论，即使我们感觉到它在存在方面的必要性吗？根据问题学的路径，回答明显是否定性的。在各种回答里，如同在科学中一样，既没有渐进性，也没有积累风貌，其简单的理由就是，各种回答的性质是不同的，并不能归结为命题主义。某种问题学的回答拥有这种特殊性，即它能从不可思议中分化出思想来，能够标志种种交替性，创造某种关系和意义空间，而这正是它带来的解决方法。它不是人们通常理解意义上的某种解决方案：某种非批评性的回答——如同我称谓的那样——关闭调查，拒绝问题性并更多地脱离问题，而非寻找问题、挖掘问题并昭明问题。它作为另一问题的基础，以此类推。各种问题消失了，种种回答积累起来。

须知，哲学以这种尺度来衡量的幻觉明显源于下述事实，即它的问题没有从问题学的角度去感知；由此出现了对科学回答衡量尺度的批评。哲学自古以来就是以非问题学的方式提出它的各种问题的，它没有叩问提问本身，但是转向了某种他处，把自己置于与它以上述方式使其成为可能的科学相竞争的位置。

正是哲学领域可能性回答的多元性揭示了哲学的独特性，而这种多元性是纯粹历史性的。历史性与问题学意义上的亦即根基上的和哲学意义上的提问构成一对姻缘。唯有历史昭示，哲学领域的回答中，存在着各种问题的某种坚持性，尽管其回答的身份，因为它的内容中有不同的成分，尽管内容是由种种回答组成的，然而这种内容是一定会呈现出来的。作为回答的哲理性只能事后确立，只能在被哲学带向它自身历史的视野下确立。如果我们漏掉了历史性所蕴涵的阅读，作为原理的叩问便会被拒绝，而人们就会看不到它的作为。那么，我们就不可能这样去思考它，就会满目只有叩问的心理学表现或语言学表现，而它的根本的哲学性质，因为它是哲理性的根基，就会与思想本身失之交臂。于是，哲学上相继出现的各种回答就呈现为未经论证的种种命题，并因为它们的不可调和性质而呈现为无法论证的种种命题，这种不可调和性使它们相互对立，哪怕是辩证性的对立，如在黑格尔那里。它们是各自分离的个性的自由表达，人们谈论斯皮诺萨（Spinoza）或洛克（Locke），因为人们从他们的哲学里只能看到对一位创造性天才的反映，而并非首先看到某种回答，即有待看作历史性的回答。需要弄清楚的是，这将是我们第一章的目标，为什么问题学如今变得可能。事实上，在科学的种种虚无主义力量和历史加速的多重冲击下，哲学最终偏离了自己的道路，而不管在哪个时代，它都不可能作出其他反应。历史把所有这些分离力量聚合起来，并尤为明显地呈现出这种原初缺陷，因为这种大漏洞提出了问题。叩问性的真理通过拒绝的某种层面和种种恰当形式而确立，即通过拒绝和表达在智识活动之基础普遍出现的这种叩问性而确立。这就是哲学何以能够长期呈现为互相对立的伟大个性的自由游戏，而实际上，这只是历史的某种现象化，它在自己紧迫的、原初的、况且变动不居的问题性中被拒绝。由此出现了种种哲学体系的自立表象和随意表象，这种表象只不过是对拒绝某种叩问的表达，此种叩问自立于并不自视为回答的种种回答中。这里的自由不是别的任何东西，只是如此呈现的哲学，相对于对某种深思熟虑的、但不断被历史偏移的，即被其他事物在其他事物中格式化的叩问的拒绝，前者具有自立性。但是，这种自由应该被思考为历史的关联物、思考为对它所允许并要求的东西的回答。那么，自由其实就是作为拒绝如此提问的历史的必然性：它在自己的表达中必然是哲学。幻觉具化为把自由看作对其自身的某种单纯的自由肯定，而不是从中看到其他地方所蕴涵的某种可能性，人们可能错过这种可能性，由此产生了可以思考必然性的自由。简言之，相对于历史的自立性本身就是历史性的。从 19 世纪开始，它就逐渐消失了，出于内在性的种种历史原因，这些原因诞生于变化的加速和感知，而历史性作为思想之必然性的回归自我的要求，融汇于哲理性之中。但是，由于没有以叩问为核心在与历史性的某种耦合中重新奠定自己的根基，哲学在两者的融汇中失去了自我。从某种意义上自康德开始付诸实践的哲学对第一哲学的放弃，使哲学成了不可能思考原理的学问，而黑格尔的历史性又使这种不可能性的原则获得了自己的可信性。

第一哲学与第二哲学或者原初哲学与衍生哲学的争论，反馈到形而上学与物理学、哲学与科学之间的差异。其潜在的意思是，哲学可以不是第一哲学，倘若作为彻底的提问、面向最初那些原则时它首先就是第一哲学，那么它就不能是其他东西。但是当它忘却或者抛弃这种彻底性的关注时它会是什么呢？它与科学本体论处于同样的场域，它专注于这种或那种具体的研究中；而那样，它就必然迷失了自己的方向，因为它叩问的方式带来了某种回答类型，后者排斥毋庸置疑的真理和相关技术性的有效性。即使谈论主体时，文学经常比哲学更好地达到了凸显个别性并喻示后者所典范化的普遍性的东西。

总之，不管我们愿意看到与否，上文提到的争论落脚于形而上学与哲理性的分离，后者渐渐取代了前者，这是哲学探索中"纯粹理性"贫瘠被肯定的原因。

通过对形而上学的这种切除，我们能够拯救哲学吗？没有任何东西比这更缺少肯定性了。一直呈现的二元对立是无法解决的，因为命题性模式的原因本身。或者哲学躲在科学的背后，以期给出某种典范性的效率，而它只是模仿了科学的方法，却并不能从根本上实践它。无论如何，它都将处于第二位和臣服于科学的位置，但是，当科学表述得并非较好的时候，它会如何表述呢？人们也许会支持这种意见，即它瞄准对各种预设的解释，说科学从来不曾言说的东西。这样一种举措的意义是什么呢？科学完全可以摆脱这类哲学结果，如果它们仅仅瞄准对此种科学性的解释，那它们就纯粹而又简单地是多余的和无用的。反之，如果是把科学的思维模式论证为唯一表意的逻各斯，由于这种路径不是科学的，它本身会立即被驳倒。因此，关于种种根基的元理论争论永远内在于科学。或者，这是第二种可能性，哲学与科学相区别，那么形而上学就是它们的微分；它将是异质多元性的哲学。哲学与形而上学区别的这种第二版本同样是站不住脚的。思维的命题性模式注定形而上学言说方式的失败，因为这种模式规范着任何可能的言说性。形而上学确实是第一哲学，但是相对于某种言说性，这种言说性仅自己本身即以完满的方式拥有人们期待一般言说性都拥有的品位。它为不需要根基的东西奠定了根基。那么，它到底奠定了什么呢？

哲学所界定的原理要求不应该回归到它自己都不理会、反而会导致其死亡的某种模式。在原则的理念中看到种种事物的根基或者关于这些事物之言语的根基是矛盾的，因为这种理念本身为根基概念预设了某种未经证实的内容，它在没有叩问这种概念的情况下就把它引导到各个方向。而如果叩问它的话，就重新落入叩问的优先性。原则之所以能够通过作为基本认知理性（*ratio cognoscendi*）的言语或通过作为根本理性（*ratio essendi*）的真实从本体论维度被设想，这是某种初始命题主义的果实。其实质是，把一堆命题论证为真实，这些命题之间仅靠简单的可论证性支撑，这种可论证性把命题之间相互关联起来，其中每一个命题都是另一命题的原则。

因此，人们就是在这种命题性模式内部，"叩问"各种原则的，而命题性模式把论证变成了逻各斯的本性。他们没有走相反的道路，没有看看从原理要求的本质中是否可以产生出这样的逻各斯。

我们的叩问将用于柏拉图和亚里士多德对形而上学的这种颠倒。以元物理学面貌出现的哲学的新生从主题方面把后者界定为问题学，而不再是（物质）现是彼岸的东西，这种新生使逻各斯的重新理论化成为必要。其实质是向思想打开另一种模式，不再是论证的模式，而是简单的理性的模式。给出种种理由，因为这就是哲学思维和批评方式的活动一直以来的内容，变成了实践问题学的推论，即在反映某言语的各种问题的基础上把它耦合起来。那么科学及其方法就记录为这种推论的方式，而不再拥有唯一可能性及衡量尺度的定位。然而，推论的方式化属于问题学，而由此，人们才可以正确地谈论哲学的奠基。科学性的这种观念化排除了科学对理性的竞争和垄断。科学的解决属于问题的总体理论，但是以特殊的方式在其中占有自己的位置。自此，将不再允许独立地思考科学，也不再允许科学自己把自己隔绝起来。哲学的奠基不再具化为提出某种本体论原则，科学应该建立在这种原则的基础上，导致人们把科学看作建立在形而上学基础上的"笛卡尔树"，伴有下述荒诞的但不可避免的后果，即"一个无神论者不能是几何学家"。我们可以想想康德，因为是他创立了后来成为对当代思考形成最大撕裂的东西。对他而言，哲学的奠基不再具化为成就科学的有效性。在这方面，我们有幸从《纯粹理性批判》中看到"建构形而上学根基的一个起点"（海德格尔／Heidegger）。然而，这种可能性来自与康德本人态度相关的某种模糊性。科学是一种已知材料，问题不在于宣称这种材料的有效性，而应该把使它有效的东西推论（演绎）出来。这种推论可以让我们回到认识的根基，并反过来把这种推论作为任何认识可能的范式。这就是先验方法的意指所在：通过同一名称的演绎，哲学捕捉到认识性，并将它应用于自身以获得未来的进展。不管我们是否愿意，哲学抽取了自己的实质和它所分析的科学性的这种进步的条件。必须做出的过渡就是清除形而上学。人们通过其根基能够获得某种新的形而上学抑或相反见证某种不可能性呢？问题在于把形而上学最终从科学之种种参照系、从现是的支配中解放出来并赋予它属于自己的某种定位吗？但是，这一工作如何从科学自身开始去操作呢？形而上学难道不是因为只有通过它本应该但不能与之相区别的科学才得以存在的事实因而才是不可能的吗？从科学的目光看，从方法论根基的层面本身来看，一开始就无法既受惠于科学又占有科学的哲学，成为形而上学之后难道不会无法实践、呈现悖论面貌而受学术界诟病吗？保持原貌的形而上学是不可能的：当康德把它与科学相分离时，为它打开了某种新场域、一个真正的新起点吗？或者他纯粹只是从其传统形式上抨击它，并非有利于向其传统上不曾思考的场域即本是（l'Etre）开放，而是有利于向有待于重新着手的再奠基和认证的科学开放呢？"哥白尼式的颠覆"难道更多的不是这种情况，在那里，把真正的科学喻示为新本体论的做法超越了古老本体论的某种自称的隐性真理吗？正如我所说的那样，暧昧性来自下述情况，即如果科学是可能的，那么形而上学就是可能的：科学的可能性来自先验的演绎，这样的演绎程序保证了智识路径的客观性，并作为未来某种可能的形而上学的典范。先验演绎确实是先验综合的场域，是精神超越任何科学在其统一性中进展的场域。在康德那里，根基就是这种先验场域，在那里，各种能力联结在一起，以产生应该把形而上学从其古老的"对象"（"objets"，客体）中解放出来的这种综合。

在康德那里，他自己承认，根基的探索是某种问题性，但还是某种空洞的问题性，无法以其他方式进行思考，因为尚缺乏科学那种断定性。康德所说的问题性，不是某种正面因素（实证性），而是某种等待论证的真实情况，某种缺失，可能是某种结构性的缺失；本质上是一种负面概念。根基是属于能力范围的东西；它会在分析中和回溯中自我演绎出来；而如果这种演绎是真正的哲理性，它不会从科学中抽出较少的哲理性的力量，因为它抽取了科学的精华。这样，根基就从哲学对科学进行的某种往返中分离而出，哲学把两种学科的根都扎在精神进行演绎和分析的先验能力方面。

尽管如此，这样设想的演绎还是把根基放到了思维的论证范式里，由此"出于何种权利？"（le "*quid juris*"）的问题便受到青睐甚至唯一被重视。形而上学承受"哥白尼式的颠覆"更多的是从启发它的科学中挣脱出来，而非纯粹和简单地演绎它，有点像在笛卡尔那里那样，永远揭示了它们之间的相同关系，且形而上学相对于科学而自立化的能力自康德起并包括康德在内一直是一种实实在在的困难。只要人们想从根基中看到成就科学有效性并论证其成果的东西，不管它是否反射到哲学领域，这种形势就是不可避免的。

康德的遗产将是沉重的。一方面，他深刻地影响着某种所谓的科学哲学，后者具化为支持科学理性范式为唯一有效的范式。如果我们不担心术语之间产生矛盾，上述科学哲学可以称为"知性的形而上学"。另一方面，康德遗产承载着相反的成果，意思是说，我们从形而上学中看到了与科学性相分离的某种哲学，即使对海德格尔而言，哲学的任务也是寻找人们不曾思考的各种根基。由于没有问题学，这种形而上学停留在本体论化的形态，而与其直面论证模式的命题主义，它更多地通过求助于（这种求助肯定是不成立的）诗歌言语而避开挑战。这种所谓的新形而上学徒劳无益地把本是与直至当时人们以为是现是的所有东西相区别，在同时又有差异的情况下，它们其实是同一东西，它可以并不逊色地界定为本体论上的虚无化，意思是说，它再一次相对于并非第一、而只有通过互补性才能成为第一的东西自我定义，似乎有可能从并非虚无中找到作为虚无的根基性。

第一哲学为了从人的各种能力的综合开始、以进行或未进行的论证为基础自我模式化所付出的代价，就是它自身的分裂。在海德格尔的负面本体论里，"存在就是不自我言说的东西"，就是存在中的这种虚无，这种本体论是这种虚无的当代表现。另外，我们在维特根斯坦（Wittgenstein）那里（第一节）也发现了这种虚无主义。

当我们肯定应该重新找到根基的意义时，应该这样理解，一方面，哲学只能是第一哲学或不是；另一方面，如果它是第一哲学，那么它应该叩问有关第一的事情。第一在这里的意思是，它对第一进行某种彻底的叩问，并非关注与后边发生的事有何关系，而是完全不知甚至不知道后边可能会发生什么事。问题不再是把这种探索带向科学或任意其他东西。人们提出这种第一者的问题，提出开创性的问题，作为自身就是目的的问题。哲学之所以是第一的唯一理由就是，它第一个提出关于第一者的问题，而没有把它在回答该原则作为原则的东西时所阐明的原则引向它被界定为原则时所相对的东西。在叩问什么是第一的过程中，有什么比叩问本身更第一呢？倘若有人对此怀疑，人们还会继续提问。

既没有范式，也没有第二性的东西支撑着叩问：可以说，叩问独自面对它自己，而这是哲学奠基独有的意指。我们远离根基的传统思想，即我们理解的元物理学的意义。哲学不再参照需要奠基的某种自然或某种存在，也不再有某种相应的、恰当的、需要正统化的言语。原则不再是某种真实的后天的建构，这种真实在这类事情上本应该是最重要的，以至于原则必然成为"元"学。重新赋予哲学奠基以意义不再是寻找某事物的根基，该根基因此而决定它，而是迎接作为问题的根基以及因为它构成问题而提出它。这是根本的问题，因为没有比它更处于首要地位的东西了，而我们是为了它自身而如此行动的，没有依赖其他东西。叩问是在其内在的原初性上被实践的。自此开始，由于现在的历史形势强加给思想界的彻底崭新的主题化，哲理性重新找到了自己的尊严。根基需要叩问，而这种必要的叩问足以为它创造意义。诚然，并非所有置于问题中的东西都能因此

而接触哲学的意指，然而，肯定无疑的是，倘若哲学想达到解决其问题的
地步，那么它确实应该叩问问题化，尤其应该叩问那些哲学问题。反过
来，这就反馈到建构以问题—回答之差异而非以命题主义的无差异化为基
础的某种逻各斯的必要性。

哲理性的独特性在于其叩问的彻底性，由于它重新成为第一哲学，哲
学提出的彻底问题乃是唯一符合这种要求的问题：彻底问题的对象必须是
彻底的，而这种情况只能是在这个问题本身中的东西是彻底的。在对第一
要素的探寻中居于第一位置的，是对第一要素所作的叩问。因此，第一哲
学只能被思考为问题学。我们可以这样说，它更多的应该是自我思考，而
非被思考，因为通过这种在其根本性中反映出来的彻底叩问，哲学以自己
的实践为对象。落在哲学肩上，要求哲学自身从内部实现关于自身的超
越，肯定是形而上学的。思想应该能够承担寻呼其内在存在的任务。那
么，它就必然是奠基性的，因为它在提出自己作为原初真实的第一真实
时，没有依赖任何东西。正如我们的副标题的第一个成分所指出的那样，
《论问题学——哲学、科学和语言》是哲理性的哲学。那么为什么还要提
到"科学"和"语言"等其他栏目呢？首先因为颠覆思维的命题性模式
很重要，而我们在语言理论中和科学分析中找到了这种模式，它们彼此互
相支持。问题学的重新建立要求某种新语言，在那里，断定性衍生于问题
化，而非相反，这种新语言在表达问题性的各种断定内部本身赋予问题性
以存在。由此，人们可以在某种展现互补性和各种差异的更广泛的理性
内，相对于科学性而重新为哲理性定位，而不是按照不可支持的标准，用
某种冲突的言语来表述科学与哲学的关系。

因而，《论问题学——哲学、科学和语言》的副标题是"哲学、科学
和语言"。如果我们想理解思想是如何扎根并发展的，那么确实是借助问
题学的观念化重新赋予哲学其形而上学的自然功能的时候。也是抛弃哲
学的各种贫瘠对立的时候了，我在上边已经说过，它们是康德遗产的构成
部分。不管是实证主义还是以同样名称之差异而更新的本体论式的形而上
学，都反映了某种既不可克服又不恰当的矛盾，尤其是科学与哲学之间的
矛盾，因为两者的观念都建立在命题性模式的基础之上；这是一种自我论
证的模式，因为其论证性，就导致了作为哲学的实证主义的自我摧毁；对
于本体论性差异的形而上学而言，这是一种令人恐怖的模式，本体论性差
异的形而上学至今仍然在本体论化的场域活动，看不到其他理性模式，而

只能看到断定意义上的论证，并把它推到了跌入非理性主义作为唯一替代可能的道路上。

我们还将长久接受二元对立这种错误的论战吗？它因为没有从根本性——这是哲理性的根本问题——出发去重新思考哲理性，就只能通过把我们置入种种不可能的替代中而只提供种种错误的解决方案。以为科学与形而上学是相互对立的错误地理解了科学和形而上学。我们已经看过，哲理性的分裂是上述错误理解无法澄清的结果。但是，从根基上被错误理解的，是它们之间可能有对立的思想。因为这意味着人们从结果层面去比较它们。只要我们不拥有论证哲学提供的那些工具以外的其他智识工具，这种情况就是不可避免的，而论证哲学自柏拉图以来一直统治着思想界，某种结果哲学面向有待验证的命题，因为它是真理的唯一支撑。由于我们这里的问题是赋予一种新的逻各斯观念，同时赋予一种新的回答观念，那么应该给予语言和思考以投资和颠覆，就像应该从其理性方面重新思考科学性一样，与哲学肩并肩而非在哲学以外给予思考。那么，哲学将真正成为第一哲学，但是是在某种新意义上的第一哲学，而非笛卡尔意义上和康德意义上的第一哲学。

呜呼，哲学从来没有现在这样具有问题性，它既受各种内在分裂的威胁，也受诸如精神分析学等周围科学的猛烈冲击。问题化是这种事实状态的积极表达。叩问提问本身是对我们自己的历史的一种回答，是保证它并让它得以继续的一种方式，即挫败任何形式的虚无主义的一种方式，虚无主义是轻易的和最无哲理性的方案。倘若提问是唯一可能的出发点，如果必须这样，作为对没有预设的根本性东西的根本问题的回答，却没有任何东西迫使我们提出这样一个问题。对历史的回答像任何回答一样：相对于滋生它和解释它的问题而具有自立性。因此，人们很可以不投入对可问题化因素的问题化，不对叩问本身提问。哲学永远是自由的表达，理由是，它从历史的约束中解放出来，并因而创立了自己的属性传统（*sui gene-ris*）。但是，如果我们拒绝对作为根本性的根本探索，我们就陷入了矛盾。因为，当我们叩问根本性因素时，后者将永远被任何回答所预设，这个时候最根本的就是叩问这种事实。那么我们可以扪心自问，探寻原理是否有某种意义，我们甚至可以拒绝这种路径。这里也一样，最基本发生的事情，乃是我们提出了一个问题，并从中检验人们否认或者仅仅付诸考验的某种根本性。对于"为何探寻原理？"这个问题——它支撑着这个问题的空洞性——人们只能通过提出它才能回答它，而我们已经在解决它，因为我们提出了形成问题的原理。我们还可以说，原理是某种形而上学的诱饵，当代哲学和未来哲学应该一劳永逸地放弃它。就像人们放弃无意义一样。然而，我们在这里不是也面对着某种原则的态度，甚至不是对原则的某种诉愿吗，其后果是，不提出根源问题，永远是对它的回答，哪怕是间接地回答，难道不是这样吗？难道人们没有因此而预设何谓意义，甚至更进一步预设根源是在某种关于意义和无意义的必然更根本的理论中决断的，相对于意义后者原初才拥有意义的吗？严格地说，人们可以支持下述意见，即关于根源问题无意义的肯定，除了反馈到某种主张与种种无意义的问题相对立而拥有某种意义的问题观以外，上述肯定本身没有任何意义，由于纯粹内在的矛盾，因为它不管问题的存在而决断了它。仅仅因为它被提出的事实，它就自我摧毁了，而即使不提出它，它也找到了回答，这可能会呈现为悖论，但只是表面上的悖论，理由是，不提出它已经是对它的回答，是以某种方式发表自己的意见。那么剩下来的就是最后再使用无法直面悖论并如此表达它的语言，它是"痕迹"的语言或"在场缺失"的语言，我们知道它使其支持者们可以肯定任何东西，因为它禁止人们忠实于字面意义去理解它。

总之，根源的问题位于任何智识方法的源头，哪怕是以预设的形态。倘若人们可以省去对它的提出而径直前行，这种情况经常发生在例如科学之中，这并不影响人们可以重构其他人之行为和思想机制的各种组织性预设，甚至从外部，并把它们强加于他们。

我们有权利斥责的，就是哲学以这种方式活动，并仅仅以其回答，不提出根源问题就决定它，一如科学和行动更多地以关注效率的简单理由而非因为先验的不可能性所要求的那样。让我们走得更远一些：因为这种根源问题位于任何可能的回答的源头，人们不可避免地要提出它，即使他们事实上或者从权利上否定它。由此，我们的态度就是明确它的这种面貌。然而，人们可以永远不明朗地提出它，即向自己提出它的态度，不应受到较为逊色的批评。这里有某种不可回避的自由，这也是提问固有的自由。人们可以在其自身的可能性中无视哲学言语的问题化，并把哲理性从自发拒绝哲理性而界定它的历史性中自立出来。某种纯粹的哲学路径从中衍生出来，但是这种路径今天似乎不再成立，尽管它内在性地、哲学性地仍然是可能的，没有任何矛盾。哲学思考本身就是创造，是实施某种自立的行为，因为是自由的。各种回答源于哲学问题，因为它们具有问题学属性，在这些回答中提出哲理性的问题，会导致与它们相吻合的多元性。但是，如果作为对叩问的肯定，回答的必要性没有反映其诞生的自由，就会出现思想损失的现象。必要性与自由的这种综合事实上分别与理论性和历史性相关联。因为理论性是制约条件，而非历史性，因为在理论性结构中，后者永远可以未被纳入视野。如果人们发现历史性提出了种种替代意见，在其制约条件中它才变得可以考虑，种种替代意见意味着种种问题，在问题本身未被考虑之外，它们至少还可以允许两种相互对立的阅读（回答），这也是一种回答它的方式。建立了种种因果关系链条的某种历史因为负面回应它们的自由而形成的历史的悖论，只能通过叩问的方式才能解决。如果人们发现他们可以自由地回答历史的各种问题，回答作为问题的历史，人们却实现了实际上的历史，人们还在继续实现它，以面对它的自由实现它。简言之，历史希望我们给予某种回答，而它强加给我们的各种问题性被经历为可以在理论性中不提出它们、偏移它们或者否定它们，然而理论性这样做的时候仍然在回答它们。因为，问题与解决是这样一种关系，人们有不提出问题的这种可能性，而这种做法仍然是在回答它：任何问题化的内在必然性自身包含了不思考它的自由。我们不能肯定我们的哲学思维是唯一的可能，也不是必须实践的活动，但是作为自由的表达，它必然是在这种多元的可能性本身中思考并澄清哲学思维的活动。历史性被它所允许、所强加的东西所覆盖，被从可能性出发所分离的理论成果所覆盖，这种可能性界定着历史的实际性。超验性永远是对思想之历史性的某种历史的否定。这样理解的历史性是对大写历史的拒绝，这意味着理论性就是这样浮现的。各种回答通过肯定它们所肯定的东西即其他东西而自我否定，这些回答的自立化就是历史性，就是叩问的内在结构。这种提问于是就呈现为自立的，没有被历史化，在它应该为了成立而实施的内在的结构化中，大写的历史就变成了它的外在物。

不投入问题学，不把思想思考为问题与回答的差异的事实，是历史的一种事实，甚至当历史把这样一种问题化变成必要时，这种必要性也只是理论上的，因为从历史的角度观照，替代现象存留下来，且非问题学式的思考，或者反问题学式的思想，永远是可能的。但是，这种可能性只有从问题学的角度才是可想象的，因为可能性不是一种自立的类型。正是回答行为本身把可能性界定为替代、选择、自由的多元性。可能性对于理论性而言，犹如自由对于历史性而言。在否定哲学为问题学的行为中，存在着人们想提问的自由本身，后者处于实践状态，由此，问题学关于叩问的肯定意见一直处于被验证的状态。哲学家决定和能够决定不对叩问本身提问，当我们提问时，这种现象必然呈现为可能的，但是，我们的哲学家由此确认他无视或想否定的东西。

当代关于应该理解为某种哲学问题的东西、关于思想家的任务困境，将是我们第一章讨论的对象，这种困境激发我们探寻触及问题概念的某种支撑点。这样我们就重新落入了关于哲学方法的思想。什么是形而上学这样一种学科的方法的价值呢？如果只是展示所有的起点没有共同的定位，这个工作已经由提问的定位做过了。如果是从某种外部途径例如模仿科学的途径开始设想叩问，这已经不再可能了。我们捍卫的关于科学与哲学关系的新看法不是一种起点，它也是外部的，但它是某种更深刻东西的后果，我们这里需要重新拿来并展开有关方法之必要性或无必要性主题的讨论。

问题是庞大的，我们稍后在更专门谈论科学时会再次碰到这个问题。但有一件事情是肯定的：哲学与方法之关系在思维中引出的某种循环性是我们不能接受的。概而言之，我们可以这样说，为了解决一个哲学问题，需要一种方法，但是为了论证这种方法的选择，或者论证它的首要原则，需要某种形而上学，某种通过典范化去建立它的终极原则。这里，我们想到了笛卡尔，他从科学和方法论过渡到形而上学。麻烦的是，要到达这种形而上学的首要原则，已经需要某种推论方法，我们甚至不谈论演绎。因此，在主导允许达到首要原则之方法"我思故我在"的分析与构成性的综合之间，就产生了分裂。在我看来，由此产生了若干不可接受的后果。方法是单一的和不可分割的，凡是可以通过分析演绎出来的东西，应该能够综合性地展示出来。我们在笛卡尔《对驳斥意见的第二批回答》（les Secondes Réponses aux Objections）里可以清楚地看出来。这意味着，人们想差异化的东西只能以非本质的方式差异化，而形而上学预设的方法是人们认为它建立的方法。形而上学与方法论的分裂是一种修辞学手段，旨在把不能划分开的东西划分开。斯皮诺莎（Spihoga）和黑格尔相继抨击这种分裂并坚持方法只能落入形而上学之内，而不再可能设想为达到某种自立目的的某种简单手段。然而，方法概念本身在哲学里拥有某种意义吗？

还有，形而上学的第一原则，即"我思故我在"，在我们所考察的情况中，仅在接受形而上学相对于方法而独立的前提下才是第一原则。须知，由于方法，人们才到达了这个原则。第一哲学再次处于某种领域之中，在那里，追随其后的东西界定着它，保证着它。方法即科学方法，它通过理由的链条把真实与虚假相区分，这些理由通过排除两者之一而论证另一方。正是科学，通过神圣的知性，界定本体论意义上的第一，神圣的知性使"我思故我在"有如神助，即使"我思故我在"是方法论的第一原则，它也只是作为中止某种视野的一个点，只有这种视野才是终极有效的。在笛卡尔那里，正是方法即科学的要求主导着形而上学或某种形而上学：后者不是独立展开的活动。

由于方法不能自我论证，而应该能够做这件事的形而上学却只能迂回地达此目的，以某种本体论性质屈从于有待建立的科学性（笛卡尔）或已被接受的科学性（康德）为代价，这样一种观念今后不可能抓住某种真正的第一哲学，它拒绝在单纯否认第二性的基础上建立自我，其实，这种第二性传统上一直支撑着它。人们将拒绝"元"封邑行为。

在拒绝了哲学领域的某种方法思想之后，剩下的就是行将允许我们处理各种提出问题的视点问题。这是一个明显的问题学的问题。

让我们重复我们的路径，以期分离出能够在某种真正的第一哲学里满足方法论要求的东西，这种要求更多的是对自笛卡尔以来方法的经典概念的某种替代。

如果我们在任何叩问的根基本身提出根源的问题，必然引出的唯一可能的第一回答是，肯定提问处于源头。任何其他回答都会自我毁灭。叩问提问本身的事实导致出现了问题外，后者宣称提问的目的就是为了它自身。明确提出问题的行为使我们能够接触到对它的超越，接触到取消它的东西。其结果是，我们进步了。这种从问题过渡到问题外，作为澄清问题的思考方法，建立了回答，而我们在整个哲学史里都会碰到这种进程。在笛卡尔那里，当然了，如同我们将看到的那样，但也有其他例子，如黑格尔那里。这里，弄清回答是否保留了它所超越的问题并不重要。我已经说过，这种"方法"不会被这样去思考的，因为它没有其他最低的和唯一的条件，只有造就问题与回答的差异化。因此，作为人们通常所理解的方法意义上的"方法论"会出现分流现象：把真实划定和论证为这样的真实。我们将在更远一些有机会研究这种滑动现象。令人惊异的是，问题学的推论方式尽管已经应用，却被以违背方法性质的范式来理论化，因为以这种名义出现的方法，没有给这种问题学的差异即问题与回答的差异，留下任何位置。因此，在理论与实践之间存在着差距，这种情况对恰当地感知哲学推论的特殊机制带来了各种各样的困难，哲学推论不恰当地落入它试图建立之演绎的另一种类型，但是这种类型还是在事实层面被差异化了，例如在《沉思集》（les *Méditations*）里。

问题学的差异是必要的和自足的标准，因为它规定，人们不再停留在问题性里，后者是可以被如实辨认出来的，人们能够把它与回答相区分，人们还可以通过同一路径内部的差异标记它们。

那么，与其提出"方法"问题，我们毋宁应该提出的问题是什么呢？问题学的差异如何运作呢，当然是在哲学领域里，但也包括在其他智识活动中，例如在科学里？如果说在哲学领域，回答源自人们向自我提出了问题的事实，科学里的实际情况就不再是这样，那里相反，回答与问题相分离，因为解决问题的目的不是把某种事物问题化，而是消除与该事物相关的任何问题化。从问题向回答的过渡仅有该问题的构成还是不够的，这种过渡要求种种中间的小链条，于是这就真切地构成了科学的方法论。如果不建立这种区别，例如康德那里的先验演绎，就会用科学演绎的准则去评判，它将被视为循环性的，不能证明任何东西，而且也不符合人们通常所理解的演绎。而它作为问题学的演绎就符合了，我们在后边将会看到这一点。或者人们不理解它的哲学性，即使这种哲学性已经被接受，因为人们说过，康德是"一个伟大的哲学家"。为了准确理解它，应该从问题学的角度思考这种演绎。先验演绎不是真正的演绎，取这个术语的科学逻辑意义，但是康德没有其他的概念化，这并不阻止它是一种正确的推论，理由是，它建立了它并没有想到的某种问题学的差异化。

对于这种差异化，我更喜欢为之配上严谨的名称，而非方法的名称。哲学不像自然科学那样，没有自我检验的实验，由于没有上述实验，它也没有确认真实并摈弃虚假的格式化，尽管17世纪曾经给人们以这种幻想式的许诺。那么除了必须占有其自身的必要性以外，它还留下了什么呢？当然不是强行占有，而是从起点开始，就为其起点的必要性立言。当哲学这样把各种图示摆上桌面时，它就为那些希望进入游戏的人们提供了各种规则的清单，并同时展示道，当这种游戏没有玩时，这也属于该游戏之可能性的构成部分，一如其他游戏从哲学所建立的拥有各种规则的第一必然性中分离出它们自身的规则一样。

第一章

什么是一个哲学问题？

知识界的虚无主义与当代

从内部和外部滋生的对哲学的不信任和怀疑主义，或许是 20 世纪思想界的重大特征之一。

对于哲学解决问题之能力所散布的怀疑添加在关于其实用性的常见的批评队列中，该队列由于更多的参加者来自"学院"而尤其显得耀眼，甚至在那里，一切都工具化、功能化了。将其客体切割开来以期更好地领会它们的分析思想的胜利肯定不是哲学的胜利。确实有一些学者从某种哲学的视点思考科学。但是，他们经常忘记了下述事实，即他们的视点扎根于对他们自己学科的特殊阅读，当他们努力把这种阅读过渡到对科学的普遍看法时，这些看法的落脚点只能是任意的，其有效性也是有限的。

不管怎样，我们都可以肯定下述事实而不会犯错，即对哲学的怀疑主义的或教条主义的攻击，都不是新鲜的。然而，我们还是顺便指出，热衷于诋毁哲学的社会每次都发生在衰落时期。理由很简单：对批评思想和理性思想的放弃，把个体推向种种新宗教和各色神秘团体的怀抱，这种放弃从对思想及其所表达之生活的各种形式的摧毁中获得滋养。

对哲学的抛弃很少是其他事情，只能是颓废的标志，理由是，那里由此而表现出对体系性，这里指的是对思想的体系性的日益增长的某种怀疑主义。但是，碎片化预示着种种更大的撕裂，蕴涵着对不成立的幻想式直觉的某种补偿式探寻，然后简单而干脆地落入蒙昧主义和对智识领域招摇撞骗的崇拜。

这种情况是当今发生的现象吗？诚然，哲学大概一直都面对着任何类型的各种怀疑主义。因此我们可以这样说，那里实质上是某种古老历史的一种新版本。我们让读者去决断这个问题，无论如何，历史都将解决它的。

那么我们可以从哪些方面谈论尤其具有当代特色的某种形势呢？

自从 20 世纪末以来，思想史呈现出哲学面对科学的神奇发展而日益增长的某种无奈。大概因为自然科学浮现在脑际的缘故，但是，最强烈的冲击并非来自它们。人文科学的建构吞食了哲学的各种传统问题，而其他科学却早就自立起来了。

马克思（Marx）和弗洛伊德（Freud）使哲学脱离了它的主体，亦即脱离了它的根基。当一切都是通过主体来谈论，而他在冲动和利益层面相对于他自己又被异化了，他怎么还能是奠基者呢？而尼采（Nietzsche）让各种价值本身脱离了自己的根基。文学把问题主题化了，哲学未能解决它。浪漫主义之后的所有虚构作品都投身于主体的崩溃，投身于他强加于世界的稳定和统一形式的崩溃。普鲁斯特（Proust）之后的大的形式创作都证实主体没有获得某种突出视点的能力，反之，他却相信这种视点是由每天的言语在日常性中承担的。随着言语性的意识形态化，哲学本身也陷入了怀疑之中。但是，随着各种意识形态的崩溃，哲学就什么也没有了，除了某种批评的、日益删减的和保护的功能以外，简言之，这是一种怀疑的功能。不管是意识形态被赋予耀眼地位，或者相反被抛弃，哲学在前者和在后者一样，都处于被抨击的地位，因为它始终站在坏的一边。

那么，所谓的人文科学作为正面形象代替了哲学之举，我们就不会对此感到惊奇了。意识的弱势言语变成了潜意识的科学，正如囊括历史的唯心主义言语变成了社会学、关于过去的科学，并自《1844 年的手稿》（les *Manuscrits de* 1844）以降变成了经济学一样。

哲学本身也只能自视为完全被质疑或者至少不能自己解决自身的问题。随着逻辑机器的发展，我们不妨扪心自问，思维推理跳出数学之外是否还可以理解，而人类的思想是否还可以以哲学为支撑。

这就是 20 世纪初的哲学家们何以拷问哲学的各种可能性，叩问哲学可以表述和不可以表述的东西（维特根斯坦/Wittgenstein），叩问它坐上沉默神坛的原因。

海德格尔（Heidegger）的思考堪为这方面的范例。

"本是"的问题或不可能思考之物

从历史的视点看,海德格尔的思想相对于什么呢?

毋庸置疑,它代表着自我问题化的某种补充阶段,但是,某种再一次不能这样思考的问题化。然而,叩问的语汇比以往任何时候都通篇皆是,这就证明了问题学在 20 世纪日益增长的历史性。是什么东西阻止海德格尔把问题学观念化呢? 我们不妨这样回答,正是本体论的关注反映了它的不可能性的条件,带着它不可避免的后果,即对科学的批判,这种批判先验性地作为价值派生的预设物而运转。

无论如何,这样一种阅读都呈现出一定的肤浅性,理由是,它没有考虑到海德格尔赋予哲理性之本体论化层面的独特的东西。

传统上,本体论提出所有是的问题,即关于全部整体的问题。所是,以及这个东西就是它之是,是科学告诉我们的。本体论退而活动到整体层面:人们叩问整体是什么,作为整体不是整体的某种简单成分。这种差异就是本体论的差异:为了领会整体,应该能够划定它的范围,而由于在整体之外,什么也没有,那么虚无就呈现为此种形而上学性可能化的唯一场域。对现是的拒绝,对命题"所有是的东西"中"是的东西"的拒绝,等于把重心放在了作为是之虚无的整体身上,或者更准确地说,由于虚无高于现是虚无层面的虚无,那么现是就是作为所是之整体的存在(本是)的差异物。在这种态度中还有更多的东西:如果任何东西都不无理由,那么整体的虚无就逃脱了理由,因为唯有是的东西才有某种理由。新的形而上学赋予整体的东西,似乎它是从现是固有理性之外掉下来的,这种理性当然就是科学的理性。

重要的看点是,海德格尔是在科学似乎使形而上学式叩问比以往任何时候都更不可能的某种时代,象征形而上学式叩问的某种彻底化的。(作为是的)整体问题逐渐区别于什么是的问题,而整体也将获得某种不同的本体论定位。这是因为海德格尔从本体论差异的用语中看到了挑战,即本应成为叩问之哲学的东西仅仅只是对哲学的叩问(如此的不可思议)。人们可以怀疑解构形而上学的事实可以建立某种偏离现是而达到言说存在的新语言。这种新语言本应从关于语言的问题自身中诞生出来,而不是像在海德格尔那里那样,被转移到诗性或者转移到形而上学的历史化的简单解构。不管人们接受与否，这就是为什么海德格尔的哲学只能导致沉默和面对基本问题的缄默不语，就像他自己承认的那样。"最高层次的观念表述并非具化为在言说真正需要言说的事情上保持简单的沉默，而是具化为对它的言说达到了在无言中使其昭明的程度：思想的言说是某种明显的沉默。这种言说也符合语言最深刻的本质，语言出自沉默。作为明显的默示——某种澄明性的默示——，思想家以自己的方式和自己的类型，过渡到他永远与之隔离的诗人的行列。"① 在海德格尔那里，不可能到达的思想全部跃然于这些字里行间：思想家是诗人又不是诗人，他应该抛弃他的传统语言但是做不到，于是，沉默的终极方案作为语言之本质，有利于把基本表达为无言。从某种意义上说，存在作为不可能思考之物已经在《存在与时间》（*Sein und Zeit*）中被证实如此："现是就是所有我们谈论的东西，所有我们想到的东西"②。由此必然得出存在是不可言说的，而至少在这一点上，海德格尔一直没有改变观点。

　　海德格尔也许比任何其他人都更多地谈论叩问，而我们在这一点上常常弄错了：他没有真正想到过叩问，况且在《存在与时间》里，他把它转移到其他事情上了，根据他一直不停地希望恰恰通过自己的叩问而超越的"形而上学传统"。这类过渡是欺人的："通过每次自由选择的知道的程度，亦即通过叩问的不可避免性，一个民族永远自我确定了自己存在于斯的行列。希腊人从可以叩问中看到了他们此在的全部高贵性；他们能够提问的可能性是衡量他们与那些不能提问也不想提问的民族的分水岭。他们把这些民族，叫做野蛮民族"③。

　　海德格尔捍卫叩问，赋予它某种重要角色，但是没有任何根本性的东西，取该术语最忠实于字面的意义。或者更准确地说：叩问是根本性的，一旦他谈论叩问时，只要它意味着其他东西，那么就应该承认它的这一点。如果不是下述事实，即在叩问它时，它将让我们依稀看到根本性的东西，后者是它以外的其他东西，那么它又意味着什么呢？人们将叩问提问，然后再叩问这个问题，这样无休无止因而也是效果贫瘠的叩问，为了最终达到其他事情吗？人们可以相信这种说法，但是将错过导致叩问的东

① M. Heidegger, *Nietzsche*, vol. I, pp. 365—366 (tr. fr., Gallimard, Paris, 1971).
② M. Heidegger, *L'Etre et le temps*, p. 22 (tr. fr., Gallimard, Paris, 1964).
③ M. Heidegger, *Qu'est-ce qu'une chose*? p. 51 (tr. fr., Gallimard, Paris, 1971).

西，即赋予它意义的东西。导致叩问之其他事情的这个问题应该从它揭示这个其他事情的角度去叩问，而不是作为它向我们提供了有关叩问的信息的角度，叩问本身只是附属的。"引导性问题的发展，当它以如此'概要的'方式被展示时，这种情况现在就更容易激起人们的怀疑，怀疑人们在这里什么事情也不做，而专门叩问叩问行为。关于叩问本身的叩问，我们有完全健康的理由说明这种事显然是某种不健康的、不自然的、也许甚至有些荒诞的事情，因此……就像引导性问题的情况一样，某种纯粹的迷失。关于叩问的这种叩问，作为绝对背离生活的行为、态度，是一种自我折磨的方式，自我中心主义的方式，虚无主义的方式，而不管人们想给它贴上什么样廉价的标签都一样。引导性问题的发展似乎只是对叩问的某种无限叩问，这种现象确实存在。另一方面，就叩问现象进行叩问似乎绝对是迷失和夸张，这种现象也是不可否认的。毕竟下述发现是难得一遇的，即很少有那么几个人，如果不是任何人，有勇气和力量相信通过引导性问题的发展而叩问是必要的，并因此而碰到完全其他性质的事情，而不是作为问题而有意提出的某种问题，诞生于某种炫耀性夸张的问题，我们在这里将尽可能简略地描画引导性问题的结构。"①。

这种结构必然是三重性的：问题是叩问询问以外的其他事情，这个事情作为可询问的事物，属于现是。但是，人们叩问它时，作为它是某种事物（而非虚无），说明人们叩问的是它的本在，即让人们能够叩问它的东西。至于目的，那就是要弄清楚，在询问现是关于能够使它被叩问的东西，它的本在，即是这种叩问成为本质性的、根本性的东西，赋予它意义的东西。由此产生了海德格尔在《存在与时间》里所展现但没有论证的本是的分裂现象，那里似乎处于某种问题的问题外，而不管这个问题是什么；问题外状态拥有某种被询问之物（*Befragtes*）、某种观念之物（*Erfragtes*）和某种被要求之物（*Gefragtes*）："任何问题，"他说②，"作为这样一个问题，都有它想获得的东西：被要求之物（*Gefragtes*）。要求永远是以某种方式向某物提出某种问题。任何问题，除了它所要求的东西之外，都包括某种被询问之物（*Befragtes*）。如果问题具有某种真正理论探索的特点，那么，被要求之物就应该得到界定，即上升到观念层面。作为

---

① M. Heidegger, *Nietzsche*, vol. I, p. 355.

② M. Heidegger, *L'Etre et le temps*, §2, p. 20.

向问题提供了某种动机和某种目的的被要求之物，因而也是被叩问之物（*Erfragtes*，观念之物）"。本是的意义是观念之物（*Erfragtes*），而现是则是被询问之物（*Befragtes*），而本是本身是被要求之物（*Gefragtes*）。关于现是的询问涉及它的本是，但是人们还要叩问关于这次询问的各种理由，叩问为什么人们会投入这次询问，叩问它的意义。这种态度蕴涵着某种超越询问的思考，蕴涵着某种使询问成立并解释它的超越。这就是此在（*Dasein*）与随后哲学对它的历史解读，这种解读堪称"本是的命运"。历史是通过对其秘密的揭示来阅读本是的。是它赋予意义，是它使某种任意本体论的解读成为可能，因为本是问题的提出永远带有历史的标志，历史使有关本体论叩问的叩问成为可能，后者成为对隐蔽性的解构。在两种情况下，令人震撼的是，本是的问题未能引导海德格尔叩问提问之所是，而是在第一种情况下，叩问导致这样一种询问突然发生的因由，以这种身份，后者与任何现是都是不同的。本是的意义存在于使有关本是之叩问成为可能的东西里，而使这种情况成为可能的，就是能够叩问本是的现是，亦即人。那么人（此在/*Dasein*）被叩问了，不是作为提问之人，而是作为通过这种叩问被揭示的与本是有着突出和多重关系的这种关系，我不妨重复一遍，叩问只是这种关系的一种符号和一种方式。本是问题的可能性不必到其问题的内在性质中去寻找，而是到提出问题的人的内在性质中去寻找，并由此显示需要捕捉的东西的某种隐蔽性和某种理解，某种非真确性和某种真确性，它们的结构是多元的。由此产生了对此在的分析，它把真确性和非真确性的方式化分解为众多存在量，叩问与它们没有多大关系。另外，证据是，本是的问题与现是的问题没有任何不同，像海德格尔所说的那样，后者是引导性问题，因为任何问题的结构都是同样的，没有任何差别：被询问之物—被要求之物—观念之物。如果现是与本是的关系建立在两者的差异上，扎根于叩问之中，那么，后者应该在询问层面本身就反映出差异。须知，叩问本是或现是，从叩问的角度言之，是没有差别的。人们知道本是的根本性问题，现在发现它存在于任何问题之中，使得所有问题都更无法把在其他地方活动着的东西差异化地表达出来。"作为它是最广泛和最深刻的问题，它也是最原初的，反之亦然。从这三重意义讲，问题从排列上是第一的，而这里的排列以这个问题所开辟和自我给出之维度而奠定的领域内部的提问的等级为参照系。我们的问题是所有真正的即自身成立的问题的问题，而不管我们是否考虑到了，它必然在任何问题中都是共同被要求之物（ *mi – gefragt* ）。任何提问以及随后最小的科学'问题'，如果它抓不住所有问题的问题，即不要求它时，都无法自我理解。"①

海德格尔的演示并非很有说服力。归根结底，说本是的问题是本体论方面的第一问题②，因为它在物质论方面不是第一③，仅仅等于强调，当人们围绕本是进行反思的时候，本是问题处于第一位，因为这就是本体论的定义：它是属于本是范围的东西。如果任何问题都反馈到一个这是什么的问题，那么当人们把考察这是什么作为第一并作为应该被询问的问题时，这是什么的问题肯定就是第一问题。奥尔特加·伊·加塞（Ortega y Gasset）说："海德格尔把本是概念夸张到了极端程度。他的公式'人永远进行关于本是的反思'或者'人就是对本是主题的叩问'，只有当我们把人所反思的所有东西都理解为本是的时候，只有当我们把本是当作什么都做的保姆、当作多种用途的马车时，才有意义……没有任何人明确看清楚本是是什么鬼东西。那是因为他没有看到海德格尔夸张、夸大这个概念并把它扩展到人进行反思的任何终极事物。由此得出下述结果，即如果我们把人以完整方式反思的所有东西都理解为本是时，人才是有关本是的叩问。那么这不再是别的问题，只是一个简单的语汇问题，而不是海德格尔所宣布的计划：我们完全可以说，许诺没有兑现。"④ 奥尔特加·伊·加塞自1958年即肯定的东西，后来被证实了。但是，1935年写成、1952年出版的《形而上学导论》（l' *Introduction à la métaphysique*）里，我们已经可以找到从此在向本是历史滑动的痕迹。那里所说的东西与《尼采》（le *Nietzsche*）里差不多一样。作为叩问意义的本是问题推动哲学家反思这种叩问本身，后者"从外部出现并首先呈现为某种重复，只是一种可以无限继续下去的游戏（……），它呈现为关于语词意指的某种徒劳的、夸张的和空洞的思辨，且没有内容。事物肯定是这样的。问题在于弄清楚，我们是否想成为这种廉价的平庸的明证性的受害者（……）。应该让（……）下述一点在我们大家之间是很清楚的：从来不可能客观地决定某人是否真

① M. Heidegger, *Introduction à la métaphysique*, pp. 18—19（tr. fr. Gallimard, Paris, 1967）.

② *L' Etre et le Temps*, §3, p. 4.

③ *Introduction*, p. 13. 请与 *L' Etre et le Temps*, §4, p. 27 里宣称的物质论优先的观点相比照。

④ J. Ortega y Gasset, *L' évolution de la théorie déductive*, pp. 214—215（tr. fr. Gallimard, Paris, 1970）.

正要求这个问题，我们自身是否真的要求它，（……）或者反之，我们是否无法上升到简单公式之上"①。但是他补充说，真正叩问中的跳跃属于历史范围。于是历史出现了并引出了本是，而此在只是被揭示的隐蔽物的见证者。叩问变成了聆听本是，这种聆听的沉默性被种种把它揭示为本质的叩问历史化。"但愿叩问不是思想的本性，而是聆听话语，那里有着应该在问题里出现的许诺（……）。现在向我们发出话语的整体——话语的展开，展开的话语——既不是头衔，也不是对某个问题的回答（……）。我们进入了聆听和共同谈论的凝聚之中（……）。任何行将对思想之症结提问的叩问，在这种症结是什么之后行将提问的任何叩问，都预先被某种言说所承载，即与即将进入问题的东西相联姻的言说。这就是为什么聆听联姻者乃是现在紧急思想真正的举措，而不是叩问（……）。在思想首先是聆听、即任其言说而非某种叩问的范围内，如果他从与话语的某种经验中归来，那么随之取消全部疑问句就是必要的。"②

这真是结论的结论。首先服从于提问者、然后服从于过去各种哲学的相继表现的叩问，应该取消。今后应该向思想开放的，正是沉默的一统天下。除非这还不是它的结局。这样的根本性是不可思议的，因为它没有从叩问的角度去设想。叩问被不恰当地偏移到由来自外部的种种关注所强加的某种结构上。这种做法导致下述结果，由于未能从其自身开始思考，叩问失去了它的根本性质，成了存在之本体论的现是—本是—意义三重要素耦合分配的衍生物，这种本体论的三重要素只有在作为奠基者的这种叩问被消除的某种范围内部，才是自然而然的。于是本是被排除在任何问题的思考之外，尽管这种情况，后者仍然历史地或非历史地反馈到它，任何情况下都是不约而同地和没有终结地反馈到它，但是从来不曾成功地理解它。

这样，海德格尔就走到了某种不可能行程的尽头。他意识到哲学的问题性质，肯定谈到了提问，但是拒绝从其根本性中看到赘言废话之外的其他东西。他抨击根本性并把它转移到本是层面，结果使两者都搁浅于不可言说和不可叩问的状态中，作为叩问的唯一结局。

两次世界大战之间的面临大灾难的思想全部都有这种态度的痕迹。我

---

① *Introduction à la métaphysique*, pp. 17—19.

② M. Heidegger, *Acheminement vers la parole*, pp. 159—165 (tr. fr. Gallimard, Paris, 1976).

们从维特根斯坦那里也发现了这种思想。

作为逻各斯学(logologie)的哲学的问题化

当我们阅读维特根斯坦（Wittgenstein）时，令人惊奇的是，我们在他那里也发现了对问题化的某种无所不在的参照。是什么东西保证某种正确的、恰当的问题化呢？它何时产生意义？哪些是特别属于哲学的问题以及如何处理它们呢？由此产生了弄清什么是适合应用于它们从而达到它们的语言问题。因为维特根斯坦与海德格尔一样，面对着哲学的历史形势，但是，他通过把语言考虑为置入问题和解决方案的方法、方式而承担了上述历史形势。为什么是这种路径呢？

人们永远可以通过历史论据来回答。维特根斯坦属于维也纳团体，他与卡纳普（Carnap）一起，通过以科学和科学所使用的理想语言逻辑学为基础，把我们的语言观念模式化而努力改革我们的语言观念。逻辑学预设了自然语言，把它形式化，那么反过来，逻辑学反馈到自然语言以期被人们理解。如果形式主义应该建立在这种做法本身、建立在它努力超越的语言的基础上，那么，把我们讲述的语言形式化又有什么用呢？逻辑学作为一种语言，为了理解逻辑学，应该理解语言，但是学者们告诉我们，为了理解语言，应该拥有它的逻辑学！

于是有了双重方向。一方面是卡纳普的方向，把人们在科学著作中看到的各种逻辑结构拿来建立起来，以期赋予各种不同的思维产品以某种观念的统一性。另一方面是维特根斯坦的方向，他想到达思考逻辑与语言的关系，甚至先于建立语言的普遍化的逻辑形式，像卡纳普那样，卡纳普与他之前的弗雷格（Frege）和罗素（Russell）以及他之后的奎因（Quine）处于同一运动。我们也发现了维特根斯坦在维也纳团体里的特殊性。我们知道他的解决方案：逻辑学不是从外部强加给语言的某种建构，它以循环的方式预设语言，如同我们上文强调过的那样。逻辑学内在于语言，因为语言是歧义的、模糊的，每次都可以根据各种使用情况不可避免的不同而调整，而逻辑学昭明这些使用情况中分离出来的统一性和意指，昭明知性所设置的各种稳定关系。逻辑形式赋予语词和语句以意义，后者因为自然语言为了能够无限使用而要求的灵活性可以拥有多种意义。

逻辑学是语言的深层语法，并由此而是它的观念语法即它的句法。它昭明已表述语言中不曾表述的意义的各种关系，这些意义关系却是可以显示出来的，因为每个人作为自然语言的简单消费者，都能理解它们。那么，逻辑理论就只是自然蕴涵于自然语言中的可理解性的明晰的主题化。它当然是某种自成一体的语言，某种脱离了语境的书面语言，那里一切都是清晰的、单义的、一下子就可以理解的，因为其建构就是为了这种目的。我们不妨这样说，它是语言关于自身思考的产品，是其潜在意义之各种结构的自立化的澄清，这些结构一如我们说话时所建构或者当我们理解他人说话时精神上所重构的那些结构一样。

所有这一切都对哲学、哲学在思考自己的任务和其可能性时设想自己的方式，产生了重大的影响。在分析这些影响之前，让我们暂时回到我称之为历史论据及其不足上来。

我们总可以从下述思想出发，即我们在这里面对着另一种哲学思维方式，后者具化为把语言作为对象并模仿它，就像一般情况下哲学模仿科学一样，以后者完美实现的某种方法论理想为名。这样一种选择是可以指责的，而如果我们局限于上述设想，它是可以反对的，理由与任何选择的理由一样，因为其原则立场的专断性。那么我们让维也纳团体处于它的过去状态，甚至处于非哲学状态，而由那里回到我这里当然是正确地称作的哲学形态。

事实上，历史论据是那些先验性地决定采纳外部性之愚昧目光的学者们赋予自己的某种修辞学的简单做法。如果需要历史地、以非漫画方式思考维特根斯坦，那么就应该很好地抓住处于辩论中的症结，这种症结涉及哲学之定位及其在当代知识界的可能的未来。因为人们不会忘记，哲学叩问的问题产生于 19 世纪所有思考层面被普遍化的科学化运动，而它似乎使哲学变得比以往任何时候都更不可能[①]。

通过"历史论据"，人们有可能对维特根斯坦那里真正发挥作用的各种根本性问题视而不见：为什么科学、它的语言、最后还有单纯的语言能够保证问题化的延续，或者简而言之，保证其内在的存在呢？从哪些方面说明它们具有哲学上的根本性呢？当人们从科学和语言里寻找各种问题的

---

① 卡尔·马克思（Karl Marx）已经这样说过："任何深刻的哲学问题都可以简单地作为某种经验事实而解决。"（*Idéologie allemande*, p. 55, cité par G. Haarscher, *L'ontologie de Marx*, p. 187, Presses de l'Université de Bruxelles, 1980）。

钥匙时，哲学里究竟发生了什么事情，且为什么这样一种理论的偏移是必要的呢？这里的理论的必要性，我们指的是从思考内部激励它的东西，而不是历史地制约它的因素。让我们忘掉维也纳团体的历史性，忘掉人们永远可以从时间和地理环境上置身于外部的事实，并因此而节省某种内部重构，节省我们预先就可以拒绝的某种路径，因为我们一下子就置身于外部了。

我还要再回到这里来，但是我们已经可以先解释何以科学和语言成了任何哲学解决任何问题化的钥匙。道理甚至很简单：在科学里，实验可以一劳永逸地了断各种问题，正如形式语言可以解决它所处理的各种问题一样。逻辑学和实验是单向解决某问题的两种方法。一种不区分解决方法与问题的差异性的语言无法了断这些问题并超越它们，它们注定要无限地和不可避免地重新提出。这样一种语言必然是反逻辑的，因为逻辑学是意义的言语，是语言的内在的知性，是深层语法，后者有时被某种自然语言（例如法语或英语）所遮蔽，其语法遮蔽了它的不存在或不可能性。

这里为什么要谈论无意义呢？如果人们提出一个问题，那是为了解决它；一个问题的意义存在于解决它的可能性之中。一个没有意义的问题是一个无法解决的问题。如果它没有意义，那说明它作为问题是荒诞的，它给我们以幻觉，它实际上是个假问题。荒诞性在于人们提出了它，因为它不允许获得人们以为它允许获得的东西。而希求某种不可能的回答，即提出一个从一开始就注定没有回答的问题是荒诞的。作为问题，它没有任何意指。诚然，人们永远可以提出它并以为人们可以回答它，否则就不会提出它，但这是因为无知或保有幻想：提出一个没有意义的问题不足以赋予它这种意指，它所缺乏的这种意指，似乎提出它就足以使它拥有这种意指似的。相信与真实是互相对立的。另外，如果一个问题的意义与提出这个问题的意义没有分离的话，那么就没有必要建立某种意指的理论。如果人们提出一个问题，那就是希望获得回答：而这正是提问行为的意指，但是，很有可能问题从性质上就是无法解决的。希望获得回答的提问者因此而赋予其行为以意义，但处于错误之中，因为是他的问题没有意义。因此，向他展示这种差距是有用的，而这正是今后哲学应该能够承担的功能。提出某些问题的无用性来自解决它们的结构性不可能性。让我们读一读维特根斯坦的这些话吧："一个问题的意义，就是解决它的方法"① 和

---

① *Remarques philosophiques*, p. 66 (tr. fr. Gallimard, Paris, 1975).

"我说与一个问题相对应的，永远有某种发现的方法。或者可以这样说：一个问题外延一种探索办法"①。意指理论服从于非批评性要求，服从于解决问题的要求。其结果是，无解问题并不真正是一个问题：没有意义，它无法被界定为问题。它是一个伪问题，而以这种身份，即使人们仍然在提出它，它也不能提出。在关涉各种具体语言的某种语言的语法一旁，我们还有某种哲学的语法，它观照抽象意义上的语言，而在语言层面上似乎可以接受的东西，在逻辑哲学层面却无法接受。由此产生了《逻辑哲学论》（le *Tractatus*），它努力表述作为"理想"语言的逻辑学应该展现的语言的深层的意指关系，而它也是这样的语言。

逻辑学可以把问题与解决方法区分开来，可以标记前者与后者的不同，并因之而表述什么时候人们获得了某种解决方案，而什么时候只是在复制问题。逻辑学像实验一样，是非批评性质的，理由是，它赋予自己决断、验证和区分表达的各种方法。由此，我们在卡纳普那里发现他最严谨地重建了分析判断与综合判断之间根本的二元对立，它们分别构成逻辑学和实验的网络。

我们看得很清楚，所有这一切都有助于理解，哲学为了回应把问题化的关注以期面对自身合法性的挑战，何以通过逻辑学而聚焦语言、通过实验而聚焦科学的原因。这样就诞生了作为哲学运动和理论学说的新实证主义。

应该竭尽全力拒绝而我们又经常碰到的偏见，关涉作为反哲学的新实证主义的独特性。这种独特性并不存在，因为我们从其他思想潮流中也找到了同样的净化用心，尤其是在法国思想界，如在柏格森（Bergson）和瓦莱里（Valéry）那里。人们过于经常地把作为种种不可能问题之整体的形而上学的抛弃与科学主义的偏移结合在一起，而后者归根结底只是众多后果中的一种。这种混淆其实来自对整个这个时期的一般知识形势的无知。

---

① *Remarques philosophiques*, p. 75（tr. fr. Gallimard, Paris, 1975）.

作为解决各种难以解决问题的解除：
维特根斯坦、施利克和卡纳普

在维特根斯坦那里像在卡纳普那里一样，思想很简单。哲学只是把伪问题与真实问题混淆了，因为没有像逻辑学这样一种语言，能够区分两者，这种区分反馈到某种更根本性的区别，即对问题与解决方法的区别（问题学差异）。语言的逻辑学显示了这种区别：在建构语言逻辑学的过程中，伪问题只能分崩离析，显露出它们的真实面目。"有关哲学题材而写出的大部分命题和问题并非是错误的，而是没有意义。由于这种原因，我们绝对无法回答这类问题，而是仅仅建立它们没有意义的意见。各种哲学中的大部分命题和问题来自我们不理解我们的语言逻辑（……）。而毫不惊奇的是，那些最深刻的问题总而言之却一点也不是问题。"（《逻辑哲学论》，4.003）这就是"任何哲学都应该是对语言的批评"（《逻辑哲学论》，4.0031），因为正是由于滥用了语言，人们才提出了那些不能提出的问题，而假如人们仔细观察它们的逻辑，就会发现，它们的语言绝不包含问题学差异化的可能性，后者决定什么时候我们面对某种谜团以及什么时候我们找到了解决办法。"一种无法表达的回答意味着某种同样也无法表达的问题。谜团并不存在。如果一个问题绝对可以提出，那么，它也可以找到自己的回答。"（《逻辑哲学论》，6.5）这等于说，任何问题都属于语言并由语言来解决，如果后者不能解决时，那么问题就不存在吗？其实，这里的所有设置是，如果人们可以谈论的东西形成问题，那么，出于同样的理由，人们应该能够谈论的东西也应该是解决方法。这个理由是什么呢？如果人们可以表达一个问题，即应该被区分为这样的问题，那么人们应该能够辨认出作为问题成分而形成问题的东西，这必然蕴涵着反过来，人们应该能够决定他们没有问题或不再有问题的时候。这种情况仅意味着下述一点，而绝不意味任何其他东西：或者所用言语没有让我们面对某个问题，或者它就是回答。人们不知道，一个问题的身份可以帮助人们认证它，辨认它，即表述它是何时得到解决及怎样解决的。如果一个问题区别于一个回答且应该能够与之相区分以便真正得到解决而非无限重复，那么就确实需要问题的表达不同于回答的表述，并为此效果而标记出来。如果我们拥有某种表述问题的语言，用来特别认证它，那么人们就不能相应地没有用于回答的语言，不能不从中找到把它们不可分割的互补性、它们之间的相互反馈差异化的方式。语言应该是问题学差异的承载者，以便能够面对后者。我说"能够"，因为确实需要考虑到，维特根斯坦并不比当时向我们谈论叩问的其他哲学家更多地从其自身开始思考叩问。它是通过其他事情、通过某衍生物被观照的，超过这个衍生物，哲学家就不再上溯了，如果我们愿意的话，这个衍生物扮演着"压缩器"的角色。于是，很自然的是，解决一个问题就是一旦这个问题解决以后，就让它消失，而没有这一点，问题就不存在。另外，表述这一点可以像某种正常的解决一样排除它，因为展示某问题并不是一个问题与取消它有着同样的效果。这就解释了柏格森、瓦莱里、维特根斯坦或者卡纳普等人的回答何以如此不同，尽管他们的思想是共同的，这种思想没有通常意义上的任何"实证主义"的色彩。

在更特别涉及维特根斯坦方面，他曾说过"任何哲学都是对语言的批评"（《逻辑哲学论》，4.0031），理由是，对我们的作者而言，语言是叩问的"压缩器"。语言使真正的提问成为可能，而重要的是，要把它与虚假的提问区分开来。叩问没有必要被理论化成这样，因为它属于某种压缩器即语言，后者把它的全部尺度及其根本的性能赋予它。"怀疑只能存在于那里有某种问题的地方，某种问题只能存在于那里有回答的地方，而回答只能存在于有某种事情可以表述的地方。"（《逻辑哲学论》，6.5）维特根斯坦的思维逻辑是清楚的：面对哲学不可能赋予自己某种根基以期具体解决自己的各种问题，需要解构这些问题并看看它们何以不能解决。语言通过意义和无意义理论而成了压缩的钥匙，意思是说，它代表着人们不曾思考的问题学差异的可能性的条件。维特根斯坦因为没有问题学，那么他很自然地认为，当"不再存在问题时，这种情况自身就构成了回答"（《逻辑哲学论》，6.52）。是什么东西向我们担保，这种情况确实构成了某种回答呢？问题的解除是解决它们的一种恰当方式吗？这种情况在于"传统"解决方式与解除性"解决"方式两者的共同点都是根据（eo ipso）它们所处理的问题而让它们消失的吗？如果实际上就是这种情况，那么难道不需要通过某种问题理论让这种思想接受检验吗？然而，当他支持说，语言及其逻辑学是压缩叩问的钥匙时，如何这样来进行呢？总之，逻各斯学不可能以非循环的方式反映它自身的"必然性"，因为这种必然性来自对问题学差异的尊重，而问题学差异随后又浸入语言作为保证它的手段。

自此，人们便肯定说，自然应该用某种恰当的语言以它肯定恰当的方式来处理各种问题。难道语言不通过其内在的逻辑对自己和由自己来讲话吗？①

这里的实质是对各种问题之解决的某种理论预设，它将对维特根斯坦的其余思想产生后果，我们将在有关他的沉默观念时看到这一点。

在考察诸如卡纳普或施利克（Schlick）等实证主义者的极其相似的观点之前，我想简要解释一下他们立场中有可能显得武断一点的东西，即问题的撤除可以代替回答的思想。这可能会显得有些悖论，尤其是，在没有真正问题学性质的解释情况下，会显得不可理解。

让我们回忆一下上文里关于哲学问题的说法。它们在哪些方面与其他问题相区别呢？当一个问题的格式构成对它的回答时，那么这个问题就是特别的哲学问题。它在使其呈现出这种风貌的言语中包含着对其自身的解决。通过进入观念，它自我反思，它是为着自己并由自己进行的思考。例如，在某种泛神论体系里，自由因其在被普遍化的决定论里建立起的断层而构成泛神论里的一个真正的问题，而能够提出自由问题等于能够在这样的基础上从观念上肯定自由是可能的。在哲学上回答一个问题等于把问题展开为回答（若干回答）。这样理解的问题学意义上的回答，维持同样名义上的差异。如果没有通过某种标记或者某种任意的决定把问题与回答分离开，问题就会消失在命题主义的没有差异的表述之中，命题主义扼杀了问题，它无法在对这类问题的无差异态度中保持它。反之，如果人们从问题学的差异开始行动，对人们回答某个问题的表述仅通过术语的游戏就引入某种明显的差异，某种标记，后者足以通过把它主题化的回答就标明问题，并在这样做了之后同时解决它。在哲学之外的其他地方，回答的目的不是明确问题，而恰恰是取消问题，超越问题；这就是人们通常通过"解决"所理解的观念。

肯定对问题的撤除是解决，并非因为它是取消问题的一种方式的事实，而是因为它建立了形成问题的东西与解决性因素的某种明显的差异化。另外，问题的取消以什么名义做任何可能的解决方案的范式呢？这种思想作为明证性而运转，理由是，它从人们的共同经验或科学中获得了滋养，而我们知道这两类知识对于现在我们所感兴趣的思想范围的价值化。当人们会一下子设定经验或科学所实施的回答方式的有效性时，那么他们

---

① L. Wittgenstein, *Carnets*, pp. 23—24. *Grammaire philosophique*, p. 2.

偏爱前者或后者都是有利的。另外，上述路径与力量的力度相关联，而后者是不可避免的。为什么谈到力量的力度，谈到设定呢？其实，关于建立问题与回答之关系的重要性的思考明显支撑着实证主义认为作为哲学领域之回答是恰当的东西。须知，如果它应该澄清问题与回答之纽带的性质，那么它就不能坚持唯有逻辑实验的检验是问题学差异的标准。因而，它就只能通过优势的表现捍卫这种差异的某种理念，而优势表现的优势性恰恰不能在这种先验理念之外去自我论证。这就使得实证主义不得不肯定它所主张的解决模式是先验模式。实证主义理论上的优越性是从科学和共感所体现的作为价值的有效性中汲取营养的，由于没有自我论证这种优越性之外的其他论证方法，那么，实证主义除了自己赋予自己的有效性以外，就没有其他有效性，因此，它可以反对任何同样发挥作用的其他有效性的方式。任何反实证主义的哲学都不会弄错这一点。

让我们继续我们的分析吧。当有人告诉我们说，意指的标准就是验证，我们只能发现这种断定的自我拒绝性质，因为像这样的意指是无法验证的。我很明确地说"像这样的"，因为假如我们把验证标准与作为问题学差异之建立的提问联系起来，验证标准是有某种意义的。它通过回答阶段建立的问题与回答之间不可拒绝的某种区分，旨在让人们尊重问题学的差异。那么所付出的代价就是要重视作为主题层面的问题学层面。通过这种重视，人们却落脚到实证主义无法支持的某种界限，即它自己对问题学差异化的模式化，并落脚到承认问题学的差异化比它的所有衍生现象都更具有根本性，包括实证主义的模式化。正是在它自身之外，后者才拥有它的意指，也在它自身之内，它没有意指，由此产生了验证主义标准的自我拒绝性。实证主义生命的继续还要求取消它仍然实施的问题学的事实，理由是，对这种事实的囊括将使实证主义的种种雄心变得无法承担，例如把其解决规范记入非批评性（回答行为）的雄心。人们可以赋予意指标准某种有限的意义，由此而避免自我毁灭，通过承认它相对于问题把回答差异化的一定能力，但是，这样就可能产生把问题学事实置于前场的效果，而实证主义也是反对这样做的，因为这种事实允许纯粹问题学差异的形而上学言语。那么，它的批评便在它面对回答的垄断性雄心中崩溃，它只能以非主题化的方式承担回答，并把它限制为它作为限定回答而一揽子提出的东西：逻辑—实验性。

让我们摆脱这种压缩器吧，而我们只有对回答的某种特殊视野了，这种视野不符合它所宣称并自我承揽的普遍化，这是一种不能从自身获得任何支持的视野，某种巨大的预设，它的唯一有效性其实就在于它所否认的东西，即在允许各种各样差异化形式的叩问内部把实验性科学与唯一的逻各斯相区分，后者仅限于通过表述它所叩问的东西而回答。回答一个问题并肯定它是不可解决的确实是回答行为，因为人们使用某种言语并以不同的和明确的方式把它与某问题关联起来。解除也是回答，如同实证主义告诉我们的那样，但未能论证这一点，因为这将呼唤问题学差异。后者一旦被承认以后，就要求把解决概念扩大到实证主义把解除当作解决方案应用的范围本身。如果实证主义承认自己的根基，那么它将自毁于自己的所有诉求中，不管是面对它所抨击的形而上学，还是面对它想推而广之的科学性。

在刚刚表述过的所有这些方面，最鲜明的实证主义作者是 M. 施利克（M. Schlick），他在 1935 年发表在《哲学家》（*The Philosopher*）杂志上以《不可解决的问题？》（*Unanswerable Questions*）为题用英文写成的一篇文章为标志。他表述了维特根斯坦在《逻辑哲学论》里以启示性方式支持的东西。"一种认真的考察显示，解释人们所谓问题为何物的各种不同方式归根结底不是任何别的东西，而是人们找到该问题之回答的各种不同方式。一个问题意义的任何解释或指示永远具化为规定解决它的方法。这个原则被揭示为科学方法的根本原则。例如，爱因斯坦（Einstein）本人就承认，这是把他引导到相对论的原则（……）。简言之，一个无法解决的问题原则上不可能有意义，这甚至不是一个问题：这不是任何其他东西，只是没有意指的某种语词序列，以疑问号而结束（……）。例如，让我们来看看'什么是时间的性质？'这个问题。它想表述什么呢？语词'……的性质'意指什么呢？科学家也许能发明某种解释，他也许可以喻示他认为可以回答这个问题的各种命题；但是，他的解释最终只能是对在这些可能性中发现真正回答之方法的某种描述。换言之，在赋予自己问题某种意义的时候，科学家通过此举本身逻辑性地把它变成了可以解决的问题，即使他没有能力因此而把它变成在经验中也可以解决的问题。没有某种这类解释，语词'什么是时间的性质？'丝毫也不代表一个问题。"① 施利克很自然朝着实证主义原则"意义即验证"（*meaning is verification*）的方向，在一年

---

① M. Schlick, *Gesammelte Aufsätze*, pp. 369—377 (G. Olms Verlag, Hildesheim, 1969).

之后（1936）发表的一篇同样名称①的论文中，继续自己的推论。如果人们可以恰当地、适应情境地使用某个命题，且听众可以肯定这种用法的恰当性，它才有某种意义。因此，如果一个问题真正要求某种东西，它才有某种意指，而人们应该能够找到它所要求的东西，即验证一个命题是否回答了它。

让我们离开施利克来考察卡纳普，他也支持这个意指原则，这是他支持的若干原则之一，以攻击海德格尔②。我们再次强调，需要理解这个原则，然后再抛弃它。它没有其他存在的理由，唯独关心回避某种语言，即当人们仅拥有种种问题时，这种语言让人们相信，人们也拥有种种回答；这样一种人们可能只有问题（而没有答案）的语言是一种假语言，因为人们不可能只有问题而没有回答它们的能力，假如这些问题是真正的问题。验证则是把意义纳入科学序列。其实，这还是一条命题主义的原则，因为作者再次把问题性导向断定性，后者定义前者。自此，意指标准就只能自己支持自己，但是它做不到这一点，因为"意指即验证"本身是无法验证的，亦即荒诞的。问题学根基的缺失没有让该标准的作者们看到它回答什么。由此产生出某种无法承担的自我论证。且莫说下述事实，即这样设置的标准是错误的，因为它属于命题主义性质、论证性质，而在忽视其根源即建立问题与回答之间的某种关系，建立问题学的差异的同时，它拒绝了这样一种关系的所有其他可能的方式。与之相谐调的是，这种关系没有建立成这样，而是通过某种可能的独特化方式代表之，后者远未达到它能够呈现得更明晰的典范程度。此外，其中预设了人们拥有回答，而只剩下验证调整程度、恰当性程度，相对于智识真实和意义真实，这未免过分地凸显了自己。

在否定从问题化自身开始面对它的必要性时，实证主义误入歧途，仅仅变成了问题学所反对的实证主义，因为它代表着命题主义的最极端的形式。意指标准使全部意义现象失败，因为它是在命题模式内部本身把它局部化的。它只能奢望自己论证自己，但做不到，因为解释它的因素与论证性范式背道而驰，并将因此身份而被抛弃，于是它进而根据所采纳的言语

---

① 《Meaning and Verification》, Ibid. , pp. 338—367.

② 关于这场争论的历史部分，参阅 M. Meyer, "Métaphisique et néo - positivisme", *Revue Internationale de Philosophie*, pp. 93—113, 144—145, 1983。

类型，通过实验和逻辑的交替，把论证建树为唯一可能的意指和自然而然的意指。通过拒绝问题学性质的路径理由，实证主义自立为逻辑语言型压缩理论，极其自然地把这种逻辑语言型理论奉为第一，因此而扼杀了任何问题学的根蘖，以期能够把自己奠定为科学和语言的自立观念，而把提问作为众多衍生物之一。验证标准于是仅成了逻辑认识阶的某种断头台，判断的某种规范和某种准则，取判断术语最令人恐怖的意义。卡纳普在他为之耦合作出贡献的运动死亡之后依然活了许多年。他不得不见证了把意指的逻辑认识阶标准保持为自我满足任何明证性的不可能性。因此他被迫接受下述思想，即一个问题完全可以外在于某种指示范围、参照范围和解决范围，同时又拥有意义。然而，他除了下述表示外也没有多说什么："一个外在问题属于问题学性质，并以此身份要求某种更深入地考察"①。

　　在那里，需要看到实证主义不可能性的根源在于没有能力思考问题学差异本身。后者在实证主义那里被分解到语言里，并失去了作为差异的自身。于是它在语言中被以次要的方式具体化，变成了次要的东西，借助于某种突出的显现，后者以此方式否定了自己，因为它必须从自我开始被强加于人，因为它的凸显性是不可论证的，从解释它的东西开始强加于人，后者因此而被否定。某种悖论是不可避免的：如何证实人们通过展示自己无法回答某问题而回答这个问题呢？应该把这种悖论看作意指标准的某种后果：任何命题都不能自我验证为对各种无意义问题的回答。由于没有让问题学差异进入概念，人们面前只能出现一个至少是奇特的公式。反之，如果从这种差异出发，把它应用于哲学的叩问中，我们就会更好地理解，人们可以拥有一个问题的某种回答，后者在解决它的同时又如此抛弃它。但是麻烦的是，如果我们赋予极像文字游戏或悖论以外的东西以意义，那么我们就必须得出与实证主义所支持的立场相反的东西。一个哲学问题本性上是要一直延续下去的，通过问题学回答的各种变化，这些变化通过种种思想体系的承接而取决于历史。总之，一个哲学问题不能被实证主义的各种准则所解决的事实属于哲理性的范围本身。这不是某种需要解除的东西，恰恰相反，而是要考虑为问题中的基本因素，而不是考虑为某种不恰当公式化的效果。另外，从哲学的视点看，后边这种想法是不恰当的。这

---

① R. Carnap, "Empiricism, Semantics and Ontology", *Revue Internationale de Philosophie*, 11, 1950.

就是何以实证主义面对形而上学的整个态度都揭示为谬误的原因。人们本来可以追随实证主义的地方是，有关从问题本身思考问题的非压缩型要求，但是任何压缩者都不能投入上述做法而不损害此事本身，后者应该保留在理论性中。无论如何，把学者们的语言作为初始压缩而采纳导致了与预期相悖反的效果，因为哲理性的全部形而上学的基础建构贫乏了，而有益于披着逻辑认识阶外衣的命题主义模式的自我论证。

柏格森和瓦莱里对问题的解除

与广泛传播的思想相反，反形而上学的偏见并非逻辑实证主义的特产。实际情况要复杂得多。内在于哲学的解除运动比人们通常设想的要广泛得多。在这方面，仅以法国思想界为例，我局限于柏格森和瓦莱里两个名字。

柏格森把《思想与动态》（la *Pensée et le mouvant*, 1941）导论一大部分用于讨论种种问题的定位（1922），并必然用于讨论哲学中的虚假问题的概念。"这种努力驱除了困扰形而上学者即我们每个人的某些问题的幽灵。我想谈论这些不是以是为内容、而更多地以非是为内容的令人焦虑的无法解决的问题。例如本是的根源问题（……）。例如还有一般的秩序问题（……）。我以为这些问题与非是相关，远超过与是的关系。倘若人们并非隐性地接受有可能什么也不存在的思想，却从来不会惊异于某种事物是存在的，如物质、精神、上帝等。"①

相对于向自己提出有关虚无或其可能性的所有问题的人，柏格森到底在寻找什么呢？"现在，这个人向自己提出的问题，我们能解决它吗？显然不能，但是，我们不提出这样的问题：这是我们的高明之处。第一眼看去，我可能相信在他那儿比在我这儿更多（……），但是最好想像一个喝了一半的酒瓶比一个满瓶子拥有更多的东西，因为后者仅装着酒，而在另一个酒瓶里，除了有酒，另外还有虚空。"（第 1305 页）柏格森的直觉是智识健康的平衡方和担保，应该拥有这样的健康以抵制提出那些"令人头晕目眩的问题的诱惑，因为它们让我们面临虚空"（第 1306 页）。

我们在柏格森那里找到了贯穿整个西方传统的摆脱某些问题的同样的

---

① H. Bergson, *La pensée et le mouvant*, pp. 1303—1304 des *Oeuvres* (P. U. F. , Paris, 1959) .

关注,即使这里的实质是从形而上学所代表的最神秘的东西中恢复形而上学,他努力赋予对直觉的相信足以为证。对各种问题的解构和解除路径从分析类型层面和所用言语层面受形而上学的启示,即使人们在精神上亦面对与维特根斯坦或卡纳普某种相同的做法。让我们听听吉尔·德勒兹(Gilles Deleuze)关于这个主题的说法:"虚假问题有两种类型;不存在的问题可以定义如下:它们的术语本身蕴涵着大与小的某种混淆;蹩脚提出的问题可以界定为,它们的术语代表着蹩脚分析的混合物(……)。例如,人们可以询问,幸福是否浓缩为高兴;但是,高兴这个术语也许可以归入形形色色的不可浓缩的形态,幸福的理念也一样。假如术语不能回应种种自然的耦合,那么问题就是虚假的,不关涉事物的性质本身(……)。也许思想界最普遍的错误,科学和形而上学的共同错误,就是用大与小来设想所有事物,以及在那些更深刻地拥有性质差异的地方只看到了程度和密度的差异"①。

在瓦莱里那里,我们将碰到超越哲学问题化的同样的关注,哲学问题化从多重角度比之于行动和科学都是贫瘠的。如果我们忘却作者是谁而阅读《笔记》(Cahiers)时,便很容易掉入陷阱,后者具化为为之贴上英德实证主义最粗野的捍卫者之一的标签!"形而上学真正的缺点是,任何形而上学都不具体回答一个很具体的问题。"② 任何人都不会漏过下述现象:"许多哲学家,康德为首,都更关注于解决而不是提出问题。在提问题的同时,还要提出如何解决它"(第482页)。由此产生了形而上学的荒诞性:"我是什么?你以为这是一个问题吗,这只能是某种无意义"(第505页)。自此,"形而上学的术语变成了给人以财富幻想的的纸币或支票。这种幻想不可小视"(第648页),因为"哲学最终重构了传统问题的某种基金,人们不敢肯定,除了这种传统以外,它们是否还以其他形式存在着"(第664页)。这样,瓦莱里就站在了"哲学或蹩脚提出的各种问题"内在本质上是一致的思想一边。那么,虚假问题从何而来呢,是神秘的幻想吗?"如果一个回答的形式不能给予一个问题时,就不可能有形而上学(……)。语言的品质和缺陷都归咎于这种混淆。"(第552页)瓦莱里在这一点上是清楚的:语言是作为智识幻想的形而上学的根源,而这种情况

---

① G. Deleuze, *Le bergsonisme*, pp. 6—8 (PUF, Paris, 1966).
② P. Valéry, *Cahiers* I, p. 492 (Gallimard, Paris, 1973).

是因为在那里绝不可以建立我们所谓的问题学的差异。"只需把叩问和疑问性的能量从自己身边转开，把它放在各种问题的术语上面，而不是让它滞留在已经给出的问题上面，就会感觉到这些问题是未确定的，并且永远蕴涵着其他问题。例如形而上学的问题。"（第547页）这些问题"诞生于所用概念的不纯洁"（第541页），而"如果我们陈述它们，它们就会遍地开花"（第614页）。"哲学家们经常认为，一个问题的存在仅仅由于他们不知道如何解决它这一个因素。检视经常使我们看到，这些所谓的问题是不合理的。"（第638页）"一个哲学问题是人们不会陈述的某种问题。任何人们可以成功陈述的问题都停止了其哲学问题的身份。"（第641页）一个很好构成的问题应该先验地包含其回答的可能性，而非其无限变化的复制性。瓦莱里并不比实证主义更多地认为这种复制可以构成回答。"在哲学家那里，问题的形式是自由的，并被错误地应用，且通过任何东西而形成。"（第666页）"语言允许错误地胡乱地分配问号。任意情况下拿来检视的叩问态度都经常揭示为徒然。"（第675页）。如何从一个无法解决的、没有回答的问题中辨认出一个真正的问题呢？"一个语词永远都不应该用来单独创造一个问题。它们的创造是作为问题与回答的共同成分来建构它们的。永远不要使用那些自身就能提出问题的语词"（第664页），以便更好地标记各种差异。反之，虚假问题仅仅是言语上的问题，因为语言是准许且甚至保证问题与回答之间长久混淆的媒介。与卡纳普相反，瓦莱里绝不认为语言能够提供拯救，因为它就是混淆的场域本身。瓦莱里说："我的全部哲学可以概括为增加这种具化或自我意识，它的效果就是明显把要求与回答分离开来"（第625页），而确实是，"很少有人关心首先检视问题然后再提供回答"（第602页），理由是经常没有问题，因为只有某种提问形式而无与之相对应的真实问题。"应该学会这样设想，即是的东西并非必然就是一个问题。而任何问题并非必然拥有某种意义。"（第573页）事实上，所有是的东西作为它是这样提出了问题，因为对已知材料心照不宣的赞同预设了某种陈述（由谁陈述？）。人们完全可以接受下述情况，即有关真实提出的各种问题毁灭于某种连续的流动中，随着由经验带给它们的各种回答中这些问题的提出和再提出，甚至阻挠这些问题的表述。它们可以得到表述，例如在科学中那样。我们还会回到这一点。眼下我们发现，人们再一次回到了"解决方案"，后者具化为，要求通过某种突出的方式，这里则是通过某种问题意义的定义（通过其回答的级别来定义），尊重问题学的差异。通过其项目之一回答来吸纳差异的方式而建立某种差异，这是很奇特的方法。"当回答的类型我们还不了解的时候，我们能提出真正的问题吗？只有我们假设事物的类别、而回答即是事物的一种，一个问题才有意义。我们应该了解这种类别才能陈述问题。如果事情不是这样，我们的问题创立这种类别，那么它就不是一个问题了，而是一个改头换面的肯定式的命题。谁创造了世界？这不是一个问题，这是一个谜团。"（第559页）瓦莱里的核心思想是，从断定性向疑问性的随意性过渡仅属于语言的可能性，而那里没有任何东西不是纯粹的语言游戏。

　　他自己关于回答的观念最终建立在由不是问题学差异的东西所缩减的某种问题学差异上。其实，他所理解的回答是某种永远不可能问题化、不可能提问的某种肯定。只有真实及其人身上的相关物行动，可以解决各种问题，甚至可以不无歧义地提出它们。回答不能成为（或重新成为）问题。"只有在语言范围内才有意义的任何问题，回答一个仅由语词构成的问题。"（第715页）如果人们可以支持下述意见，即"大部分哲学问题和困难都可以浓缩为关于语言真正性质的种种错误"（第725页），那么就可以从中演绎出"解决方法在实践中没有差异或无法由实践解决的任何问题（……）存在或不存在，或是纯粹的言辞，归属于语言，或者表述得很差。另外，应该永远提到非言语性的验证问题"（第709页）。在瓦莱里那里，自然语言的超越不能像在卡纳普那里一样，由某种理想语言去做，而只能由出于真实需要、提出种种真实问题的生活和行动去完成。在那里，瓦莱里重新回到问题学关注的地方，是当他说下述话语的时候："人们可以——也许应该——指示给哲学的仅有目标是，提出并具化各种问题而不必操心怎样去解决它们。那么这将是某种陈述的科学，因而也是排除问题的科学"（第591页）。我强调这是"关注"，因为相对于问题学的全部差距也在这部文本中。

　　说哲学今后应该关注问题，这是清楚的。但是它所设想的这种关注没有更多的东西，即没有对叩问本身的叩问，而仅仅等于对某些问题的排除，以某种直觉的名义，这种直觉没有提问应该是什么的根基，这是不能接受的。另外，问题学差异被视为不能由自然语言所承担，也不能在自然语言的范围中被承担，也是一种偏见。最后，说解除问题就是某种解决方法，我已经展示过，是回答的毋庸争议的一种可能性，但是，它恰恰与哲理性相反，后者通过提出问题来回答它们。恰恰因为没有问题学的差异化，各种肯定的解决性质显示不出来，由此，在不可能区分的情况下，清除、解除、让被思考为问题学范围内的东西消失的愿望，不造成任何困难。因为，概而言之，人们尝试思考某些问题而不思考叩问本身，那么，就无法把它们思考为问题。那么，它们也就与解决它们的东西没有任何区别了，人们也就没有什么尴尬地强调，他们无法从解决方法之问题化中得出解决方法了。这是因为人们每次都是从疑问性的某种预设观念出发行动的，这种观念把疑问性压缩为人们从一开始就寻找的缩减原则：这里指的是直觉，那里是语言或其反面，如瓦莱里那里的无言，因为无言是回答永远毁灭问题的场域，甚至以为那里就没有问题。无论如何，这里所描绘的回答类型不允许与各种问题相混淆：因此，如果这些回答复制问题，那么它们就将永远不是回答。不管是瓦莱里还是其他人都无法想象，一个回答可以表述问题，同时又仅仅因为它肯定了差异而维持差异。为了达到对这一点的理解，或者像他们说的那样，以语言（面对叩问，这是一个没有差异化的术语，因而是中性的）为核心的某种语言。他们从提问中所看到的东西，已经是他们对它所预设的东西。在科学模式中，回答消除了它们解决的问题且甚至不让它们呈现出来，因为回答才是唯一贴题的结果，柏格森和瓦莱里认同了科学模式；在柏格森那里①，科学模式被界定为与本是的关系，而在瓦莱里那里，它是真实的和积极的。在对提问性的这样一种观念范围内，哲学叩问即关于叩问的叩问是不可能的。由于提问性浸入了哲学，由于外部的矿井和内部的矿井都使对提问性本身的反思更加势在必行，而上述情况就更加显示其悖论面目。

　　与瓦莱里或一般实证主义的思想相反，并不是因为某种要求就已经是回答，或者回答即意味着问题，那么问题学的差异就应该模糊不清了。应该从对叩问的提问中，这样去思考问题学的差异。即使各种问题与回答一样，都写进一种语言，这并不蕴涵着从事批评和语言净化的元语言是所有困难的钥匙。还要求这种元言语写入有关言语性的某种问题学观念里。而卡纳普所做的，思忖再三，我们就引述他一个，就是建立某种作为命题性逻辑的语言逻辑学。在这样一种逻辑学里，没有叩问的痕迹。

---

　　①　即使柏格森，尽管他有形而上学的直觉，也被科学弄得迷迷糊糊："我们再次回到我们的起点。我们曾经说过，应该把哲学引向更高程度的细化，使它能够解决更特殊的问题，把它变成实证科学的附属学科，而且需要时变成实证科学的改良（……）。确实，哲学方法的某种完善与实证科学以前接受过的完善同样有必要并且是互补的"（*Oeuvres*, p. 1307）。

在维特根斯坦那里沉默的悖论

在维特根斯坦那里也一样：由于没有用彻底叩问的语汇摆正沉默与语言的关系，这种关系像某种悖论一样侵蚀着整个《逻辑哲学论》。

沉默在维特根斯坦那里发挥着某种重要的作用，理由是，它是作者瞄准的目标，与作者关于哲学解决的思想完全吻合。或者，提出的问题已经解决，一旦任务完成后它就消失了；或者问题无法得到解决，而问题的解除应该把它归入其他问题的行列，等于也让它消失了。其后果是，作为讨论对象的问题不再存在了，而观照它的言语也立即停止存在。由此产生了沉默。而哲学正是要走向这里，因为在哲学中发挥作用的各种问题应该接受这种或那种命运。"我们可以用这些话来概括整部著作的意义：所有可以表述的东西可以表述得很清楚，而人们不可谈论的东西应该对它缄默不语（……）。因而，关于基本的东西，我以为最终解决了各种问题。"（《逻辑哲学论》，序言）

直至这里，所有这一切似乎完全都是和谐的。然而，矛盾出现在《逻辑哲学论》相对于这种解决观念的可能性和必要性方面。

事实上，语言在自说自话，它让人们从它开始理解它，没有借助关于语言的任何语言，或者可以给它以逻辑的元语言。它的逻辑是内在的，它可以显现出来，但并不自我表述。更有甚者，它无法自我表述，因为人们之所以可以表述命题的意义，那是因为严格地说，人们可以走出语言去谈论命题的意义①。在陈述一个简单句子的意义时，人们表述了这个句子所说内容以外的其他事情，因为这个句子不能说"我的意指是什么或什么"。因此，人们永远不可能做到通过一个命题捕捉另一命题的意义而不以某种方式背叛它。同义现象或迂回现象难道是不可能的吗？如果我们设想，某人没有理解第一层面展示的东西，人们可以在第二时间里再表述它，但是，这里所展示的东西，最终还应该从其自身获得理解。如果人们最后从说出来的东西里没有看到作为其终极意指的无法言说的东西，那么迂回或完全的同义现象就是不可能的。这正是维特根斯坦称作意象（l'*image*）

---

① 关于这一切，参阅 M. Meyer, *Logique*, *langage et argumentation*, pp. 66 et suiv.（Hachette, Paris, 1982）。

的东西。言说的沉默就是所展示的意义。

这并不排除维特根斯坦表述了只能自我展示的这种东西，这就是《逻辑哲学论》；他对语言"造出了"一种逻辑学，似乎必须表述本来无须具体表述的东西。人们不仅不应该表述只能自我表述的东西，而且也不可能做到这一点，理由是，"只能在语言中表述的东西，我们无法在语言中去表达它"（《逻辑哲学论》，4. 121）。那么，归根结底，说语言是自成逻辑的，人们无法走出它的逻辑，它通过表述自己所表述的东西而展现其结构，与书写一部《逻辑哲学论》，后者表述了只能展示并且展示得很自然的东西，并无法律上肯定的既无用也不可能做到的逻辑拼凑之嫌，这难道不矛盾吗？由此产生了作者酷爱的自我诅咒现象："我的这些命题具有澄清作用，意思是说，理解我的人最后会承认它们是没有意义的，当他此前作为阶段使用它们时，他被它们超越了，很难走出来"（《逻辑哲学论》，6. 54）。

沉默不仅是意义的场所，由此，意指在维特根斯坦那里很神秘，它还是面对无意义时唯一的和谐态度，无意义具化为谈论因为不可能谈论而应该沉默的东西。然而，维特根斯坦还是谈论了。整个悖论都在这里。他自己给了我们能够从中清楚观照的方法：无意义是关于意义的某种调查的结果，它是反过来照亮行旅的光明，以期向所有那些持相反意见的人们展示这是无用的。《逻辑哲学论》里的问题确实是哲学的问题化。问题以这种问题化本身为对象：由于正是语言允许建立这种问题化的，那么考虑之后，解决方案行将消除其必要性。而如果显示不可能达到这样一种结果，那么这将让人们看到，作为终极回答，问题不属于语言，例如，像主体的生命或问题那样；那么在这些条件下，澄清它就是徒劳无益的。这样，哲学就与虚假问题关联起来。它或者是无用的，理由是，人们已经知道不再需要去了解的东西（展示它会使表述显得无用）；或者是不可能的，理由是，它表述了自身不能表述的东西，以自身的不可能和失败显示，把它变成其他东西而非对明晰性的治疗是矛盾的，一种无意义来自另一无意义，这会导致它们的相互毁灭，或者更巧妙地说，导致任何可能的无意义的自我毁灭。《逻辑哲学论》不是面向知道所有这一切但并非"真正"知道的一般人，而是面向自以为知道、实际上并不知道的哲学家。这样，维特根斯坦就以当代虚无主义的苏格拉底自居。由此产生了他的"梅农的悖论"：《逻辑哲学论》是不可能的或者是无用的，因为如果人们知道所有本身无法表述的东西，那么就根本不需要《逻辑哲学论》，而如果人们不知道在必须沉默的地方缄默不语，那么就不可能表述人们应该沉默的东西；这就是维特根斯坦通过对无意义的肯定所要展示的东西。我们在下一章节将会看到，苏格拉底已经仰仗某种不可超越的叩问性了，后者在它启动的各种回答中变为虚无。但是，哲学问题化的问题将这样得到解决，那么，在这个意义上说，有用性就是让无用性出现。由此出现了进步，出现了方案的和谐性，如果用问题的语词去思考《逻辑哲学论》——评论家们永远不会这样做的——这些现象就不会出现。为什么人们能够从《逻辑哲学论》中分离出某种深层的和谐呢？哲学的问题在书末得到了解决，意思是说，表述本质上无用表述的东西似乎是有用的；当然条件是，人们提出了相信这是有用的问题。著作所宣称的无意义或表面上的无意义，是该著作所希望的结果，如果我们意识到，这种无意义是对这种或那种方法是否有意义问题的回答，上述情况就是不矛盾的。无意义是追溯性回答，但是作为回答，它只能在某种提问之后建立，并作为应该意味着自身消失而对自己发挥其价值。

当维特根斯坦告诉我们，他谈论的是永远让人观望但不能表述的意指时，他在玩弄悖论，而人们指责他自相矛盾。然而，当人们理解他那里有某种解决的进程，其中矛盾是投放在解决上的结果，并以质疑自身可能性的身份构成解决的部分内容时，就不再有权利攻击这种路径，似乎人们预先就知道，矛盾应该是它的解决方案。这样等于重新否认有问题，但是在这种情况下，人们为什么要提出它呢？维特根斯坦只有在那些与解除问题和解决方案没有什么不同的做法上是矛盾的。

上述意见表达之后，我们不妨自问，在建立了维特根斯坦方法的和谐性中，我们到底拯救了什么呢。在这种路径之后，哲学仍然处于坏的设置中。笛卡尔式的主体即根基受到了抨击：他仅仅是言语性轮廓的无法言说的界限。所有这一切当然符合这个时代哲学的形态。内部的分裂发生在哲学思维的可能性本身的层面：思想的语言即从古希腊的晨曦就称作逻各斯的东西，揭示为无用的语言，因为它只能让人们看到非本质性的东西，它自己也属于这种非本质性的东西。对于其余东西，唯有解除性的或作为终极解决方案的沉默，占据上风。"即使当所有可能的科学问题都解决之后，我们感觉到，我们的问题尚未触及。说真的，那么恰恰不再有问题了，而正是这种情况构成了回答。"（*Carnets*, p. 105）

问题与体系

提醒下述一点并非无用，即当代哲学被笛卡尔式主体的死亡迎面痛击过，这使它处于没有根基的状况，其问题性比以往任何时候都更严重。沉默压在了它的失望之上。因为确实应该看到，归入科学行列，或者对它们的疯狂抛弃，归根结底，没有其他来源，唯有哲学对其逻各斯的无能状态有了清醒的意识。由此产生了与科学的问题化相比较的现象，后者是"运转"的，于是，以科学的问题化为模式就是颇有诱惑力的。最终，人们看到了某种双重的路径。或者哲学追随科学的雄心和方法，以期成为科学的科学（新实证主义），或者确认自己没有能力以表述危机以外的其他问题性的形式来回答危机。哲学于是成了关于不可能性言语的言语，成了只能陷入不可能性言语而无法落脚于其他事情这种窘况的言语。从这种意义上说，维特根斯坦不是一个"实证主义者"，他与哲学分裂的两个维度相关联。言说从无言中获得其真谛，质变为负面的形而上学，那里，形而上学此后陈述为不可能的并宣示为哲学的某种不可避免的结局，这个主题也颇受海德格尔的喜爱。那么，走向思想之路还有什么？萨特（Sartre）所实践的文学或者通过诗在海德格尔那里上升为范式，是一种可能性。形而上学的躬身自问乃是承认言语的某种失败，即使在最好的情况下，这种言语也只能走向自我超越，且首先以放弃为标志。因此，负面的形而上学就是虚无主义。这大概就是一个世纪以来哲学思考沿用的另一条道路，与后一条道路并行，后者具化为囿于科学的某种正面价值。实证主义本是一种危机思想，是哲学的高度危机及回答，对于后者而言，"英格兰—撒克逊"的地理特征不是本质性的特征并更多地遮蔽着哲学思维困境的哲学支撑。无论如何，哲理性的实证化既是法国的，也是德国的，而它是向毁灭根基提供的另一种唯一的可能性。面对把思想裂变为它的实证性和其超越的各种机遇，需要证实或者这种虚无被格式化证明的这种无能，或者通过实现实证性的知识领域对实证性的偏移。两种解决方案按照应该履行的那样经过了尝试。如今，它们落脚于人们对它们实际情况的历史性意识，而时间的推移赋予它们以意义，甚至给予那些本应该不可避免地成为它们结局的各种瓶颈以哲学上的价值。它们迫使我们在任何分析中都要重新把问题化作为问题，但是是作为哲学问题，而不再作为哲理性的问题，作为虚无主义的历史性。

对哲学逻各斯内在危机的两种回答扎根于同一问题：哲学叩问的问题本身，它的对象和方法。正是在这个层面，我们看到，问题的提出方式是错误的。本应该一下子紧抓这样的叩问，当代哲学每次都把它观念化，把它缩减为其他东西，缩减为发挥第一原则作用的某种"压缩机"，但是这种第一原则从来不承认它的本性。如果需要把它——语言、科学、行动或本是——宣布为对原则问题的终极回答，那么原则将会毁灭在对自己的肯定中，因为，一种回答如果不反馈到原则诞生其中的叩问，就不能自称为对第一原则的回答。人们因此而遮蔽了问题，人们强行设立了某种不是根基的根基，那么就必然误入歧途。人们只提供了应予抨击的东西，而（原则的）每次奠定都被重新质疑，以这种方式把哲学的问题性延伸到它自己的最深层面，直至它的存在本身，而未能表述出它是什么。

对于这种状态，应该通过建立叩问自身的原初性，拿起叩问武器来回答，叩问的原初性即是哲学的根源。从中得出的如果不是哲学思维的可能化又是什么呢？对思想疲软的叩问成了它的实证性本身。解除在自身的肯定中分解，这是我们这些作者们自身的矛盾，他们很符合逻辑地走向智识的沉默。解释他们哲学观错误的原因是，他们无法成功地规定哲学上的解决，因为他们的压缩器已经打上了哲学以外的其他标记：我们仅以科学为例，那里的解决方案定义为对问题的逻辑实验性取消，而在哲学领域，一种解决方法不能取消问题。为什么人们有权这样来区分科学与哲学呢？本应该这样设想的问题学的差异，也可以通过在关涉问题和回答的某种言语中，规定什么是问题什么是回答而得到保证，如同它可以通过逻辑实验的机制得到保证一样。因为，某种回答如果不是问题的差异物又是什么呢？由此必须以这种或那种方法将它们相区别。因此，我们不能像人们多次重复过的那样，在瓦莱里那里与在维也纳团体或者还有卡纳普那里一样，肯定哲学问题因为在同一体系中被构建因而就是对自身的回答这一事实，是人们无法把谜团与其解决相区分的标志，前者转移到后者之中。被感知为某种缺陷的东西只能借助于某种还原的和外在于哲学的方法而被感知，因为哲学的全部力量在于把问题性思考为对其中形成问题的东西的回答。观照一个问题使我看到了某种新的东西。提出一个问题的某种新方式，就是以其他方式重新构建这个问题。在一切都显而易见的地方提出一个问题，这是创造性思想的全部，在科学中与在其他领域一样。提起一个问题具化为从另一个角度接近某种真实。叩问是经验、感知以及由此获得的知识的构成部分。这里，提问方式的模式化并不重要。

当代哲学思维路径的这第一乐章让我们看到了什么呢？最先看到的是，纯粹主体，也称作"先验"主体或者还称为"自我意识"，已经结束了它的观念之旅并且穷尽了它的各种可能性，使哲学陷入了今后解决其问题的它的能力问题的困扰。世界上只剩下了经验主体：在伦理方面，这意味着要面对各种意志（尼采）和道德的意识形态化。道德成为虚构，理由是，自康德以来，它扎根于作为个人行动规范的普世性综合的纯粹主体所体现的人的人性之中。另一方面，如果世界上只剩下了经验主体，作为不可客观化的主体的人消失了，他可以成为科学的对象，与其他经验真实一样（福柯）。主体的去根基化，正是其先验地位的死亡，同时，作为个人先验场域的存在受到了荒诞性的打击。人道主义一直生存到了日常性之中。由于这样一种只能用荒诞思考而不能用其他方式思考的现实，人们怎么可以操持一种成立的言语呢？存在主义与一个世纪以来的所有其他哲学潮流一样，自身包含着走出来的要求，在它这里是走向文学，走向作为个体间性言语的历史反思，其中理性遭到了偏移。然而这一切，最终都只是负面形而上学、是虚无主义的种种方式之一。在最重要的方式中，沉默榜上有名。所有这些解决方法都来自人们发现或者人们通过抛弃哲理性而努力走出的虚无主义。在这个层面上，科学大概发挥了某种典范的作用，作为解决的模式，并以这种身份与简单承认不可能相对立。

但是，历史地讲，所有这些道路今天都已经陷入穷途末路的处境了，自此，人们开始清醒地主题化地思考它们。这种思考把问题化作为哲学观念，而不是走向那些名不副实的各种解决办法，它们是时代氛围强加的简单经历，人们以这种或那种方式诠释之。这种诠释可能显得有些武断，至少从理论上如此，因为在任何具体的方式化以外，它建立在由哲学的问题化构成的不思基础上，哲学的问题化这个概念反馈到某种原理的要求，而不限于某种历史内涵。把实证主义与虚无主义结合在一起的，是问题化的轻率的二元对立，之所以是轻率的，因为在相反情况下，共同的根本应该使它们的对立消失殆尽。事实上，它们分别脱离了自己的根基而不自觉地浮现为种种回答，因为它们所回答的问题落入它们的路径之外，因为它没有在其哲学问题的问题学的普遍性中提出来。

因为，继纯粹主体逐渐去根基化之后，作为问题提出来的是问题化本身，是它的哲学承担的可能性。实证主义和负面的形而上学把这种问题化看作一种断裂、一种漏洞，简言之，事情的某种历史形态，而没有想到那里有更根本性的思想要求，诚然，历史主导着这种要求，但是它不局限于历史。因此，哲学的言语性对叩问持共同的抛弃态度，不管是在一种情况下以科学化或解除问题的形式，或者在另一种情况下以沉默或超脱于哲学场以外言语的形式。以科学为榜样的解决的重新可能化，或者坦诚内在的彻底的不可能性，面对叩问所蕴涵但是它们并没有叩问的东西，这两种回答分割了乍看起来很相似的视野。但是，由于没有从哲学叩问自身开始对其进行哲学思考，实证主义和负面的形而上学都碰到了它们自身的矛盾，并由此而历史性地遭遇它们自身的问题化，这也是我们今天的问题化，作为超越对问题性的简单的历史化而追求其哲学化的历史使命。

事实上，负面的形而上学也向我们谈论过本是、沉默或荒诞的存在，后者作为不能给予某种成立的言语，或者更简单地说，不能给予某种概念化，因为与应该表述的东西的吻合性先验性的就是不可能的。至于实证主义，它因为对逻辑实验性的非逻辑实验性的假设，该假设似乎逻辑实验性显而易见是成立的，这就使它与其他"自然而然"的明证性相对立，也陷入了矛盾性之中。如果我们仔细观照这里，逻辑实验性的价值也同样具有问题学的价值，因为这里的实质是各种回答的某种论证标准、决定标准，但是那些回答并没有被感知为回答，因为人们谈论的是命题，缺少从足以使建立逻辑实验性之标准成为可能的东西开始进行重新赋予根基的思考。这样一来，这种标准就产生了自我拒绝现象，因为它想成为普遍化的命题，它非常明显地自诩为命题性的规范。它被明显自我肯定的力量所冲击而自我摧毁了，逃避了它自身的规范。如果它是有效的，它就不会这样，而如果它所陈述的东西是经过论证的，但这只有以接受它所隶属的问题学差异为代价才是可能的。在后一种情况下，作为这种差异另一种模式化的形而上学倘若并非重新变得必要，但重新变得可能，因为逻辑实验性标准的意指场域正是在这里。自此，如果这种逻辑实验性标准重新找到了某种可接受的意指，却只能在隐藏在其普遍性的某种观念化内部才是可能的，这种观念化把它变成独特模式，肯定它所显示的东西，而不是让它进入沉默状态，因为非常荒诞的是，这种源泉受到它的强制作用。

我们之所以现在看到了所有这些东西，那大概是因为历史的退却允许由问题化的二元对立所开辟的各种道路朝着各种方向奔跑。我们自己的立场并不比把负面形而上学和实证主义推向它们的众多没有出路之方向的立场较少历史性。对于今天的我们而言没有出路，因为我们发现人们经历过的各种道路不能通过哲学场自身来解决它的问题化，不像人们挖掘它们时还可以希望的那样，这样就使问题化如实地凸显出来。思想内部这样一种去多重化的现象将先回到某种历史形势的重建，后者以重新奠定这种形势的哲学根基为基础；由此它在自己的历史化阅读中代表着超越。因此我们可以支持说，恢复为哲学内在实证性的问题化自身也是被历史带动的。是它迫使我们把问题化变成一个根本性的理论问题，这种理论问题也展示了自身建设的根本性。作为拒绝历史的历史性就这样被重新肯定为叩问的维度，但是，这次我们可以希望它能被感知为这样的维度。从这件事情本身可以毫无逊色地看出，任何问题化都与相应的非问题化同样自由。从历史视点的角度看，我们的路径证实了自由，因为它永远自我拒绝成为历史性的，而希望成为哲学性的，即使当它是哲理性时，也必然确立。人们可以拒斥诞生于去根基化的二元对立的历史性超越。尽管拯救的各种道路已经穷尽，尽管尚可拥有的拯救的出路是缺失的，人们可以拒绝把历史的超越作为哲学的任务。由此，人们确认叩问的历史性是对它自身的排斥，是通过衍生的、非原初的解决办法，通过其自身的质疑而被偏移的物质化，这里对自身的质疑是以清醒的方式预设的，这意味着"终于清醒地自我矛盾了"，因此，人们可以相信它是不可承担的。

在事情的任何形态下，肯定无疑的事情是，叩问历史性地变成了哲理性的明显的实证性，而哲理性只能必然地去思考它，即使从历史的角度看，它的建立仅是可能的。这种基本的必然性不再让人们解读为冲击哲理性、使哲理性不稳定的简单形势，这不再是历史所体现出来的历史性，但是，我们在那里碰到了某种不可避免地改变视点的要求，人们永远可以用理论自立化过程中拒绝历史性的自由去拒绝它，但是，如果人们从哲学上去思考这种拒绝本身，就无法从哲学上躲开它；因为这样的拒绝将确认叩问的不可超越的彻底性，即使这样就辩证性地说出了各种情况。

让负面形而上学和实证主义所开辟的各种可能性陷入穷途末路的是，今天人们很清楚地看到了它们所回答以及继续思考必然自我毁灭的东西。回过头看看它们当初以不可缩减的替代身份插入进来的最初的问题化——所谓不可缩减是说，如果我们不看把它们一个带向另一个、稍许有点像一个硬币之两面的共同问题——等于既看到人们永远只能落脚到站不住脚的结果之后向回走，但这也是回到思想的某种背景，回到哲理性，亦即历史性而非仅仅回到历史（它在如此自立的理论立场中所排斥的历史，由此出现了作为理论性要求本身的有效性概念）。

　　一旦我们看到，这两种大的"解决办法"的每一种回答没有一个成为问题学时它们就无法提出问题，以及它们这样做自身就变得不可能了，那么我们就看得很清楚，在实现所有这些刚刚表述过的东西时，就不再有可能否认问题学了，这意味着，上面做过的肯定和解读，问题学实际上已经确立，即也像需要如此承担的理论要求一样，尽管人们拥有并非拒绝它（人们已经确认了它）而是无视它的自由。读者通过它直至现在进行的阅读，已经从问题学的角度介入了。这就是为什么我请你们进行的历史性阅读全部是哲学的，理由是，它对现在蕴涵着哲理性。一旦这样做了，它就再也不会允许我们逃脱叩问了，即它向我们提出有关它自身的问题，这里是从哲学意义上去理解的。我想，对哲学的问题化进行解读与通过某种有差距的哲学实践去否定它是相互矛盾的，尚且人们永远都可以实践这种否定，后者由于没有设计，并不会确立为某种否定。

　　所有这一切都在说明，我们上面所检视的所有的力量冲击，除了它们自身内在的各种矛盾以外，有一个共同点，即无法看到叩问是如何运转的，尤其当叩问是哲学性质的叩问时，因为它们是借用并非叩问的东西去理解它的，这样就阻止它们从其可能性中再发现它，而这种可能性应该来自提问本身。被压缩为任意某种表现并与其压缩方式相同化的问题学差异，必然排除其他方式化，后者将是不可压缩的，那么就应该分而解之。

　　还应该责备哲学家以外的其他人吗? 哲学家以外的哪个人已经习惯于解决自己的各种问题而从来不提出关于问题的问题呢? 然而事实上，我们能够责备他吗? 他难道不是在不知道的情况下单纯回答了其历史处境支配他的东西吗? 而当历史处境使人们对问题化的意识变成必要时，当20世纪晨曦初升之时问题化变成某种不可否认的事实形态时，思想首先就必须实现这种问题化，包含它，逐渐地在其开创性的彻底性中吞并它，然而再从其新的实证性中去思考问题性的彻底性，新实证性迫使思想界今后背离它从前那些人类学的明证性。

　　那么应该再次否定哲学传统吗? 为此而牺牲哲学不啻于再次复制在其他领域显现的进步条件。一个哲学问题是历史性的: 这意味着它扎根历史并体现为各种哲学的承续。因此，当我们谈论叩问时，重要的是要弄清关于它我们能够表述什么以及已经表述过的东西是否能够帮助今天的思考。更有甚者，叩问在实践中是如何被实施的，尤其是哲学的叩问，从此它就不能被专门思考了？历史上它是如何被拒绝的？

这些就是现在行将成为我们的各种问题。因为，一个哲学问题如若不是一个其自身的主题化就是回答的问题，又是什么呢？而哲学的严谨性（而不是"方法"）如果不是对问题—回答这种纽带的澄清又是什么呢？如果哲学保持其本性，那么它就以派生的方式（对于我们而言），通过向自己提问而建立了它自身的叩问，如果它没能这样做，那就是它不应该这样做，从而把叩问的问题转移到当时即在一段时间内解决了它的其他事情上。历史性是叩问的构成性维度，意思是说，它每次都以某些形式把叩问变成现实的、在场的。它是对变化的排斥，是对叩问的跨越时间的表达，于是后者体现在某种希望永恒有效、以某种方式结构的体系中。由于这种原因，哲学永远寻求把自己思考为叩问性体系；让我们共同努力，以至于今后从叩问性本身出发，把承载历史的自由主题化，它是哲学的构成性行为，邀请我们这样做。

第二章

辩证法与叩问

苏格拉底被正确地视为西方哲学之父，理由是，他把叩问性提升为思想的最高价值。这种思想没有延续下来，而它的消失赋予本体论和命题模式的逻各斯以生命，让后两者取而代之。于是叩问屈尊服务于支配性的实体、命题，人们不断地将其称为回答。被置入修辞学附属或心理学附属行列的叩问，逐渐从哲学舞台消失，尽管它从来不曾成为哲学领域真正的主题。在苏格拉底那里，昙花一现的东西更多的是某种实践，而非被设想为根本性的某种真实。说真的，叩问以这样之身没有、也不可能被理论化，这就解释了叩问渐趋消逝和被施加之压缩器所导致的偏移。归根结底，柏拉图只是在逐渐介绍苏格拉底的逻各斯时，昭明了后者的各种困难，由此而被迫超越它，并终于将其抛弃。亚里士多德继续这条道路，同时又重新谈论叩问，但是为其指定了修辞学旋转的最终身份，柏拉图出于对苏格拉底的忠诚，有时以含糊其辞的方式，拒绝把叩问圄于这种角色。辩证法确实是问题与回答之间的互动，而这种关系尽管是主观的，但它的人际之间的对话性，成就了科学方法的本质，直至那些很少苏格拉底色彩的文字，例如《理想国》（la *République*）。但是，科学性与被如此吸纳的叩问性的覆盖让柏拉图付出了昂贵的代价，因为亚里士多德从中看到了主观性与客观性、提问者之间的游戏与知识之间的矛盾性混淆。于是亚里士多德被迫建立了科学性领域与人际关系场之间的某种理论分割，他今后需要为科学性规定规则，这就是逻辑学及其三段论，而人际场的理论就是辩证法。辩证法不再是科学的同义词，而是分裂到修辞学、切题学和诗学等领域。亚里士多德可以谈论叩问，因为它不再是某种科学方法，叩问后来插入了辩证法的体系性之中。辩证法的体系性在柏拉图那里是科学性质的，变成了叩问性的狭小场域，因为它在那里与其他那些不知要重要多少倍的真实比肩，如诗学，叩问就没有多少地位。柏拉图在把辩证法变成科学本身的时候，无法对叩问理论化；反之，亚里士多德在把辩证法压缩为它只能以任何和谐性处身的东西时，能够使自己处理叩问性游戏，但是没有给予它比柏拉图已经隐性地给予它的更多的结果。亚里士多德把柏拉图式的叩问从使它无法承担尽管属于次要角色的东西中解放出来，这个角色就是苏格拉底之后它的角色。

这样，关于柏拉图和亚里士多德两人，人们就可以写道："在两位哲学家的情况里，他们所支持的问题是，弄清楚在何种程度上知识的进步是由问题和回答的方法保证的"[①]。我们知道亚里士多德的回答："支撑显示任何事物本质的任何办法都不是从问题中得来的"[②]，这个回答记录在对叩问纯粹拒斥性的辩证性的而非科学性的严格限制内。人们怎么走到这一步的？为什么精神上叩问性的这种荒漠最终成了建构性能力？这将是我们在这个章节里的两个问题，脑子里不时浮现出里查德·鲁滨逊（Richard Robinson）的挑战："没有必要寻找某种足够的理由来论证柏拉图的理论，按照这种理论，最高明的方法在于问题与回答的关系，因为没有这种关系"[③]。这难道不是一个指示，说明我们失去了希腊人十分珍爱的叩问意识？

辩证法与苏格拉底：疑难性对话里辩证性叩问的作用

苏格拉底经常提问。他把他的对话者们拿进来以便向他们展示，他们对自以为知道的东西其实是无知的。既然苏格拉底本人知道他一无所知，那么最初提出的问题结束时就处于未解决的状态。正是在这类疑难性对话里，他的争论性雄心最明显地呈现出来。这种争论雄心永远以权威性为靶子，那些称作显赫人物比较恰当的社会名流大多注重权威性。这些人提出种种意见冒充知识，而他们的社会地位又使他们不善于辩驳。社会地位是他们的话语成立的保证。在苏格拉底那个时代，论辩家们就是这些名流的

---

① J. Evans, *Aristotle's Concept of Dialectic*, p. 8 (Cambridge University Press, 1977).

② *Réfutations Sophistiques* 8, 169b, 25, cite dans J. M. Le Blond, *Logique et méthode chez Aristote*, p. 25 (Vrin, Paris, 3ᵉ éd., 1973).

③ R. Robinson, *Plato's Earlier Dialectic*, p. 82 (Oxford, 2ⁿᵈ ed., 1953).

一部分。雅典的民主对他们还给予了最高的评价。这样不管他们是否是论辩家，这些名流的一些人被欣赏、围绕或咨询，如普罗塔哥拉斯（Protagoras）或希丕雅斯（Hippias）①，另一些富有而强势的人，如塞法勒斯（Céphale），他在《理想国》的开头高谈老年问题。他们全都以毋庸置疑的口气讲话，带着那些习惯于根据充任镜鉴的种种场所而变化的人们和夸大主人思想的人们的坚定信念。控制就是苏格拉底重新质疑的东西。他的辩证性提问的社会作用每次都带着他关注伦理政治问题，例如杰出（aretē）是否可以教授，是否真的需要一个老师向您传授杰出，以便您掌握它。

美德更多地存在于每个人身上。一点也不需要另一个人向您来揭示它。由此出现了《夏尔米德》（Charmide, 164d）的著名格言"你自己认识自己吧！"该格言恰好作为人类解放的根基。智慧要在自我身上寻找，而不是在老师身上寻找，靠他教给你。由此他又把它作为另一个老师，从而把真理变成了某种社会概念？美德存在于每个人身上：它不是技术事务，因而也不是教授的问题，它更不与每个人所占据的社会地位相关联②。这个"你自己认识自己吧！"的格言意味着"你自己思考吧！"正是这个为思考自由的辩护词要了苏格拉底的命：人们指责主人们的控制时不可能不惹他们生气。因为名流们的权威被质疑，自以为实际上掌握了所有事物之科学的他们发现自己并不比城邦的最后一位男子更聪明，当然就更不如苏格拉底聪明了。苏格拉底的提问所颠覆的是城邦的等级秩序本身，因为他的问题质疑了社会地位。在苏格拉底这些问题的攻击下，那些名流们应该用他们的话语来回答并自我论证。但是，从定义上说，权威性与那些享有回答和自我论证权威的人们的吻合性很差。那么，知识的炫耀就在辩证

---

① 谈起普罗塔哥拉斯的听众时，柏拉图让苏格拉底这样说："至于我，看见这一群人给我带来极大的欢乐，由于人们非常小心，唯恐自己走在普罗塔哥拉斯前面而妨碍了他的脚步；但是，相反，当他和那些陪伴他的人走了半圈后，通过某种把握很好的漂亮演习，这些不幸的听众分列在一边和另一边，然后逐渐变成圆形，每次都以最优雅的姿势走在最后"（Protagoras, 315b）。至于希丕雅斯的弟子们，"看得很清楚，他们正在向希丕雅斯提问（……）。他呢，坐在自己的讲坛上，回复他们每个人以停下来的手势，然后向他们详细解释众人向他提出的问题的内容"（Protagoras, 315c, traduction française L. Robin）。

② "按照原则，回答者应该永远表述他真实的想法，这个原则是辩证法不承认任何权威的原则的一部分（……）。'问题不在于谁说的这个话，而在于这种说法是否真理'。"（《夏尔米德》, 161c）见前引 Richard Robinson, p. 79。

性的提问中崩解为它真实的面貌：某种社会地位的炫耀。穷困潦倒①的苏格拉底能比那些最富有和最以知识（他们掌握着诡辩术/*sophia*）而著名（等于名流们）的论辩派人士更聪明吗②？

　　因此，我们可以肯定，在疑难性对话里，叩问发挥着某种关键作用。通过提问—回答游戏的相互性，后者标示对话者之间的关系，界定这种关系，我们有权利肯定，作为提问者和回答者的每个人，彼此之间是平等的。提问活动通过相继赋予合作者相同的身份，把他们放置在同一平台上。提问不再是能够获得回答之人即最强者的特权。从理论的视点看，这里的提问不引向知识，而是维持着被质疑东西的问题性：苏格拉底的对话者提出的意见不是它所呈现的那种知识。提问引出了某种知识和某种非知识，非是并变为是的东西显现为非是：是与表象（*Sein und Schein*）。

　　苏格拉底与论辩派似乎在一点上是一致的：提问本身没有引出对问题内容的认识，它最多让人们看到，被质疑的东西继续保留着。这就是这些对话的疑难性。也许正以为如此，苏格拉底的审判者们把他当成了一个论辩者？像他们一样，苏格拉底也与青年人对话，但是他不像希丕雅斯那样摆出高高在上的样子③，施舍他的各种回答。腐蚀年轻人蕴涵着向他们注入一些他们应该采纳的回答和判断。这难道更多的不是论辩派的某种态度而非苏格拉底的态度吗？他的逻各斯引发问题的力量存在于所有的访谈中。论辩家不喜欢提问，因为他立足于回答的表象中，他不表述真正的是，而是把实质上仅仅是景观和骗人化身的东西说成真是④。倘若他装出争论的样子，那并不是要把真与表象和虚假相区分，而恰恰相反，是为了躲在真理的影子里。论辩家的争论属于论辩术，因为它仅仅瞄准着战胜对手，而不是昭明真理。因此，论辩家可以通过金钱捍卫任何缘由，因为胜利对他而言比真理更重要，他恰恰可以依赖感

---

　　① *Apologie de Socrate*, 23c.

　　② "然后，我将面对他们当中的另一人，其知识的名望比前一人的知识名望更大。这是让前者和其他许多人痛恨我的新机会（……）。在我看来，那些最负盛名的论辩家们几乎就是最缺少知识的人，其他一些被认为稍逊一筹的人们，在良好评判的关系下，则是一些天赋适当的人。"（*Apologie* 21c—22a）自此，"我告诉你们，真正的价值并不是从财富中诞生的，而是真正的价值产生良好的财富，人世间的其他事情亦如此"（*Apologie* 30b）。

　　③ R. Robinson, *Plato's Earlier Dialectic*, p. 82（Oxford, 2nd ed. , 1953）.

　　④ *Sophiste*, 239c—d.

觉的无穷多元性，根据环境的这种或那种风貌引用这种多元性，而战胜他的对手。论辩家虽然拥有相对主义的一面，但他是教条主义者：论辩大师似乎醉心于辩证性的叩问，他似乎没有回答，因为他处于讨论之中，他似乎没有站在他有机会就代表的名流一边。有一件事情是肯定的：论辩家热衷表象，他像名流一样，热爱金钱。他当然需要提问者，就像塞法勒斯需要苏格拉底一样，竟至用暴力把后者带向他[1]。提问者扮演着学生的角色，即面向老师的学生角色。学生的问题并非用来发现回答，而是让老师来验证他作为学生老师的存在的肯定性。老师无疑要回答学生，因为学生是付钱来聆听老师的，但是学生的问题死亡于给出（或出售的）回答之中。苏格拉底呢，则试图维持话语问题性的活力，因为倘若不是老师自诩的能力，没有任何东西有理由打断提问。为什么论辩性对话的双方要停下来呢，因为回答实际上没有给出吗？事实上，提问仅仅是老师肯定其掌控能力的一种借口[2]，以某种本身也是表面现象的盛誉的名义对任何可能的事情的掌控。在论辩性的争论中，决定能力的东西与提问的程序无关：老师的能力不在于他能给出回答的事实，因为他只是生产出了假象[3]。他还处在问题性之中，但是他自以为已经到达了回答的境界。柏拉图在疑难性对话里，以它们是疑难性的对话性质，很好地向我们展示了这一点。

因此，要把提问程序与争辩分开，前者发生在一场对话（等于辩证法）之间，而后者只有提问之名，实际上却是论辩家一方的某种操控[4]，论辩家掌握着与问题无关的各种回答（这就是我先前谈过的独立性）。陷入表象误区的希腊城邦却把苏格拉底等同于一个论辩家。那么如何把引向知识的叩问与仅仅瞄准战胜对方[5]作为操控之实现的访谈相区别呢？苏格拉底不采用驳斥（elenchou）方式，不像论辩家那样热心于争论以期驳倒并战胜对手吗？如何区分辩证与辩论、叩问与争论之后的肯定呢？由于叩问身系某种使辩证法不可能成为获取知识之方法的悖论，这个问题就尤其显得无法解决："一个人不可能寻找他知道的还是他不知道的东西。一方

---

① *République I*, 327b—c.
② *Phédon*, 91a.
③ *Sophiste*, 268c.
④ *Phédon*, 91a.
⑤ *Phédon*, 91a.

面，如果是他知道的东西，他实际上就不去寻找了，因为他知道，在这种情况下，他根本没有去寻找的必要；另一方面，也不寻找他不知道的东西，因为他并不知道更多他应该寻找什么"①。由于这种悖论，叩问并不能扩展知识，亦即获得知识。

带着《梅农篇》的这种悖论，我们于是就进入了戴维·罗斯（David Ross）先生所谓的柏拉图主义的中期对话阶段（*middle dialogues*）。对设想等同于辩证法的叩问的分析自然以杰出的伦理政治问题为核心，如同《梅农篇》对话的副标题所指示的那样，但是也以更普遍的作为认知程序的辩证法主题为核心。于是，在辩证法的概念化里就存在着某种衍变。对于疑难性对话的苏格拉底来说，辩证法发挥着某种批评功能以及我先前曾经说过的某种最低程序的认识阶功能。如果我们把"真正的"苏格拉底定位为什么也没写过，因为他更喜欢什么也不肯定并把问题置于回答之上的哲人，那么当柏拉图更注重于回答而非提问、更注重于解决（真理、科学）而非批评性检视时，他似乎与苏格拉底拉开了距离。那么辩证法就不再是叩问性质了，而更多地变成了达致回答、达致真理和真实价值的方法。随着柏拉图思想的变化，苏格拉底的那些对话者们变成了柏拉图"正面"论点的释放者。正如波珀（Popper）指出的那样，柏拉图在伦理政治领域体现出的某种权威主义绝不羡慕苏格拉底在疑难性对话里所质疑的那种权威主义。

辩证法与作为对苏格拉底逻各斯之反应的假设方法

正是在《梅农篇》中并与《梅农篇》一起，辩证法的意指更多地以回答和回答的获得而非以提出的问题为核心。最终柏拉图只保留了回答成分：于是柏拉图的关注集中在是什么使一个回答成为回答这个问题上。客观内容、有效化、体裁的混淆、说教等，构成了柏拉图之本体论方法和形而上学方法的主要主题。当理查德·鲁滨逊写道："事实是，'辩证法'一词在柏拉图那里，有着强烈的指示'任何理想方法'的趋向。尽管这只是一个荣誉性的称号，柏拉图在其生命的每个阶段都把它应用于对他来说似乎是当时最好的做法中（……）。在柏拉图确实改变过自己关于最好方

---

① *Ménon*, 80 E.

法的观念之外，这种用法的效果是，'辩证法'一词的意义在对话过程中承受了某种实质性的变异。"[1] 这种变异丝毫不是偶然的结果，也不是柏拉图心血来潮的结果；他每次所称谓并视为最好方法的辩证法，正是导向回答的这种东西本身，某种被设想为真实回答的回答，而真理的决定在于处于真实层面时，我们理解柏拉图对本体论和形而上学的真正用心。柏拉图的辩证法观念确实发生过演变：他通过拒绝把辩证法作为提问的某种简单方法而与苏格拉底分道扬镳。因为仅仅这样的话，辩证法将局限于意见。它无法达到真理，后者不依赖提问者知道（和希望知道）或不知道的东西。它似乎过分酷似论辩性但又与后者不一致。人们不是把苏格拉底当作一个论辩家了吗？

被设想为叩问的辩证法只导向肯定无知之确定性的最低知识。它不能让知识超越对不知的这种发现。在这一点上，《梅农篇》的悖论是清楚的：提问用来学习真理是不可能的。如果人们想理解知识的获得是如何发生的，因此不应该用提问一类的术语来设想它。这种悖论被柏拉图视为一种诡辩，因为它导致对人什么也学不到的证实。但是柏拉图所展示的全部东西，一旦涉及真理的建立时，就是苏格拉底方法的不适用性。诚然，人们可以通过对话方式达到真理，但是，没有任何东西先验性地证明人们获得了真理，在对话本身，在问题—回答的游戏中，没有任何东西担保回答实际发挥着对当初所提问题的回答的价值。真理在对话中作为被获得的最低条件，预设了对话者们必须出于善心：这是不允许客观上把苏格拉底与任意一个论辩家区分开来的主观特征。

如果人们仅停留在问题性的范围内，而相对于探索的东西，问题性又只是疑难性的，获知真理，达致对最初所提问题的回答，是不大可能的。真理不可能通过对话获得，即使完全善意的对话，也不可能在任何操控雄心和权威性的表现之外获得。按照柏拉图的说法，人们其实是通过模糊回忆获得的[2]：人们从自身找到先前不知道的真实。对话仅仅是提醒的机遇，就像《梅农篇》里奴隶情节让人们看到的那样。苏格拉底十分珍爱的叩问，在柏拉图那里从此变成了诱现埋藏在灵魂深处的某种真理的简单工具。回忆理论与"你自己认识自己吧！"的格言相接洽：在回忆人所共知

---

[1] R. Robinson, *op. cit.*, p. 70.

[2] *Ménon*, 81d; *Phédon*, 72e—73a.

的事情时，回忆者获知了他不知道的事情，但是他所获知的东西不是一位老师教授的。那么老师自己的知识是从那里来的？来自另一老师，以此类推，以至无穷？

让提问和回答的对话者们都到场的辩证性争论，不是建立知识并论证此类回答的东西。最佳情况下，它也只是希望获知真理者回忆的机遇。自此，在辩证法中重要的东西，就是建立这类回答的东西，这里有效的已经不是这类"回答"一侧，而是变得必须学习的陈述文的论证价值。因此，根据恰恰取消问题性的风貌，今后应该考察的不是反馈到问题性、有时也反馈到疑难性的东西。排除辩证性举措的设想以期昭示辩论过程中所表述内容的非批评（*apocritique*，*apocrisis* 的意思即回答）一侧。为了更好地看清推动柏拉图走到其方法的这个阶段的动机，应该再回到苏格拉底那里。

什么是实际在苏格拉底那儿支撑辩证性争论的语言观呢？

苏格拉底给人的印象是，与他的对话者们相反，他从来不回答，而是永远处在问题层面。其实，苏格拉底是在对话中回答并辩驳的，而《早期对话录》（*Premiers dialogues*）的疑难性不关涉言语的语法形式：这些对话结束时对话者们未能超越的肯定无疑的矛盾，足以昭示并昭明（没有解决的）问题。言语的问题性既不在于提问的结构——这种结构对于意指任何问题绝不是必要的——也不在于人们所谓的对话的结构本身。

对话中逻各斯的状态如何呢？参加争论的对话者们通过相互提问并逐渐回答这些问题而实践了某种逻各斯：这样，他们达到了相互理解并推进了争论，如果出现某种不理解时，他们甚至提出一些补充性的问题。如果每个人相继（或隔一段时间之后）扮演提问者的角色，那么每个人也（以相反的比例）承担了回答者的功能。正是在这种状态中，由于对话是由问题和回答构成的，辩证性实现了对话者之间的绝对平等，超越了任何可能出现的权威关系，后者被排除出辩论：每个对话者都扮演了提问者或另一人刚刚扮演过的回答者的角色。对话者们通过投入对谈而参与的这种逻各斯是某种差异的统一：各种问题即是从这个角度来看的，与各种回答相异，每个对话者也是从这个角度来观照回答的。要拥有某种辩证性，那么一般而言，就要求拥有某种命题，就要求言语能够没有差异地成为回答和问题，差异出现在对谈过程中。当我使用"questions"一词时，我也许应该作具体说明并使用"problème"一词：重心没有放在句子的类型上，这里指的不是那些疑问形式的句子①，而是指一般的陈述句，它们经常使用断定形式，尽管并非必然这样。另外人们经常使用"traiter une question"（处理一个问题）的表达形式，但实际上并不呼唤任何疑问形式的句子，而是仅仅表示"traiter un problème"（处理一个问题）的意思。同样道理，当我们说"X demande si *p*"时，那里的"*p*"代表着表述 *p* 的一个从句，而 X 在提出"*p*"时，实际上设置的是一个问题"*p*?"。正是"*p*"处于问题之中，这就蕴涵着断定形式"*p*"可以成为问题，取被 X 质疑的"problème"之意。

因而，逻各斯是非批评性的，理由是它是回答的场域，也是问题学性质的，理由是它表述了构成问题（problème）的东西，表述了被提问（question，以疑问形式或非疑问形式）的东西。在对谈过程中陈述的一个断定形式可以成为问题（problème）并做对话者某个问题（question）的对象。断定形式的这种问题性立足于提问者面前，他作为对话的参与者对它进行判断。但是一个陈述句从回答变成问题的这种皈依，从逻各斯的视点看，乃是同一真实，即使对于提问者而言它构成问题，而对于另一对话者而言它是回答。这种皈依预设了某种皈依性：记入逻各斯本身的皈依性，作为逻各斯，它可以是回答和提问，还可以是问题。辩证性争论使一个提问者和一个回答者在场——每个参与者相继成为提问者和回答者——并建立了问题学性与非批评性的差异。作为回答发挥作用的东西依靠肯定它的对话者，而如果这个回答显示为一个问题，这种情况只能是对另一个参与者而言。逻各斯的这种非批评性与问题学的统一是对话者们在辩证关系中相继实现的某种差异的统一性。

1. 在辩证关系中，苏格拉底隐性地投入游戏的逻各斯观念，蕴涵着形成问题的东西变成回答的皈依性，反之亦然。这种言语观在柏拉图那里通过对言语活动——辩证性——的思考而明显确立，使下述现象明显地呈现出来：人们可以通过设想一个问题已经解决而解决它。那么这种设想就是某种假设。在辩证性争论中，假设肯定是一种基本的态势，但是，通过这种态势本身，它也可以是一种推测，一种问题性的断定（这是它的现代意义，人们经常错误地把它与柏拉图的意义相对立），因为辩证性争论瞄

① 我们顺便提到，德语语言严格区分语词 *Fragesatz*（疑问句，提问者）与语词 *Frage*（问题，要求）。

准着让这种基础态势接受各种问题和回答的检验。

2. 如果把叩问程序等同于辩证法，那么不仅《梅农篇》的悖论行将摧毁辩证法的认知意义，而且回答也可能成为问题。须知，知识恰恰瞄准着排除问题性。辩证法确实更多的是模糊回忆而非提问。诚然，提问可以使回忆成为可能，因为它引发对回忆的冲击，但是它像一架梯子一样，可以允许人们接触到一座没有门的房子的二楼。如果没有其他办法进入房子内部，梯子毕竟不是房子本身；提问对于认知的作用没有超过上述梯子的作用。

在诸如《费德尔》（*Phédon*）、《理想国》或者已经提到的《梅农篇》等对话著作里，模糊回忆是保证智识进步这一事实足以揭示道，柏拉图不再把叩问作为知识的根基和源泉。它还是知识的来源，但不是使知识成为知识意义上的源泉。这样的知识的根基从模糊回忆中找到了它的心理支撑，从假设方法中找到了它的逻辑支撑，我们下面将给予分析。

在成熟期的所谓对话里，建立知识的辩证法与叩问不再有任何关系[1]。行将显赫的逻各斯概念不再建立在问题—回答一组活动的基础上，而是以断定的客观价值为核心。重心不再放在一个对话者的在场，后者提问并回答问题，这本是界定逻各斯的基本特征。苏格拉底的听众变得无关紧要，甚至成了柏拉图各种概念的陪衬。逻各斯不再从提问者与回答者的关系出发设想，对话者成了断定性言语的汇合处。对话通过讨论形式使之等同于说话者的对话方，于是局限于提出一些不关痛痒的意见。"现在，老巴门尼德说，你还面对着人们的各种意见：你也到了这个年龄了。"[2] 这种面对在作为对话的辩证法概念中是根本性的，而在以断定为核心的某种观念中就是非根本性的，如同柏拉图在《论辩家》（le *Sophiste*, 261d—263d）里所发挥的那种观念。陈述文没有被当作回答，而是作为断定形式被研究，对问题性的任何反馈都被从对知识、对逻各斯的分析中排除了。柏拉图对判断的研究也注重于其对真实的实际判断的客观价值。

判断的垄断，听众认识论价值下降为零，这一切都导向了言语和知识的某种教条主义的观念。正是由于也提出问题的听众的在场，合作者之间的平等才得以实现的。如果听众仅仅承担某种被动作用并局限于作说话者

---

① R. Robinson, *op. cit.*, p. 69.

② *Parménide*, 130e.

意见的汇合场，人们就不再可能谈论平等的关系或者没有权威的关系。

在柏拉图演变的中期阶段，他还把提问作为定位知识、定位辩证法的机遇。老师不是向学生灌输某种知识，而是局限于向他提供引起他回忆所需要的东西。如果情况是其他样子，那么老师的知识也只能来自另一老师，以此类推以至无穷。自此，老师与学生一样，提问并回答有关某种独立的真实，辩证关系是这种真实的揭示者，但不是创立者。模糊回忆关注的也是同一真实，"既关注当我们提问时我们问题中的真实，也关注我们回答时我们回答中的真实"①。以这种真实为对象的知识因而不能从问题与回答的关系开始研究，因为这种真实独立于这种关系。问题在提问者的脑际引出了知识（＝回答），但是知识已经潜藏在他身上，这就产生了它是知识这一事实既不取决于问题，后者能使它立即绽放，也不取决于问题的回答，后者与问题一样处于种种环境中。显而易见，知识不是真的，因为它取消了这个或那个人的无知，问题即证实了这种无知，但是，知识因为其他非主观性的原因而是真实的。

3. 涉及辩证法、科学与叩问之间的关系时，我们可以很清楚地建立《中期对话录》（les *Middle Dialogues*）与《晚期对话录》（les *Late Dialogues*, D. Ross）之间的不同。对于柏拉图而言，不管苏格拉底在他笔下的呈现如何，他都实施了回答，但是他没有清除逻各斯的问题性。知识似乎不可能通过被设想为叩问程序（＝对话）的辩证法获得。柏拉图还承认，需要通过叩问达到被视为回答的知识。通过假设的方法可以显示逻各斯之问题性被清除的过程。知识删除了对问题的任何反馈，人们同样也不再谈论回答。于是，辩证法停止保持与叩问程序的任何关系。它变成逻各斯的有效化。从此开始，人们仅研究各种回答，研究它们的认识性和客观性，它们不再作为回答被考察，而是作为判断。这就是柏拉图的成熟阶段。

让我们回到与叩问程序相关联的假设方法吧。

这种方法从提问开始，以及由提问开始设想的逻各斯开始。这种方法的目的是保证获得知识，获得真正的回答。这种回答丝毫不能反映问题性，以至于一旦获得回答以后，后者就不再能形成问题。显然，这意味着真正的回答关闭导致最初问题的辩论，而这个回答就是对当初问题

① *Phédon*, 75d.

的回答。在辩论内部，有意见的交流，参与者们给出的回答被问题化，而辩论就这样取得进展。对某个问题给予一种回答，这种回答随后又成为一个新问题的对象，给出一种回答不是别的，只是给出了一种假设，把这种假设置于讨论的考验。在《中期对话录》里，辩证法的目的就是保证某种知识，即某种非假设性的回答。辩证法是从假设过渡到非假设的方法。

假设的使用是柏拉图时代数学中经常运用的一种方法，即分析方法。

那么它究竟是什么呢？

分析具化为假设开始提出的问题已经解决，然后通过演绎上溯到一个众所周知的真实的命题。仅仅因为逻各斯的非批评性（回答性）兼问题学性质，问题与回答的皈依性才是可能的，如我上文里对此已经展示的那样。正是这种皈依性使人们可以把陈述问题的命题看作回答命题。陈述文没有得到证明前保持假设的身份。

还存在着另一种方法，也被当时的数学家们所熟知，这就是综合法①。综合法的操作程序与分析相反：它从人们已知的东西开始，到达初始提出问题的解决方案。这里也一样，存在着从问题命题向解决命题的皈依性：问题以某种断定形式介绍出来，而综合的目的就是把这种断定变成某种演绎性论据的结论。记录在逻各斯内部的皈依性允许分析和综合，因为在前者和后者这种操作方式中，人们把有待解决的问题作为回答来对待：这无疑是一种假设性的回答，需要确认假设并使它成为回答的进行演绎的时间。在分析与综合之间，还是存在着某种重要的区别：分析从问题本身出发，而综合则从另一已知的命题出发。因此，分析是一种更适合被设想为问题与回答、回答与问题相承继的辩证性争论的方法。综合不是一种发现解决方案的好方法，理由是，面对待解决的问题时，它不规定如何选择基础命题。在解决问题方面，分析更"自然而然"，而综合则更多的是重新安排演绎，以至于人们从分析中得出的各种原则（原理）首先根据它们的性质被介绍。分析在数学和任何科学中的优先出场和继之以综合的必要性被帕普斯（Pappus）明确规定："……在以相反方向操作的综合中，人们首先假设分析最后阶段达到的

---

① Euclide, *Eléments*, XIII.

东西，然后通过把先前呈现为先决因素的东西整理成作为结果的自然秩序，最后到达所寻求对象的建构"①。

不管是运用分析，还是运用综合，然而人们都不得不每次至少假设一个命题是真的。在分析中，人们从一个构成问题的命题出发并假设它已经解决：从此再演绎出一个已知的命题。但是，即使某种前提是错误的，推论很可能也是很有效的。至于综合，它从一个未经证明但假设是真的命题出发，然而后者没有把它作为任何有效化的对象，以至于对话者应该同意对假设进行综合的人的意见：假设、公设或公理，综合的前提也逃避了证明，只有当在场的参与者们明确表示承认或默认时才有效。它可以独立地被认为是真实的，这就偏移了问题。

柏拉图赋予自己的辩证法概念不能浓缩为分析，也不能浓缩为综合：建立在叩问基础上的逻各斯观念亦即知识观念准许种种只是对问题进行种种断定的回答，而柏拉图所希望的恰恰是一种排除对言说内容之问题性的任何反馈可能的回答观。不管是分析——朝向原则的上升运动——，还是综合——从原则开始的下降运动——，都不生产某种排除了问题性的知识，理由是，两种解决方法的起点都是假设的。"那么，任何人在任何领域，都必须让起点承受分析的最大努力，以便确知人们以它为原则是否明智。"② 如果人们处于假设领域，人们通过符合假设而作的种种推论以为找到了种种回答，而实际上整个推论都是假设性的，因为前提的定位就是问题性的。"当开头其实就是一个人们没有任何知识的命题时，当结尾和中间的过渡命题只是被某种人们没有任何知识的东西连在一起时，有什么办法能够用这样一种相互吻合的命题体系造就出某种真正的科学呢？"③

那么辩证法究竟具化为何物呢？它从哪些方面与单纯的分析和单纯的综合相区分呢？换言之，人们如何能够达到非假设性的原则并把任何问题

---

① Pappus, *Collections*, VII, pp. 635—636.

② *Cratyle*, 436c.

③ *République*, 533c. Cf. 510c："那些研究几何、研究算术、研究所有这类东西（我想，你应该知道的）的人们，一旦他们通过假设提出奇数和偶数的存在，（……）根据每个学科，还有同类家族其他事理的存在，他们面对这些概念的做法犹如他们面对自己知晓的事物一样；按照他们的用意把它们操作成假设，他们不再认为把这些东西变得没有任何理由了，对他们如此，对别人亦如此，似乎它们对所有人都是清楚的；然后以它们作为起点，由此继续剩下的路径，最后，他们在保持自我认同的状态下，达到了希望得到的命题，然而分析一下这个命题，他们很应该从一开始就受到攻击。"

性从辩证法中排除出去呢？

辩证法、分析与综合

　　毫无疑问，柏拉图的辩证法是一种扎根于分析亦即扎根于假设的方法。它从形成问题的某种断定开始，并首先寻找该断定的各种结果。"然后，如果某人指责假设本身，那么你应该告诉他退出，你在检查从上述假设开始的各种结果之间是吻合的还是不吻合的之前，应该拒绝回答他。"[①]辩证方法旨在让精神接触非假设性的东西。从形式上讲，要产生这样一种结果，辩证推论的操作程序应该从一种假设过渡到某种结论，并使该结论也成为允许演绎出假设的某种论据的前提。与分析程序逆反的综合因而应该在辩证思维中同时进行。在这样一种形势下，不再存在假设，因为作为前提、支撑点的这种东西本身，在另一意义上已经是另一论证链条的终端项。这种情况蕴涵着构成逻各斯的这个 ABZ 链条的每个项的完全皈依性：通过辩证亦即通过分析—综合运动从假设皈依到解决方案。

　　应该确实把我刚刚从形式上界定的辩证法与后边的分析和综合区分开来。辩证法并不仅仅是某种分析后接某种论证性的综合：分析只有在它同时又是综合的时候才能进行。很明显，人们不能从 A 推论出 B，然后再通过从 B 中演绎出 A 从而验证出 A 是真的，人们从 A 中推论 B 时即把 B 作为论证 A 的东西。

　　辩证法是一种预设着某种分析的综合，也是一种预设着某种综合的分析，而不是靠综合支撑的分析。在后边这种情况里，综合局限于明确重新调整分析的顺序：在分析过程中，人们要上溯到假设真实的种种原则，好像这些原则演绎性地蕴涵着分析从其开始的结论。分析程序的目的就是引出随后的某种综合。事实上，如果 Z 表示有待验证的假设，而 A 表示通过分析达到的命题，并不是为了在 A 上停顿下来，人们才进行分析。人们假设 A 是真的，人们由于外在于分析路径的种种原因而了解 A。人们之所以停止于这个真实的命题，那是因为人们可以说，既然 A 是真的，那么 Z 也是真的。这种进程难道不是分析程序的某种逆反吗？

　　这样一种逆反的程序经常被数学家自己所使用；他们很少止于简单的

---

① *Phédon*，101d.

分析①。然而，我们还能记得柏拉图批评②几何学家们所使用的方法并将它与辩证法相区别。在我看来，这种做法的理由是，不管是分析，还是分析加综合，都不足以让人们放弃假设领域：几何学家分析性地上溯到真实性并未得到证明的某种命题，而综合所做的全部工作，就是把分析旨在展示各种结果的程序颠倒过来。这样一来，几何学家误以为他把自己的假设本身有效化了，其实，他自始至终都以为它是成立的。需要清楚的是，这还是某种假设，而不是科学地建立起来的某种知识。它怎么可能是其他形态呢，因为分析与综合一样，都只能从假设启程？辩证学家知道这一点，在那种仅有使参与者们同意从中挖掘出它的全部结果（这是假设一词的意义，这种意义很好地显示了它是源自辩证性关注的某种概念）基础形态的地方，他不会掉入对真实知识的幻觉。他也从假设开始，但是他把它们看作假设，以期消除这样的假设。对于柏拉图而言，辩证法的两种方法确实就是分析和综合，正如《费德尔》（265d）所指出的那样，但是，它们是以特殊的方式被用于哲学研究的。柏拉图承认人们是从假设开始并通过假设而进行的，但是为了从某种临时性的知识脱身，有必要把这两种运动整合到某种单一和整体的、兼容上升和下降运动的方法之中。如果人们从分析过渡到综合以反映假设情况，而没有进行某种包容分析和综合的全面运动，"人们就会像那些实践反逻辑法的人一样，陷入同时谈论原则和始于这种原则的东西的困境"③。辩证方法不是人们随后逆反为综合的某种分析，而是它同时也是综合的某种分析：如果说需要论证假设以便把这种假设去掉，"正是同一程序使你让它们变得合理"④，而不是一种分析和一种综合。辩证法应该一揽子地在非假设性的基础上进行，上升运动应该从它开始⑤，这既不是分析的情况，也不是综合的情况，也不是被逆反为综合的分析的情况。

应该承认，要看清辩证法与分析和综合的合并有何不同，或者接受它可能有别于它们，并不是一件很容易的事。分析与综合一样，都从问题性真实的东西出发，并且不能离开这种场地；在这样一种逻各斯的观念里，

① Sir T. Heath, *Euclid's Elements*, commentary p. 140, Dover, N. Y., 1956.
② *République*, 533c. Cf. 510c.
③ *Phédon*, 101c.
④ *Phédon*, 101d.
⑤ *République*, 511c.

任何回答都可能是对某个问题的断定，这样的断定也是对作为辩证关系之基础的某种假设的表达。柏拉图在《中期对话录》里所考虑的辩证法似乎相反，排除了任何问题性，而它只是分析和综合的某种组成因素。但是人们随后逆反为综合的分析就没有更多地排除起点的问题性。如果某种基础形态蕴涵着作为上溯之起点的东西本身，那么上溯到这种基础形态的做法才有意义。综合的基础形态避开了演绎出的论证性运动。这里难道不是数学家实践而辩证学家不应该做的事吗？剩下的解决办法就是把辩证法想象成将这两种运动"综合"为某种统一运动，我本人曾经喻示过这个意见。但是，在这种情况下，既然对假设性东西的任何反馈都被排除，那么上升、下降的统一运动就只能是重拾或复制已经进行的从假设开始的某种分析（和/或某种综合）。这就可以使我们理解，按照柏拉图的说法，人们何以可以通过某种上升、下降运动辩证性地思考善的观念，而不把这种非假设性的范例作为在假设基础上演绎而出的某种真实。最大的问题就是要知道从分析（与综合相结合）向辩证法的过渡是如何进行的，因为这种过渡使得把任何问题性成分从逻各斯里排除出去变得可能了。困难似乎是不可克服的：或者分析和综合一揽子都是非批评性的，那么人们就很难理解针对数学的批评以及把它们与辩证法相区分的必要性，或者它们都带有问题性的痕迹，那么人们就很难理解辩证法究竟带来了哪些更多的东西，因为它除了分析和综合以外再没有任何其他组成因素。我们知道柏拉图的解决方法：它将具化为把辩证法变成论证逻各斯的场域本身。以认识阶为核心的逻各斯，被先验性地抽空了任何问题性。它不管是与叩问还是回答都不再有任何关系。这是一个理念的群体。柏拉图通过不再谈论假设和非假设，就这样从逻各斯里边清除了问题性，这是一种用事实显示这是可能的一种方式。

不要忘记，在柏拉图演变的这个阶段，提问只是回答的机会，这就导致了对它的夸张。在任何方式上，它都不是把它建构成回答的东西。这就形成了这样的情况，如此发挥价值的回答不需要从它的回答性质中去寻找，而假如这种寻找叫做辩证法，那么就必须看到，对问题—回答程序的反馈对于辩证方法不是基本的东西。《中期对话录》在这个主题上的暧昧性在于下述事实，一方面，柏拉图努力昭示人们到达回答的程序，而另一方面，既然以这样的回答为核心，所有不是回答的东西就不是基本的了，那么被主题化的辩证程序最终就只能显示为言语的论证，脱离使之诞生为回答网络的种种问题。要知道，这两种程序显然是不同的，哪怕仅仅因为后者把判断的非批评性定位视为附属性的，而前者则赋予它某种基本功能，因为它那里存在着对问题的反馈。

为了显示辩证法是如何把投入假设的人置之于假设之外，柏拉图致力于展示判断是如何绝对建立在判断的真理基础之上，并放弃任何对展示辩证法如何让精神从假设性过渡到非假设性的关注。辩证法不再被设想为允许从问题过渡到回答的某种叩问方法——如果我们考虑到苏格拉底所实践之逻各斯的观念，它就必须只是这种方法——，而是某种或者更准确地说只此一家的有效化程序。哲学的叩问毫无疑义地与苏格拉底一起死去，变成了柏拉图的本体论，或者本体论的形而上学。真理和哲学所蕴涵东西的真实性此后就处于叩问活动之外了。

物质之是的问题是典型的苏格拉底问题。"X 是什么？"是苏格拉底不断向其对话者们提出的这种问题的形式。为了更好地观照以叩问为核心的辩证法观念是如何过渡到某种本体论观念的，让我们一起来检视问题与苏格拉底问题之是的交叉场域本身。

是的问题或者问题之问题向是之问题的转移

在苏格拉底那里，叩问的出现使得无知的二重性得以绽放，这种二重性体现为无知自以为是某种知识，而某种知识却自视为无知。无知展现为不回应任何东西的某种知识，其实是知识的某种表象，而断定苏格拉底无知的知识其实是真正的知识。苏格拉底的叩问让表象和真实崩解。它奠定了某种多元性，因为回答记载在某种交替言语的空间里。叩问永远是在某种多重性的背景下诞生的，而叩问的目的在于获得回答即某种回答。通过回答取消多重现象，取消表象而达致统一性，这是叩问在苏格拉底那里的意义。多重性是问题形成的表象，而统一性是回答所想象的真实性。对于任何问题皆如此，因为它展现了有待超越的交替性和多重性这种现象。

苏格拉底的典型问题关涉对话过程中争论的种种概念的统一性。如果人们讨论 X，苏格拉底总要问 X 是什么。不管是什么问题，都预设着它所询问的 X 是某种没有它问题就不会提出的事物。因而任何问题也都潜在性地预设着回答苏格拉底的问题（"X 是什么？"）。对任何问题的任何回答都瞄准着统一性，但是回答的统一性丝毫不蕴涵回答关涉着统一性。因为苏格拉底的叩问明确寻求揭穿言语中的真理表象，这种叩问应该从主题上关涉它所提问的东西的统一性。任何其他问题肯定是通过所寻求的回答而瞄准统一性的，但是这种统一性是预设在回答和问题本身的，由此这种问题就不是典型的苏格拉底的问题。任何其他问题也瞄准统一性，因为它用来把精神引向回答，而不是因为它自身以统一性为对象。

典型的苏格拉底问题"X是什么?"因而是任何问题都预设了对它的回答的问题。询问美德是否有益时，那么人们就预设了美德是某种事物，这种或那种?叩问中的这样一种彻底性把一切都问题化，而这正是辩证法对于苏格拉底的意义。任何问题，如同普遍意义上的任何断定一样，预设了在某种逻各斯中作为问题对象的X是某种事物。一旦所处理的问题不是典型的苏格拉底问题，这种情况本身在言语中就处于问题之外。X被预设并像后来人们称作某种分析判断之对象一样运作的东西，希腊人将其称为某种定义 (heros)。分析性的东西躲开了争辩并货真价实地处于问题外：对话者们不是要在这上面发表意见，而是从此开始他们应该在对话中发表意见 (= 回答)。这种暗示，这种被普遍化的隐含义，成了某种预设，某种 hypo-thèse，后者可能会有多种解释。寻求统一性的"X是什么?"问题，仅仅因为这种多重性才有可能，也才能提出。先验地讲，"X是什么?"的问题可以接到无限回答，代词"que"是不确定的。正是这种多重性允许诡辩现象的产生：论辩家一会把玩这种隐性词义，一会把玩另一种词义，以判断他公开谈论的事情。典型的苏格拉底问题一旦提出，就旨在确定、澄清对整个辩论下余部分都有效的某种单一词义。

对于苏格拉底而言，X是这种情况本身在任何判断中且对于任何问题，都是假设的。如果要回答典型的苏格拉底问题，这种回答应该复制具体在问题中的东西，即X是某种事物，而这正是被寻找的东西。回答偏移了问题而没有真正回答它，任何东西都不准许先验性地在肯定美德是这样的回答者与更多支持美德是那样的另一个回答者之间作出决断。这是定义的事情。典型的苏格拉底问题只能停留在没有回答的状态，由此就出现了青年柏拉图对话中苏格拉底提问的疑难特征。人们对 hypo-thèse 一词的意义取得了一致意见，以便让它在辩论中推动提问者们取得进展，但是这种 hypo-thèse 终究只能停留在假设的状态，这蕴涵着它可以成为主体之间某种约定的对象，但不能成为某种完全验证的对象。

在柏拉图看来，"X是什么"这个问题似乎可以找到一种回答 (一种答案），而这就是辩证法的意义。如果人们提出一个关于 X 是什么的问题，人们就预设某种东西像 X 一样存在着，例如泥巴或天空。存在着某种预先扎根于感性的现象，因为 X 是什么的问题关涉 X。如果事物本是的问题是有关这些事物的任何问题都预设了某种答案的问题，相对于对这些事物的重视，它并非不是不靠后的问题。人们意识到一些事物，于是询问它们是什么，而人们在询问它们是什么之前就已经意识到它们了，否则，询问什么是天空与询问什么是泥巴之间就不会有任何差别了；在两种情况中，两者都只代表某种陌生物 Y，而人们所询问的就不是这样的泥巴，或者天空也不是这样的天空，而是某种浑然和没有差异的 Y 现实。

因而"X 是什么？"这个问题预设了某种与感性、与问题中的 X 的关系的前置性，即使它肯定某种前置性，但这是另一种性质的前置性：真实对表象的前置性，非感性对感性的前置性，统一性对多重性的前置性。另一性质的这种前置性归因于下述事实：关于某事物 X 的任何判断和任何问题都预设了 X 是某种事物，即典型的苏格拉底问题所探寻的这个东西本身。为了回答典型的苏格拉底问题，那么就需要从事从感性到非感性之间的往返运动，感性先于人，而非感性享有另一性质的某种前置性，以便展示从哪些方面非感性是被叩问的感性之所是，是感性的本质（ousia）。因此有分析和综合的双重运动。从事该运动的精神从模糊回忆开始。模糊回忆扮演着某种双重角色。一方面，辩证运动从它开始。它揭示精神回头来迈向的某种已经存在。朝向前置性的这种回归在有关感性的某种上溯性分析结束时到来，并落脚于某种第一阶段的形态，后者只能以感性以外的另一性质成为第一阶段，综合承担着解释这种性质与感性（dianoia）的关联。对感性的摆脱发生在精神的某种高级活动（noésis）的这种双重运动之后，后者仅通过回想（anamnèse）重新拿起了被发现的各种真实。诚然，回想是对某种非感性的发现，但受惠于某种感性关系，这就使它仅仅成为柏拉图所设想的辩证方法的前奏。模糊回忆使人们意识到，人们获知和知道的东西深藏在记忆中，而人们对此并不知晓。这样，人们就知道有某种东西先于感性，它使人们发现感性是这种模样。感性扮演起点和终点的角色。

由此产生了模糊回忆的第二个作用。那就是把知识的获得问题从叩问场域转移到本体论场域。通过与感性的接触，人们获知了某些事情，即它是什么，但是这样一种知识不是从感性开始的。回忆使人们获知感性作为先在之物是什么。人们在回忆中，知道以前知道不少东西，但主观上并不知晓这种情况，因为人们忘记了。获得知识的问题变成了感性与非感性的关系问题，非感性被叫做理念，并享有相对于感性的前置性。理念即建立感性的东西①。它被模糊回忆发现其实是先于感性的东西。我说"其实"，那是因为我上面已经展示过，在柏拉图看来，问题预设了作为多重感性现象的表象，而把回答奠定为真理的东西只能是与表象和景观相反的东西。回答使人们认识了这种因果关系，认识了 X 相对于其感性属性是什么这种本体论关系。把回答建立成这种样子的东西因此而属于本体论性质，这与它的回答性质没有任何关系。问题与回答的关系仅仅向我们落实了前置性，而没有实施被模糊回忆确立为另一性质的自在的前置性。一般而言，问题永远证实某种差距，在柏拉图看来，这是感性与可知性之间的差距，而辩证法的目的就是从任何知识中排除感性、多重性和表象现象。假如逻各斯的回答永远反馈到问题，怎么办呢？理念对于问题和回答是共同的，它即是问题外的东西，因为它被任何问题所预设，或者被它从分析角度所重复。问题外的理念外在于假设，而假设包括可能成为种种问题的各种回答和可能成为种种回答的各种问题。倘若真正的、脱离了问题性的回答仅仅由于理念、因为被实践的可知性的缘故才成为回答，那么值得研究的是可知性，唯有它需要研究。这正是柏拉图成熟时期所做的事情，通过落实某种语言观和逻各斯观念，这种观念影响了以后的整个西方传统。这种观念不再从辩证法的互动去设想——后者的各种机制柏拉图也没有怎么研究过——，而是变成了外延的某种通道和本体论的子产品。

　　自在领域建构感性的作用通过成为神学而成了哲学的另一极。亚里士多德的《形而上学》（la *métaphysique*）试图把神学耦合在出自柏拉图的以断定为核心的逻各斯的本体论观念之上，然而他是徒劳的②。

辩证法与逻辑学

　　模糊回忆通过它所蕴涵的"对于我们的前置性/自在的前置性"、"可知性（理念）/感性"、"因/果"等几组对应概念的态势，把真理的获得

---

① *Phédon*, 100cd.

② Cf. P. Aubenque, *Le problème de l'être chez Aristote*, P. U. F., Paris, 1962.

放在了本体论的层面上。

　　但是这几组概念与辩证法的关系如何呢，毕竟模糊回忆只是辩证法的导言而已？

　　X 之本是的问题是对 X 进行任何辩证处理的基本问题。X 是什么？对它的回答在任何有关 X 的问题中都已经预设了，这样一个问题先验性地拥有无限回答。这些回答的每一个都与其他回答相等：例如，"X 是 a" 作为回答与 "X 是 b" 具有同样的价值。仅根据回答的判断，没有任何东西使我们清楚我们眼前的这个回答是否是好的回答。因此，有必要把问题提得更具体一些，以便于圈定问题所在。"X 是 a" 回答 "X 是什么？" 这种回答类型意味着 X 是某种东西并以这种事实预设了某种感性的存在。这就是参照感性以获得回答的必要性所在。因为 X 本是的问题在问题的序列上只能是终极的问题。以某种感性调查为基础，这种问题只能获得与真理相关的假设性的回答。由于这种宿命性，关于 X 的感性调查从何处开始并不重要。为了处理事物本是的问题，"人们应该先以种种程序和更简单的对象操练，然后再把这一套做法直接用于最重要的客体"①。如果我们探寻美的本质，作为叩问感性起点的美的事物并不很重要。一般而言，人们可以设置任何假设以解决典型的苏格拉底问题，如果人们认为对它的回答有助于解决最初的问题。例如，在《梅农篇》中，为了弄清什么是美德，苏格拉底询问它是否可以教授（86 d）。应该看到，任何关于美德或关于某种任意 X 的回答，都预设了美德是某种事物，而人们之所以能够回答关于美德的某个特殊问题，那是为了能够反过来澄清什么是美德。然而很清楚，美德是什么的问题只能假设性地来表述，因为关于它的任何表述都预设着处于问题中的这种情况本身，因为任何关于它是什么的回答都具体预设了它是什么，且只能具化为有待解决问题的某种复制品。亚里士多德说，本质是无法证明的。

　　在柏拉图看来，人们还是能够获得对 X 本是某种断定的有效化。一旦人们形成了对 X 是什么的某种假设，就通过分解方法回到了感性。"正是在逆行中，人们才能按照自然耦合的情况，根据类型把单一的本质劈成两个。"② 这样人们就获得了被讨论的 X 之真谛的东西，和什么是它本质的

---

① *Sophiste*, 218d.
② *Phèdre*, 265c.

东西（*Sophiste*，264e）。一旦人们拥有了相继而来的理念，就重做在感性基础上已经做过的事情，但是这次仅仅是与知性打交道。应该表述的是同一性，而人们重新找到了同一性。辩证法重新找到了通过分析和综合所得知的东西，但是仅保留它们之中的可知性。逻各斯受同一性要求的支配。凡是要表述的东西，都应该表述得很有论证性，没有问题性，这是第二个逻辑要求，它也成为逻各斯的真谛：要求有足够的理由。同一性的系定理就是没有矛盾：通过要求一种回答，提问者希望停止由各种可能性回答组成的交替现象，他要求所有可能回答中的一种回答。

X 的本是问题引领提问者离开了感性场域，这就迫使他把本是变成某种受这类原则控制的领域，这些原则是知性本身的原则，以及西方传统固有的言语性的原则。

作为建构成分的叩问的死亡及其对西方思想命运的影响

那么叩问伴随着柏拉图缓慢而不可避免地死亡了。在苏格拉底那里，它是哲学路径的基本成分，被柏拉图抛进心理学机制和修辞学机制的相当于附属性角色行列。这么说，柏拉图就犯下了"弑父之罪"吗？遗憾的是，问题并非如此简单，理由是，当苏格拉底避免对叩问的任何观念化时，柏拉图在努力接近这种观念化时，放弃了叩问作为根本构成性的作用，而苏格拉底的决裂本应该正常地导致这种根本构成性作用。

对苏格拉底的指责首先是他不怎么关心回答，他甚至自我禁止回答的可能性，但是他却实践着回答。这就是他拒绝书写的原因。从某种意义上说，苏格拉底是和谐的：对他而言，提问的目的不在于获得回答，而在于展示那些宣称拥有回答的人错了。论谈结束时，问题保持完好无损的形态，但对话者就没有这么幸运了。苏格拉底的疑难性问题甚至还有某种正面价值，理由是，唯有它可以把苏格拉底与论辩家相区别。苏格拉底揭露了论辩家宣传的各种虚假回答，因为他知道后者无法回答，后者什么也不知道。苏格拉底的逻各斯应该停留在问题性层面，而他的回答则应停留在问题形态。倘若论辩家的叩问是纯粹修辞性的，意思是说它作为先前已经存在的种种回答的借口，反之，苏格拉底的叩问则阻止任何回答。他的那些回答在那里仅仅是为了质疑，它们表达着质疑，同时又是不可能性质的回答。

如此这样被压缩到其维度之一的问题学差异——这里指的是排除回答的各种问题——是无法接触概念的。某种按照两个层面分配的叩问实践与某种理论性——后者在苏格拉底那里无疑是缺失的，但仍然可以读出来——之间的差距，就确立在柏拉图面前。如果不是为了获得回答，那么提问有什么用呢？

面对这种反问柏拉图的态度是什么呢？他把自己关注的全部重心都投放在回答身上。是什么东西让某种回答成为回答呢？提出这样一个问题，论证就必然过渡到前台。人们可以相信，论证回答的东西可以定义后者，尽管论证概念概括了逻辑认识论维度相对于问题的偏移，因为是回答，回答概念的构成本身反馈到问题。但是，柏拉图没有走这条道路。因为他的想法是，一种回答仅参照一个已经解决的问题，后者因此而消失。自此，论证某种回答的东西已经与它所解决的问题无关；后者不再提出，不再解释任何东西。那么回答就应该系统地自我论证；不是作为回答，而是作为判断的网络材料。判断是人们排除了所有将其构成为回答的因素的回答：从形式上，它们没有什么差异。属于这种回答范围的东西变成非本质性的、次要的东西，如果人们为叩问保留其认识功能，此后由判断的演绎性配合所承担的认识功能，上述属于回答范围的东西甚至变成悖论性的东西。

辩证法从对话开始，叩问性足以为证，而它现在变成了科学。这才是西方哲学最大的转折点：对科学的崇拜没有其他根源，唯有从叩问向思想科学化的转移。然而这是一种斥力，因为通过兴趣的这种转移，哲学家得以相信论证、逻辑认识性是唯一接触精神没有能够将其如此概念化的叩问性的方式。如果说苏格拉底无法构成问题学，柏拉图就更不可能了，从某种意义上出于同样的原因：唯独青睐问题学差异两个维度的其中一个。于是问题学差异朦胧了，而与它一起，应该以这种方式或那种方式找到"解决方案"的这样的叩问，便永远被偏移、被排斥。柏拉图把逻各斯变成了没有差异（in – différent）的问题学，并以别样方式使《梅农篇》的悖论永久化，他本以为拒绝叩问的任何构成性就可以避免这种悖论。因此，柏拉图努力从其他地方寻找这种构成性，于是认识论不再可能从问题学方面去界定，而苏格拉底的信息似乎应该让人们这样想。《梅农篇》的悖论其实只是对无差异问题学的某种见证或结果。这种悖论就是它的纯粹的明显化。思考这种差异，悖论就模糊了。我知道我所寻找的作为形成问题的东西是什么，同时我又不知道它是什么，否则的话，我就不会向自己提出这样的问题：形成问题的东西不是回答，但相反让回答成为必要。节省了上述差异化，那么悖论就不可避免地确立。洞穴神话以某种方式与此相吻合。如果人们了解真相，就不认为应该去了解它。如果人们不知道它的存在，就更不能去获知它了。知道或者不知道。在下述条件下，了解是不可能的：那些不知道的人不可能回忆起他们不知道自己曾经知道的东西，那么就没有任何东西可以向他们传递真理，后者不会以任何方式破门而入。他们怎么可能寻找自己不知道的东西呢，而他们又怎么可能知道他们不知道它呢？

模糊回忆理论是解决这种悖论的好方法吗？它只能重复这种悖论：如果我知道我应该回忆的东西，我就不再需要呼唤我的记忆力；而如果我不知道，我又怎能回想起它呢？柏拉图只能通过为叩问保留某种最低作用来回答这种新挑战。通过人们向自己提出的各种问题，这些问题通过生活的多种环境向我们提出，灵魂让这种一直深藏的知识涌向表面。于是，叩问便拥有了偶发性原因的作用，意思是说，它具有通过把模糊回忆的机制情境化而启动这种机制的功能。在这样一种理论氛围内，不再需要思考问题学的差异了：处于问题中的东西毫无差异地存在于回答之中；如果有什么差异的话，相对于所获知识的永恒化，它属于临时性质的、非本质过渡性的，之所以是过渡性的，还因为它仅仅标志着人们回忆起他们忘记了而现在需要浮现在脑际的事情。

人们在问题中与在回答中一样发现的"ce que"当然是某种根基，它使得回答更多的是它不是的东西，这是人们通过真实与虚假之相互排斥而捕捉到的对立，这使得 X 更是这个而不是其他东西（本质）。然而还有上述之外的东西：这里所落实的，是把作为问题学差异之取消、作为无法如此承担的问题学性质之取消的回答行为的本体论化。本体论，作为对没有提出的叩问问题的回答，它是对这样的叩问的转移和拒斥的产物。例如，当苏格拉底询问什么是美德时，他没有期望没有矛盾的回答。拥有某种回答理论的柏拉图必然拥有某种本是理论，后者把回答压缩了，使之成为应时性的、修辞性的。在某种把回答作为判断的概念化中对苏格拉底超越的可能性本身即蕴涵着对可思考之物的本体论化，因为为了回答 X 是什么，应该预设 X 是，而人们归根结底询问的就是这种本是。本体论是哲学不能把握的问题学言语，它并非来自任何其他东西，而来自哲学性不可能承担问题学的差异。分析和综合永远参照种种问题；辩证法是除了这种参照的同一事物。哲学叩问的本体论化把它缩小为某种认识论方法，不是要忽视哲学领域的这种方法，而是当判断的论证变成绝对范式之后，它忽视了真正的哲理性本身。由此产生了非假设性开始的问题，它应该与其他命题一样符合毋庸置疑性的要求，它尤其应该是本是以便人们置身于问题外。于是，模糊回忆在柏拉图的辩证法概念化中占据着某种中间阶段的位置。它难道没有吞并甚至压缩后的叩问，而由此恰恰扩大了所有可以针对苏格拉底之批评的声势吗？在苏格拉底那里，不可言传的问题学差异表现在某种反驳性对话的参与者作为提问者和回答者的角色交替之中。柏拉图不再关心差异，他通过只关注回答行为而"有所承担"了，最终只对司法辩护活动、逻辑本体论活动感兴趣。节省某种叩问思想的事情可以做，因为精神的建构性进展今后不再以这些术语提出。这就是为什么人们可以谈论"承担"：柏拉图通过改变战场而回应挑战。叩问像苏格拉底的影子一样隐性地萦绕着柏拉图的方法。总而言之，一个问题反映了某种有待超越的无知形态，而一个人不知道的东西可以被另一个人所熟知，由此产生了人们所提问题的主观性。如果知识是客观的，那么它如何从提问角度来解释呢？难道柏拉图是为了避免指责而赋予叩问他所指示给后者的纯粹心理的和修辞的功能吗？显然不是，因为人们不可能不意识到，对于柏拉图而言，辩证法正是从它想成为解决性方法而回答苏格拉底的挑战的；因此，它与问题有着部分关联关系，它想通过自己推动的命题主义绝对独立于这种关联关系。然而它所解决的种种问题人们不再有权利提出，因为所有问题都通过分析、通过命题解决了，似乎一旦人们一下子置身于某种排除它们的范围，任何问题都不再提出；而这种范围其实诞生于处理它们的需要。悖论将再次出现在分析与综合的关系层面，以及辩证法的相应定位层面。

　　详细观照这一点以前，仔细思考一下本体论—认识论这种对偶概念是很有益的，因为自海德格尔以来，人们太过经常地忘记了它们本质上是不可分离的。人们试图摆脱其一而攻击另一方的做法永远是失败的，因为它们是诞生于同一种路径的孪生姐妹。人们可以很惊奇地在柏拉图那里看到，认识论通过科学、几何范式所演示的论证者角色，几近难以区分地与本体论混淆在一起。真实和这种真实的根基构成这种互动的连接点。另外人们也有权认为柏拉图并没有区分领域。一个命题之所以真实的事实是因为它没有错，分析性的同一性在这里是根本性的"逻辑的"表达。真实性从命题的定位本身就论证了如此这般的命题。无疑，认识论的追求并非新颖的东西，尤其因为在苏格拉底那里，叩问属于伦理范畴。但是，那是它的范式功能属于伦理范畴，而它是从作为克服柏拉图不可能这样思考问题学差异之唯一方法的本体论化中获得这种伦理范畴的。这是否意味着在这种去问题学差异的运动中本体论化扮演着首要角色？在重心放在是什么因素形成回答行为的自立化范围内，应该说，更多的是作为"回答"并以此遮蔽着问题学挑战的某种判断范畴的构成，行将同时积淀为认识论和本体论。两者之间没有谁占优势的问题，而事实是人们可以通过路径后果的这一种或那一种运用该方法，并把所选择的那一种作为第一种。这种情况还揭示了人们对问题学面对这些多重效果的发动机作用的无知，而人们尚未结束对这些效果范围的评估。

在这方面，柏拉图的转折具有决定性的作用。它确立了一种今后无法承担的思想模式：1. 本体论关注成了唯一可能的形而上学真实；2. 这种关注与认识论是分不开的，理由是，判断拒斥任何叩问性（由此而自立起来），惠及某种本质，后者论证判断所表述的内容是真实的，而不是虚假的。本质是根基，由此判断之论证与回答行为的本体论化相接合，回答行为的本体论化取消了作为回答的回答。假如判断是自立的，它就可以是真实的，就可以表述自己想说的内容，因为它所说的话使自己变得有理了，而判断的发展只能是这种局面。这就导致下述结果，即判断把自己所陈述的东西表述为真理，而这种现象在于它所说的东西是本质，并由此而奠定了这种真实性是有理的。显然，本体论与认识论是分不开的，想把它们辟为两个学科的想法是徒劳的。如果说两种情况的关注是不同的，应该看到它们回应的同是去问题学的差异化，是排斥问题学的相同要求，而问题学的长久化并不能赋予某种形而上学以生命力，因为这种形而上学从形式和关注上都是本体论的。我们已经看过，康德确实投入了双重阅读，但是我们不能把他的阅读更多地砸向本体论或更多地砸向认识论。说绝对一些，超越本身应该叩问自身的必要性，并为此而放弃形而上学的本体论化和它的认识论化。割断与其认识论关联联系的本是问题，只是一种幻觉，而它永远处于与认知问题可以相对立的形态，认知问题作为接触预先叩问的途径。反之，本是问题却可以是认知问题的青睐对象，因为人们永远只了解现是的东西，而认识认识活动等于要确定认识的本是。人们走不出这个圈子。由此就有了可能分开的假设，这是没有胜者的斗争。今天看到本体论与认识论相配套可能显得很奇怪。它们分别发挥作用，但是它们的根源是相同的。至于把它们分开的东西，这是有待发现的种种运行规则，我们将在亚里士多德那里寻找它们，是他把它们截然区分为各自独立的领域。带着相关的问题：由于对象的不同并不意味着接触方式的相应崩解，因为认识阶是推广到任何逻各斯的认识规范，那么作为"新形而上学"的适合于对本是的认识，能够赋予本体论某种科学的定位吗？

总之，柏拉图的辩证法能够让我们观照的东西，都与去问题学差异的各种结果相关。把《梅农篇》的悖论作为某种简单的诡辩，不啻于承认自己有权不认真对待它。由于没有澄清问题性，人们就偏移了它的悖论——后者来自在某种逻辑问题可以差异化、可以同一化的言语中未对叩问性作出澄清——，并抨击下述方案，即回应某种要求的方案：解释叩问所保证的东西不是解决方案。不可思考之物的问题学将以另外的方式格式化，通过某种从命题性模式的丰富资源里淘来的某种压缩器，命题性模式不能排除它无法设想成这样的真实，因为这种压缩器的任务就是在囊括它的同时又毁灭它。

自古希腊以来，分析和综合在哲学知识的建构中发挥了某种决定性的作用。柏拉图第一个建议把它们耦合成哲学的解决方法，然而，任何问题性被从这种方法中根除了。但是，如果人们还能发现改头换面的、被遮蔽的、自柏拉图的辩证法以来被悖论化的叩问真实，那是因为苏格拉底不断地重新跳出来。唯有亚里士多德的方法是和谐的，但是付出了过分的代价。被整合进柏拉图酷爱的辩证法的分析和综合，却使我们看到了哲学叩问的一个基本特征：它通过自身的构成去建构它的对象，并由此仍然赋予问题学某种不矛盾的基本风貌以形体，即使在对它的否定中。这就是它的不可避免性。

作为西方传统中问题学的初级压缩形式的分析与综合

伴随着分析和综合发生的事情很有典型意义，意思是说，自柏拉图起，它们作为解决功能的出现，将成为此后整个哲学思维方式的决定性因素。

苏格拉底与任意一个论辩家的区别不是叩问活动，那是他们的共同方式，而是通过关闭叩问的不回答行为，我们不妨这样说。在柏拉图那里，我们重新碰到了与激励论辩家的对回答的同样关注，这就使柏拉图自以为应该把叩问活动排除出他所建立的理论场，以便与他们相区别。分析与综合一样，都是解决的方式。前者从已经解决的问题出发，后者赋予自己某种媒介以期到达它不能一下子就提出的这种解决方案。两种方法的目的是一致的，这就导致把它们两者看作相互代替而非互补性的方法，因为在两种情况里，实质都是要到达所考察问题的解决办法。对于柏拉图而言，辩证法就是分析与综合在排除对有待解决问题的任何参照下的组合：这里我们面对的是借助于命题的自立性而自我支持的某种运动。由此产生了这种著名的自我存在的"柏拉图的理念世界"，这些理念被作为真正的实体，被询问的东西与被表述的东西同时存在于取消差异的同一逻各斯内部。回答与问题可以互换，这样就可以通过某问题的解决而提出这个问题，在分析里即是这样。几何学就依靠这种皈依性，另外，当人们向苏格拉底提供的各种回答在某种无疑改头换面，但无法克服的问题性里无限复制初始问题时，苏格拉底也运用过上述皈依性。

柏拉图与分析保持一定的距离，而几何学之所以喜爱分析，恰恰因为其种种结果的假设性质。在我们的术语里，更准确的说法是问题性，但思想当然是同一的，其实质都是定义某种知识，这样的知识只能是假设意义上（问题性意义上）真实的，但它应该是绝对真实的，不可能有怀疑，不可能有命题的替换。某种假设性的知识代表某种假设性的真实，即人们无法说它是真实的某种言语：它的真实性并不比它的谬误性更多。那么这样一种只能是假设的或扎根于假设的知识还意味着什么呢？自柏拉图以来，对这个问题的回答是清晰的，这样一种理念包含着术语的某种矛盾。关于它所认识的东西，某种认识如果只能是推测性质的，那么它就将在自己的认识功能炫耀中自我毁灭。因为仅仅是真理可能性的某种知识先验性地包含着错误，包含着与它自诩描述的或者解释的真实不相符的可能性。关于真实的这样一种知识可以与这种真实相符，同时又不把它描述为真实，同时呈现为非知识。那么，如果知识由于其内在的问题性，作为仅有的可能性，对于它所知之真实只了解不可能是定义上的真实本身，人们在哪些方面还有知识可言呢？关于真实的知识应该代表它所表述的有关知识方面的东西，这就蕴涵着，如果这种知识真的是与它所言相吻合的知识，那么就不可能出现与之不相吻合的可能性。当人们了解了所是，那么所是就应该是，而不可能不是。

这就是自希腊人以来的认识阶的定位。问题性不可能在其中出现，而这此后就是一方面留给认识，另一方面留给叩问的命运。

那么认识就是对种种交替意见的排除，而怀疑或信仰却允许有交替意见的存在，我们想到了笛卡尔在给雷吉乌斯（Regius）的信中的著名对立[1]，他在信中把怀疑与科学并列起来，互为界定的参照物，用的就是我们称之为相反问题性关系的道理。另外，通过排除的做法不是别的任何东西，而是通过荒诞的证明，理由是，通过交替表达的某个问题，如果很有理由地抛弃其中的一个项，这就等于事实上验证了另一个项的有效性。重要的不是提出的问题：由于问题化的事实，人们不能了解任何正面的东西。相反，重要的却是对相反命题的处理，从它们自身考察它们。因此，通过排除矛盾性而获得的和谐就变成了真理的唯一规范。苏格拉底酷爱的反驳于是终极性地改变了意指。辩证法变成了它从此以后的面孔，不是扎根于对话的某种关系，而是从矛盾中浮现出的某种正面价值，后者凸显了排除其相反意见的结果。

在这方面，柏拉图对几何学家们的指责很有建设性意义。他没有批评他们进行分析和综合时所使用的假设—演绎方法，因为没有办法采用其他路径，只能从某种假设、从一个假设已经解决的问题出发，即一个纯粹假设的、问题性的这样一个没有毋庸置疑真理的解决方案出发。柏拉图所强调的东西是，分析方法的使用者无视这一事实并自以为是从种种肯定性开始的。然而他们曾经对这种似乎不再有问题果真如此的起点反问过吗？正是从这种关注中同时诞生了把哲学等同于寻找作为绝对第一原则的起点的观念，我们不管是在亚里士多德那里还是在笛卡尔那里，都能找到这种关注，但它没有作为真实的问题出现。

例如，当柏拉图谈论几何学时，他明确地提醒说，"灵魂被迫使用假设以引导它的研究，它没有上溯到原则，因为它没有力量超越假设层面"[2]。倘若不能省略假设，那么几何学做过的东西以外，人们还能做什么呢？"唯有言语，由于它的辩证力量，可以到达所有东西的原则，不是

---

[1] Lettre du 24 mai 1640.

[2] *République*, 511a.

把它的种种假设处理为原则，而是把它们当作真正的假设。"① 从实质上说，应该排除假设性，不要与它打交道。由此，辩证法的建立就把综合与分析配合起来，而不是把它们视为演绎的两种等价的可能性。我们之所以知道分析要求综合，那是因为分析方法单纯的假设性质，需要以这种面貌来承担它，以期能够在超出任何问题性而活动的辩证法中超越它。起点从本体论角度区别于假设，因为从某种意义上说，它是对假设的否定。纯粹的思想在任何问题以外运行，那么它就是真正的知识，是认识台阶的终止点和完善。

几何学之所以乐于假设，这种情况源于它满足于分析或综合，因为它认为对于它所生产的演绎而言，它们拥有同等的价值。对于柏拉图而言，人们之所以应该从假设开始，那是因为他们不能停留在那儿；分析不能满足人们的要求，因为它赋予自己的是作为假设的已解决的问题。

分析与综合是不能互相代替的。那么它们之间的准确关系是什么呢？对这个问题的回答，我们猜想，可以理解某种不从假设出发之知识的不可能性和知识与假设没有任何共同点之间的矛盾，因为问题性并不阻止错误因而也并不阻止不知。

除了分析之外，辩证法还包括综合，综合使思想重回它的足迹，赋予它们某种论证——或某种反驳——，论证两种矛盾的回答之一，人们假设它是真实的，论证两种命题之一，应该决定作为这样的命题它是否真的是真实的，或者它不是真实的。人们从各种结果中来演绎，它们是这种演绎的真理性条件，或者更多的是这种演绎的原则，由于人们碰到的是一条以真实著名的命题，这条原则而非对立的原则出自这条命题，于是该原则就得到了验证。因而，一切都是从综合中派生出这条原则，因为否则的话，分析将无法摆脱其起点时的问题性。

这一切归根结底似乎都很简单，无论如何理论层面上如此，即使在每个特别情况里应用这种双重方法要求有直觉。但是，作为思维方法，不管是分析还是综合，还是它们的组合，都没有给人以引发某种困难的印象。

人们对此就如此肯定？让我们更切近地来考察事情。要使以假设身份提出的命题得以验证，即被肯定是真实的，需要人们通过分析，演绎出综合的最初命题，综合是分析顺序的逆反。人们之所以不能推论出任意命

① *République*, 511b.

题，而应该推论出支撑综合的命题，那么就应该从中得出这样的结论，即综合潜藏在分析之中。从逻辑角度说，它与分析是分不开的，那么柏拉图驳斥几何学家们没有独立于两种程序是有道理的。但是，这个结论的代价是昂贵的。其实，这仅仅意味着，综合作为独立的运动如果不是不可能的，那么也是多余的，它自身是不存在的，作为简单的约定、作为自发倒置的机制除外。在种种起点和落脚点的这种相互蕴涵中，存在着巨大的演绎循环，存在着对上次综合（或上次分析）时未曾证实的某种预期理由（或窃取论点）[①]。除非人们更喜欢从中看到一对可以互相皈依的命题，因为 A 与 B 的皈依性不是任何别的东西，而是它们相互之间的蕴涵性。不可能是综合，那是柏拉图意义上的辩证法被迎面抽击，它也跳不出假设的帝国。那么剩下的就是高调宣称差异：辩证法不是几何学，因为其一知道自己是从假设开始的，而另一学科虽然不可能另辟蹊径，却对从假设开始一事浑然不知。这种知识是从哪些方面排除问题性的呢？它仅仅通过指令来排除：这种意义上的辩证法应该是没有问题性的。对几何思想假设性的意识可以规定对立，亦即定义辩证法。人们看得很清楚，实现这种对立则是另一回事，而柏拉图似乎不曾思考过这种情况。"假设"概念本身可能是揭开谜团的钥匙。事实上，这个概念喻示着某种回答中的问题性被拒斥，即所谓的命题—假设，这种形态的回答事后没有得到澄清。于是，假设就变成了去问题学差异的概念，把问题和回答都吸纳到某种中性实体中的概念。承认假设，等于想数学家实际实践却不曾承认的东西，即对于认识而言，否认叩问是重要的。于是，通过假设概念的中介而思考这种排斥变成了正面的东西，因为这为数学家尽管实践却视而不见的某种反射性开辟了认识的领域。

　　当然还存在着另一种解决办法，代替者应该是独立于分析的综合。另外，如果人们想避免循环并使变假设真实的命题为某种成立之真实的论证成为可能，这是必须做到的事情。如果人们独立地、约定地、专门定义综合，那么，本来潜藏在分析之中的综合因之而变成多余的了。这就使那些很好理解了重合或包含现象的人们说，分析与综合原来是一回事。我们想到了亚里士多德，他在第二类分析和第一类分析的名义下研究的本是属于

---

　　① Une pétition de principe，逻辑上的预期理由，又称窃取论点或丐词，是证明中以本身尚待证明的判断作为论据的一种逻辑错误。——译注

综合的东西：三段论其实就是从已知过渡到陌生；我们后边还要再回到这一点来。如果对亚里士多德而言，这种混合是不可避免的，那么柏拉图则认为是不可接受的。它等于把综合扎根于问题性的东西中，而后者的职能恰恰是要把综合从问题性中解脱出来。

现在让我们来考察下面的情况：分析与综合彻底分开。那么会发生什么情况呢？人们跌入了某种失真性，因为分析的最终结果不是综合、不是逆向思维的原则。那么相对于分析，综合将从何处吸收营养呢？"如果发生在分析里的事情，就是从某种结果过渡到它的种种后果（……），我们怎么能够逆反程序并落脚到某种有效的结论，如同帕布斯对综合的描述所喻示的那样呢？假如 P 蕴涵着 Q，说 Q 蕴涵着 P 是真实的就不正常。"①总之，综合的独立不允许把分析的论证拴在它身上，这至少是必须的。在前一种情况下综合是多余的，现在它变成不可能的了，取《梅农篇》中叩问的悖论使叩问或者变成不可能的或者变成无用的。这绝不是偶然的结果，理由是，叩问探索的全部重量都被以隐性方式转移了，但有意转移到分析—综合的双重活动中，柏拉图就是这种意图，并将之称为辩证法。

一种自立的综合大概没有什么意义，理由是，它应该支持分析以期取消分析中的各种假设。它自身失去了自己存在的理由。还有，如果有了这种独立性，如果综合的实际起点不再是分析所确定的起点，验证分析条件的可能性就很小。

于是，人们碰到了下面的悖论。或者综合隐性地潜藏于分析之中，或者它独立运行。在前一种情况里，人们从某种假设的解决方案演绎出种种假设性的后果，但是这些后果不是任意性的后果，意思是说，它们是制约综合决定运动的条件。路径是循环的，作为独立思维的综合的作用是虚假的。相对于最初接受的东西，没有任何新东西产生于这种双重运动。自此，人们便应该把综合设置为不同的、自足的、可以专为自己举行的活动。然而，如果人们接受这第二种形势，就不得不把综合看作逻辑上与分析没有任何关系的活动，这就提出了它的可能性问题。

如果用其他术语来瞄准它的话，悖论等于说，柏拉图被迫让综合与分析各自独立，为的是删除分析中的假设，但是他无法这样做，因为它们分开以后各自都是不可设想的。或者综合诞生于分析的结果，从而确认分析

---

① J. Hintikka et U. Remes, p. 12, *The Methode of Analysis* (Reidel, Dordrecht, 1974).

的假设，那么综合与其开端就处于同样的问题性状态。这种形态的它就是无用的，因为它的功能就是从假设中走出来。或者相反，综合自行其是，它并不纯粹自发地按照分析顺序的逆反方式行事，那么我们就看不清楚它怎样来确认产生了分析的假设，因为它们俩是各自独立的。

柏拉图的辩证法似乎无法超越他抛给数学家们的假设演绎方法。人们很容易理解，这样的方法是无法存在下去的，因为它无法回答自己给自己指定的问题：理念这些预先存在的观念资料的有效性从何而来？

正是亚里士多德准确地让柏拉图的辩证法崩解了。但是所获得的某种成果是无法超越的，它将通过整个思想史影响西方思想，亚里士多德并不比它的后继者们更多地回到这种成果；而是恰恰相反，因为这将构成我们从希腊人那里继承来的本体论形而上学的基础和动力。

这种镌刻在哲理性上的印痕的根本理由是这种让哲理性与问题学不再有差异（in – différent）的方法。机制就是通过种种压缩。超越人们可能针对辩证法的各种批评，柏拉图通过某种简单的言语态度投入了对问题化的某种贬值。他接受了被他抛弃的假设性，而假设恰恰存在于他那个时代的科学中。他表述假设，但把假设放在超越它并取消它的言语中。正如我们能够看到的那样，人们大概指责他的企图不成功，然而这种失败仅仅是因为相对于柏拉图排除问题性的理想而言的，这种理想为他的思考指定了某种毋庸置疑的正面价值，理由是它就是导致失败的原因本身。柏拉图未能逃脱问题性，而这构成了某种有待修复的遗憾。人们不再反问，从事情的最深处说，这种情况是否真正代表了思想和认识阶的某种原理要求，代表了某种基本的性能，没有它，它们都不能存在。另外，我们还指出了假设概念的某种模糊性，它把这种概念一下子就置于有关叩问思考的范围之外，置于问题学的范围之外。其实，假设同时靠近问题和回答，没有给任何可能的分界留下位置。我们不妨说它是无性的，它参与了柏拉图希望的分析的简化活动，把叩问应该解释的东西简而化之，此后由分析综合承担达到从中排除提问而有益于纯粹命题性的简化（压缩）活动。在柏拉图看来，作为尚未成为命题之命题的假设应该排除，可以说，这是一种等待中的命题，但是人们没有把它放置在叩问的语境中以避免面对意见——今天人们所说的主观性——和面对我们在《梅农篇》中发现的那种悖论。这样困难就圈定了，倘若困难未圈定时，人们至少抛弃了叩问性。那么它所留下的，就只有纯粹断定类型的某种问题性了：某种或真或假的假设，只要人们没有把它辩证化，它可以是真的也可以是假的，但是它不再"询问"任何东西。它存在于某种提问条件之外，后者对于它是纯粹偶然性的，在最佳情况下，也只是教育性的。让我们留给苏格拉底去保留他的正面的东西吧。但是对于其余内容来说，还有真实：某种言语拥有还是不拥有真实性，那么"人们"就要反复叩问在某种或某种机遇下它是否拥有真实性，这丝毫没有改变这种性能，它缺失或不缺失的这种性能。

超越柏拉图自身的意图，我们还看到了通过种种简化概念成功地偏移和排斥叩问的现象，这些概念假设承担着同样的作用，但是由于没有从主题化上重视叩问，就偏移了叩问及其悖论。这种情况我们在如此不可能的或无用的综合里也看到了。另外，这样的悖论性的偏移也是不可避免的，理由是，我们不妨回顾一下，解决它的方式恰恰是对问题学差异的明确建立，而非在中性化的或外在于叩问的种种理论化中对它的取消。

在这方面，分析和综合发挥了某种典型作用，而不仅仅出于种种历史原因，如同人们初始阶段可能想象的那样。它们发挥着最初化解问题学的作用，因为它们被设计为解决种种问题的方法，然后解决概念才变成了（通过分析）分解成（更）原初成分的同义语，就像综合也随之变成把这些相同成分组合成一个整体的意思。其实，分析和综合曾经是问题学差异的压缩器，前者让人们看到了后者可以论证的东西。但是这是强制性的压缩器：两者的混合把最初的探索引向对论证的追求。发现某种新事物，即能够论证人们已经发现的东西，发现人们最终不再操心的东西。人们谈论它，但是为了立即吸纳它。谈论论证和验证的人指示给思维的作用很有限，因为他把思维圈限在仅谈论预先存在的东西，人们把它称作"理念世界"或"天赋"不改变任何东西：即把同一种程序放置在不同的哲学里，在那里，那些相同的框格最终都需要填满以满足这些思想的体系性，而它们每次都被冠以某种内部的标签。

概而言之，由于重要的是思考解决和它由之诞生的问题化，那么就应该把这一组概念压缩到另一组与它们没有差异的概念上，但是后者至少拥有相似的功能。这就解释了我们从分析和综合那里看到的衍变情况，它们就这样去问题化了，哪怕是和柏拉图的辩证法一起唯心地去问题化。

人们可以反驳说，几何学通过不承认自己的假设性质和辩证法通过囊括这一维度，分别是非问题学的和问题学性质的。这样，辩证法就不是心不由衷地而是有意地和积极地具有叩问形态的，与数学相反。但是这种反驳并不成立，因为它忘记了几何学和辩证法一样，都自愿论证它们所推出的种种断定。两者的关注都是一样的，然而辩证法试图通过推出问题性而不是通过无视问题性而排除它。接受假设为智识路径的基础以期走向某种原初根本性的和真实性（本体论的）的无假设，不啻于认同问题化的非本质性和偶然性的东西，倘若人们未能关注这种现象或者没有看到对于热衷认识事物的心灵，它像必须经过感性认识一样不可避免时，就可以满足于上述问题化的非本质性和偶然性。

因为分析和综合在希腊人那里是问题化和解决问题的方式，它们理应得到问题学方面的简化。解决方式即可思考事物的根基本身以及后者的结构化。由于几何学里缺少事实，还由于柏拉图那里缺少信誓旦旦的论据，它们确实逐渐得到了简化，如果我们好好想一想，其原因相当简单。概而言之，即使当分析和综合明确参照叩问时，它们的实践甚至设想都带着一种潜在的叩问思想。分析假设已经解决的问题，这个理由足以用来讨论它：皈依性和命题主义从一开始就是分析的显著特征；另外我们也可以直接说命题主义，理由是，一个问题皈依为解决方案，或者更准确地说皈依为假设，建立在命题和简化性断定的权威基础上。柏拉图不用走得太远就把他的辩证法扎根于其初始的构成性提问之外。然而，分析和综合确实处于模糊状态，而柏拉图至少在他的意向宣言中确实想一劳永逸地昭明关于问题性的态度。分析从起点开始就是问题性的，因为它面对一个给出的问题旨在解决它，它直到最后仍维持着这个问题，同时恰恰通过对命题的皈依，给自己以相反的幻觉。

也许人们会有这样的印象，即分析和综合仅仅因为历史的原因才扮演了简化问题学的角色。归根结底，为什么是这种情况，而不是另外的情况呢？诚然，它们都反馈到提问，然而为什么它们基本上都这么做而非偶然性地这么做呢？关于这一点，应该这么说，如果有一个问题要解决，人们或者从问题本身开始，或者解决方案来自其他东西：如果人们把交替性命题化，那么我们就分别有分析和综合两种路径。而问题学的差异迫使形成问题的东西与回答不同，否则就会出现"窃取论点"（une pétition de prin-cipe）现象［英语里用 *question - begging*（窃取问题）表述得很正确］，在那里，人们接受为问题的东西不形成问题或不再形成问题，而这恰恰是需要建立的东西。推论——亚里士多德称作三段论、辩证法或科学性——不是别的任何东西，而是问题学的某种差异化程序。一种循环的推论不是推论，不能证明它自己想要证明的任何东西。分析与综合一样，都是推论、演绎：它们旨在建立一个不再形成问题的问题，但是一开始并没有承认有待解决的问题已经是获得的结果。但是，抽空了与问题性的任何关系，原本仅相对于它们以不同方式落实的这种关系而互相差异的分析与综合，就变得没有差异了。亚里士多德把他那些人们界定为综合的研究称作分析是很有利的。那么就只有推论了，只有某种观照命题联系的思维逻辑，作为真理的理论。继柏拉图试图把分析和综合整合进某种统一的单一运动失败后，它们都承受了某种不可避免的变化。亚里士多德当然是第一个吸取了种种结论的学者，这些结论对于哲学的未来都是至关重要的。更详细地考察这些结论之前，简略勾勒一下对叩问这种构成性历史性的持续偏移运动中发生了什么绝不是无用的。

我们已经看过，作为推论方式，分析与综合未能被区分开：作为分析的补充，综合失去了自己的意指。分析包含着综合，包含着作为论证而非想成为创造的综合。反过来，综合预设了分析，因而两者是可以互相皈依的。这就使康德在先验分析中可以分析性地界定综合亦即经验的条件。当然，假设我们这里是回答一个论证问题——先验演绎里谁在论证？——而主体是以"哥白尼"的方式获得这种回答的，即从自身内在可能性的现实出发，演绎使这种可能性成为演绎结果和可演绎对象的东西。如果主体有关自己并由自己（并非由知性）进行的分析内在里不是综合性的，那么主体进行的回过来反观自己本身的这种经验的可能性就是不存在的；这就迫使知性与感性关联起来被演绎。

在笛卡尔那里，我们看到了另一种路径，因为笛卡尔远没有张扬从已知过渡到陌生的综合，即亚里士多德所谓的科学的三段法，而是以贫瘠之名拒绝它。它验证人们已经发现的东西，但它自身并不增加任何东西，仅是一种简单的展示程序。笛卡尔的《方法》（la méthode）是创造性的；因为不是综合的，那么它一定是分析的。正是通过重新赋予被亚里士多德在涉及科学时纳入综合的某种分析方法以生命，笛卡尔建立了他的方法论言语。理性就在于笛卡尔把形而上学与方法分开，以期在某种新发现的原则下确立方法的有效性，以至于他能够实践这种方法，并使它面对科学有可能自立起来，此后科学便求助于笛卡尔的方法论。

使这些作者们能够通过把全部重心放在某种第一分析的身上（笛卡尔），或者反之，放在综合之首要构成的身上（康德）而得心应手地把玩甚至矛盾性地把玩的，不是其他任何东西，而只能是分析与综合维持的这种模糊的甚至悖论式的关系。笛卡尔通过接受某种两分法而站在了柏拉图一边，他的两分法一旦确立，就认可了综合的多余性。而康德则继承了亚里士多德的衣钵，为科学指定了综合性特征，尊重预设要求后者必须是内在分析性质的。那么我们能说笛卡尔是创造哲学而康德关注论证吗？初看上去，人们可以这样想。其实，他们两人都是在简化的背景上，即在去问题学差异的背景上进行自己的思考的。康德谈论综合的构成性，正如笛卡尔在谈论分析时所做的一样。

亚里士多德对辩证法的断裂

在亚里士多德看来，柏拉图的辩证法包含两种互相矛盾的方法。倘若分析扎根于假设，那么综合就应该与假设完全分离，以找到人们想赋予它的无可争辩的论证价值。综合由此碰到了科学性的要求，自从柏拉图以来，科学性被界定为记载在问题性以外的逻各斯。分析与综合的这样一种断裂必然导致应该理解为辩证法的某种新观念。它将是问题性的场域，由于分析与综合的名分一样，都是一种推论，那么在这方面它与综合并无差异，人们也把综合研究称作分析研究。综合不再是任何其他东西，而是三段论。亚里士多德接受了分析包含综合的思想，或者说综合反馈到分析的思想，理由是，在两种情况下，人们都推论起初接受的命题的某种后果，后一种说法与前者实质一样。它们的差异是非本质性的，因为都是对形成问题的东西作为形成问题的对象的处理范围。分析与综合作为澄清命题的双重用法，在这个今后唯一有效的层面上是没有区别的，人们也不再区分这个层面。但是，人们将以彻底的方式区分与问题性、与假设性的关系，人们将把这种关系驱逐出科学：这将是亚里士多德心目中的辩证法，这种辩证法将捕捉柏拉图试图通过其分析概念孤立起来的东西，而人们实际上不可能这样孤立，理由是，想拥有科学性之实的分析只能是综合性的。其实，分析与综合一样，都是对后果的演绎，由此开始，人们只考察它们的命题风貌。柏拉图严厉批评的几何学家们深刻地理解了这一点，他们不加区分地把前者当后者使用，或把后者当前者使用。

亚里士多德因而把柏拉图的辩证法一分为二。以问题性为基础的分析将是亚里士多德的辩证法，这里的默契是，由于这种理由本身，辩证法不可能是柏拉图所宣称的科学性。反之，科学性的分析不是任何其他东西，而是综合，综合构成了必要的推论。由于这种分裂，亚里士多德就应该建立他称之为辩证法的理论和他称之为科学三段论的理论：如果我们想用更当代的方式来表达的话，它们则分别是论据化和科学。这里需要看到的是，亚里士多德通过把直到这里互相区别的领域自立化，他就应该成为直至他之前要求另一种类型之方法的东西的理论家，这种方法在这种情况下已经没有差异了。概言之，"（在柏拉图那里）辩证法一直被展示为真正知识的方法，它同时被定义为高超提问和高超回答的艺术，另外它还被定义为理念范围内汇合和区分的艺术（……）。亚里士多德所构思的辩证法的定义，结束了任何游移（……）。随后，真理的寻求与辩证法之间就不再有任何共同的东西"①。

让我们在亚里士多德向我们提供的有关知识的检视中走得更远一些。

三段论即综合，这意味着人们从已知走向未知；在这个意义上，亚里士多德可以支持说，他通过三段论解决了《梅农篇》的悖论。"用证明一词，我指的是科学的三段论（……）；如果科学知识确实如我们所确立的那样，那么证明科学也有必要从真实的、原初的、立即接触的、比结论更为人们所知的、先于结论的前提出发。"② 总之，"从三段论中得出结论之前，似乎应该说，人们已经以某种方式了解了结论，也可以以另一种方式说，人们还不了解它（……）。没有这种区别，人们将陷入《梅农篇》引起的困境之中"③。一种必然出自某些前提的结论不一定被人们这样认识。另外，即使人们也了解它所出自的那些前提，人们并不必然特别了解这个结论。"因此，人们不能接受某些人提出的解决方案。有人问道，你知道或不知道任何二元都是偶数的？由于回答是肯定的，人们向对方展示了某种确定的二元形态，他并不认为它存在，随后也不认为它是偶数。建议给他的方法具化为，说人们并不知道任何二元都是偶数，而只说凡是人们知道是二元的东西都是偶数。然而，这个知识的对象是人们拥有证明或人们接受证明的东西。须知，人们所接受的证明并非关涉人们知道是三角形或数字的任意三角形或任意数字，而是以某种绝对方式关涉任意数和任意三

---

① Hamelin, *Le système d'Aristote*, p. 230, Alcan, 1920（cité par J. M. Le Blond, *Logique et méthode chez Aristote*, p. 6, Vrin, Paris, 1973）.

② Aristote, *Seconds Analytiques*（tr. fr. Trico, Vrin）, I, 2, 71 b20.

③ Ibid., I, 1, 71a25.

角形。事实上，人们从来不用诸如'你知道是某数的数字'或者'你知道是直线图形的直线图形'作前提，而是用许多普遍应用于数和图形的前提作前提。我想，没有任何东西阻止人们所了解的东西在某种意义上是人们熟知的东西，而在某一意义上是人们不熟悉的东西。"①

亚里士多德的论据在这里意味着什么呢？证明不以知识及其延伸为对象，它不能参照它们，理由是，一个个人的所知是相对的，而另一个人的所知可能与此不一样。证明本身拥有某种普遍意义。我们这里面对的是某种特别领域即基本理性（la *ratio essendi*）领域的构成。

亚里士多德这段思维最大的暧昧性在于，他自称不由自主地描述知识的延伸，另外他却禁止自己参照这种知识。悖论尤其尖锐的是，科学三段论独有的"综合性"语词却呼唤着"更加熟悉"的思想。其实，人们在亚里士多德那里看到的科学性概念复制了进步和论证的混淆。评论家们都熟悉的一个事实是："证明科学的理论从来不曾建立过，以指导或规范科学探索。它仅关注对已知事实的展示。它并不描述科学家们在做什么，也不描述他们应该做什么以获得他们的认识。它仅仅是教学和知识展示的某种形式模式"②。

证明是推论、三段论，但是，正如我们已经看过的那样，这是一种非常特殊的三段论，因为不是任何三段论都是科学的。辩证法也通过推论而进展。我们不能说它构成了证明所展示的知识，因为辩证法与知识之间的分裂此后是彻底的。因为区别知识的东西是，任何问题性可以说是被一下子全部排除了。这就是为什么当人们造就科学三段论时，从前提开始，一切都是已知的。反之，辩证法并不摆脱它最初的问题性，正由于这个原因，它永远都不能与科学接头，它以某种彻底的多元性而与科学相异。但是，它们之间的对立已经不像在柏拉图那里是问题性与非问题性的对立。排除这个以利于那个的思想本身被拒斥，不在话题范围之内。由此就产生了某种全新的言语理论，这就是本体论，那里的多元性再生产了多种回答的可能性，而单义性将反映某种东西的统一性，它将成为唯一的回答，且今后将成为真理。从这时开始，人们将拥有属于这种统一性的某种真实，

---

① Aristote, *Seconds Analytiques* (tr. fr. Trico, Vrin), I, 1, 71a30—71b8.

② J. Barnes, "Aristotle's Theory of Demonstration", p. 77 in *Articles on Aristotle*, ed. J. Barnes, Duckworth, 1975, Lonon.

作为与存在之多元性的本体论化相符合的运动。本体论如果不是从一开始就把问题性与非问题性的对立清除出去的言语又是什么呢？这就是它与科学和辩证法相区别的东西，当然它与它们也有关系。诚然，与在柏拉图那里的情况相反，我们在亚里士多德那里发现了对问题性的某种参照，甚至发现了他对问题性场域的某种研究。这就可以彰显我关于本体论言语的建立是矛盾的立场。除非人们可以借助问题性与非问题性一组概念解读科学与辩证法一组概念的事实恰恰是某种通过本体论的超越确立的证据。

亚里士多德说，在科学里，"不可能叩问，因为人们不能用相反材料的办法去证明同一结论"①。科学与交替意见无缘，与人们讨论时可以表示支持和反对的种种问题无缘，但是，它恰恰是在任何交替意见之外并从毋庸置疑的已知开始，通过证明建立一命题的真理性的。反之，辩证法是"一种方法，它让我们能够从可能的前提出发，对任何提出的问题进行论证"②。辩证思维建立在提问的基础上，需要辩论的问题提出来了，因为它不是建立在真实的基础上，而是建立在可能的基础上，甚至建立在意见（*endoxon*）的基础上，但肯定不是建立在科学的基础上："从可能前提得出结论的三段论是辩证的"③。至于科学，它禁止辩证讨论那种内在矛盾："一个被证明的结论不能是其他东西，它只能是三段论应该从必要前提出发得出的这种后果。事实上，尽管在真实前提的情况下，有可能不经过证明而得出某种结论，但是它从中得出的某种结论不可能不是某种证明；这已经是证明的一个特征了"④。拥有科学，就不能不承认某种结论。必然性不是任何别的东西，而是排除任何交替意见，亦即排除任何可能的问题的命题版本，而这种情况从前提层面即如此。

在阅读所有这些文本的时候，我们真的好像重新面对柏拉图努力拆除但不成功的区别，不成功的原因是没有通过叩问性中的某种相反关系把科学与辩证法相区别。我们还有一个印象，那就是亚里士多德也想通过本体论超越问题性与非问题性的这种区别，就像柏拉图以为能够用他的同为本体论的辩证法达到上述目的一样。在这里，我们看到的，难道不是亚里士多德的某种双重立场甚至互相矛盾的立场吗？

---

① *Seconds Analytiques*, I, 11, 77a30sq.

② *Toniques*, I, 1, 100a18.

③ Ibid., I. 1, 100a30.

④ *Seconds Analytiques*, I, 6, 74b15.

　　事实上，亚里士多德通过分离柏拉图未能分开的东西，赋予自己谈论它们的可能性。我们甚至补充说，他必须建构它们的理论。于是就产生了三段论，就产生了修辞学。对于本体论的情况亦如此。但是我们反问自己，为什么本体论没有更多地被吸纳直至消失呢，考虑到问题性及其在科学中的解决问题性质的正面缺席，由于亚里士多德在柏拉图辩证场内部进行的分割，而变得可能了。

　　对这个问题的回答可以先行概括在下述方式里。亚里士多德不能保持科学与辩证法的分离。问题性只是化装成提问形式的回答的某种类型，而非问题性的建立离不开提问，因为有科学对交替性的排除。科学的实证性是从它之外诞生的某种理想。完全的分割即使是必要的，也是不可能的，因为从问题性向非问题性的过渡应该是试图获得多少有效的某种科学理论的人来思考的。自此，言语性成了核心并占据了所有层面，因为科学和辩证法肯定了这种形态，那么亚里士多德就没有其他资源了，只能再造柏拉图面对非假设性曾经展开的力量攻势。当然这种力量攻势是什么以及如何达到它是一个微妙的问题。但是，由于非假设性在分析中已经包含在假设性之中，那么柏拉图就只有把玩假设性概念去问题学的差异化了，假设由于不是相对于叩问来定位的，那么就只能是回答了，即使实际情况并非这样。这种伎俩虽然玩过了，但是，相对于这类暧昧性，亚里士多德更喜欢他这次一下子排除了任何可能的问题学的二重性而得出的本体论。诚然，这是更彻底的力量出击，但是精神上是一致的。首要的、普遍的并被如此主题化的本体论在亚里士多德那里与叩问的关系，犹如辩证法与叩问的关系在柏拉图那里一样。

　　科学与辩证法的关系覆盖了非问题性与问题性的二重性。二重性只有在命题主义的被普遍化的本体论中消失，它排除了对叩问性的任何参照。但是那里出现了另一种困难，这种困难仅是被遗留下来没有出路的《梅农篇》悖论的偏移。所有被表述的东西都被以多种方式认定为是。然而，这种多种方式现象显然是多余的，因为命题性逻各斯从一开始出于肯定的原因就建立在必要排除的基础上，在那里，任何交替意见都应该被排除。由此就产生了这种逻各斯在它希望产生的断定性中所承载的约束和必要性思想。出现多重体时，没有任何东西能够阻止言语陈述可以仅存在的东西，偶然存在的东西，可以成为其他现是的东西。逻各斯失去了它的毋庸置疑性，因为言语不再仅仅表述应该必须是本是的东西，如果我们希望逻各斯里面没有问题性，那就必须排除相反的、错误的、有待抛弃的命题。问题性、修辞性争论、偶然性作为可能的言语重新出现了。"是"词义的多元性可以使所有的差异得以表达，而不是被排除以确保一种逻各斯，以确保一种"答案"。由此产生了言语和思维的某种破碎化。关于同一主题的被表述的命题可以与其他可能的命题共存，没有任何战胜其他命题的必然性。反之，一种根基决断一种单一存在，由此出现了普遍的统一性，这就使得，在同一主题上，只有一个命题必然是真实的，因为其他命题不可能同时也是真实的。存在的统一性，这是支撑论道的存在主体；然而存在只能是且必然是主体、是物质存在吗？于是本体论处于某种钳制之中，后者一揽子地把它定形了，并成为它原初不可能性的条件。或者存在是多重的，根据各种不同类型而分散，而表述存在的言语，以多重方式来陈述它，与统一性、单一性、必然性的关注相反，命题性的逻各斯自诩是后者的发言人。没有任何东西可以阻止一种肯定意见如此自由地反对另一种肯定意见，而即使这样，每种意见都保持着它们的命题性质。或者存在是可以与其各种体现分离开的实体，它担保着逻各斯的统一性，使后者能够保持其本是状态。它是逻各斯的根基、原则，并以这种身份重新赋予逻各斯它的命题性强制。人们把这叫做本是。如果那些交替性的意见被它们的本体论所铲除而了断了，那么就不再有问题性。本是不可能是多元形态的，但它又理应如此，它不可能是这种形态但它必须这样；对于命题主义来说，本是既是不可能的又是必然的。不可能乃是因为辩证法的多重性，因为问题性应该被命题化而又不能像在柏拉图那里那样被压缩为认识阶；必然性是因为这种多重性应该同样被排除。本体论是对取消任何问题之问题的回答，不管这个问题提出了（海德格尔）还是未提出，都丝毫不能改变这种本体论方法从一开始就包含的矛盾性。

原则问题：亚里士多德成功地获得了 演绎性的自立吗？

亚里士多德所投入的对认识的分而论之必然会重新挑起原则问题。在柏拉图看来，科学的起点既是必要的，同时又只能是接触哲学真理的准备阶段，因为要走出假设，这意味着人们首先意识到了这种问题性。但是，这种方法本身已经是辩证法的组成部分。超越假设性而走向非假设性是辩证学家即真正的学者应该进行的某种预备阶段。寻找一个真正的起点而不仅仅是方法上的起点，把我们推向这种最高的神学般的理念，在柏拉图那里，善扮演着这个角色。从此后哲学思考就被等同于寻找真正的起点，超越科学所说的东西和与感性的任何关系，那么这就是形而上学。但是那里的弱点是，自从希腊人以来，这样的起点就从来没有被叩问过。它甚至是人们建立起来用来避免、排除叩问的。它只有处于任何叩问性之外才被作为根基。由于对叩问的斥力还处于与它的关系中，唯有非假设性可以承办这件事。倘若非假设性只是问题性亦即诸如几何学等这些不完善科学所满足的无知识的表现，甚至没有超越假设性的必要。不完善科学并不是从成果方面看的，而是从它们隐性反映的知识理念角度看的。这样一种反映是元物理学的固有特性，丝毫不改变这些成果的内容，因为对它们的思考就预设了对它们的预先接受。然而仍然有一点是肯定的，那就是人们不能遵循这样一种态度，它比货真价实的轻率态度还要糟。知识问题本质上是本体论的而非认识论的。作为事物之理由，这些理由就是种种本质，它们的本质。在柏拉图看来，起点的接触是通过分析媒介而实现的：对非假设性的接触只是这种分析的结果，它导致人们落脚在种种事物的真正起点上，它是它们的综合条件。如果人们把综合与分析分割开来，起点的问题就从某种程度上重新蹦了出来。但是这里也一样，起点的存在仅仅是为了抹掉任何叩问，而不是为了建立它：起点应该预先就知道，这就需要某种心理学，在那里人们展示如何从个性和感性过渡到普遍性和知性。至于综合的原则，只是由于它从逻辑上主导着综合，它才能成为这样的原则。只是因为相对于综合它才处于一线位置。它是相对于综合的某种多元认识程序的结果，然而它也是某种通过重构最终把它放在前列位置的方法的结果。自立的综合不可能从其自身获得它的各种原则。在综合中，人们不可能从一开始就接触原则，因为原则只能根据后续结果才能成为原则。因此，原则是结束时才出现的，因为当系列的全部都展现之后，人们才能知道什么是该系列第一位的东西。相对于它所追求的目标，原则是第一位的东西，还要首先知道什么东西追随在后，然后才能确定什么是第一位的东西。原则论证它被支配的东西，而它的自我论证只能依靠它所主导的东西。因此，它既是最终结果，又是该结果的条件本身。

　　人们可能会以为那里存在着某种矛盾：综合确实反馈到它所预设的分

析，不管人们是否将它们分开。但是对亚里士多德而言，那恰恰是两种不同的秩序。知识秩序和本体论秩序，认知理性（la *ratio cognoscendi*）和基本理性（la *ratio essendi*）。在基本理性中处于第一位的东西，在认知理性中则处于最后位置；因而，原则可以是结果，但只能以某种不同的知性路径的产品名义。我们有两种类型的原则①：支撑以确立综合原则而结束的方法的原则自身不在综合活动以内。我们仍然可以自问，在这样的条件下，人们怎么可能肯定综合、基本理性与分析、与辩证法相隔断呢，没有后者，它自身本来就无法存在。因为肯定自立还不足以创造自立。正是从这里我们可以清楚地看到柏拉图主义何以能够作为历史模式而运行。其实，柏拉图因为未能通过可以建立差异并进而明确到达这种回答的言语来承担精神的叩问性，而提出问题学的无差异作为回答行为的准则。亚里士多德则颁布显然具有很大分析成分的综合，受到某种特殊性的支持，后者可以使它自立，以为这样可以恰当地面对要把不可分割的东西劈开的必要性。但这是不够的，我们下面还将看到，各种困难将再次转移。

怎么来看待认知理性和基本理性这种双重建构呢？标记着后者的综合不会让人们看出它与"思维的顺序"是对立的吗？人们有权这样来判断它，因为正如亚里士多德提醒的那样②，对认识的任何参照，都应该缺席于证明的三段论中。那么为什么要说综合的本性就是让我们从已知过渡到未知呢？如果说真实仅处于基本理性层面，那么此前层面时人们都处于非真实之中？P. 奥邦克（P. Aubenque）告诉我们，"然而，谈论某种起点（对于我们它只是一个依稀可见的术语）和某种自身的可认识性（它对于任何人都不是可认识性）难道没有某种反讽在内吗？"③ 二元悖论是明显的：或者知识分配在理性的两个层面，或者它是两者之一的特权。在后边这种情况下，基本理性通过知识的积累而界定，而认知理性只能是辩证

---

① "根据逻辑范畴处于前置位置的东西与根据感性范畴处于前置位置的东西不一样。在逻辑范畴里，普遍性居于前置位置；而在感性范畴里，则是个性的东西"（*Métaphysique*, A II, 1018b32）；"还有，前置和更熟悉拥有某种双重意指，因为本质上居于前置位置的东西与对于我们而言居于前置位置的东西之间没有同一性，本质上更为人们所知与我们对其知之更多之间，也没有同一性"（*Seconds Analytiques*, I, 71b30—72a）。总之，"自然的进程就是，从我们最容易了解和最清楚的事物出发走向其自身更清楚和更易于了解的事物；因为对于我们来说可认知的事物不是同一类事物，却绝对不是"（*Phisique*, I, 184a16）。

② Aristote, *Seconds Analytiques* (tr. fr. Trico, Vrin), I, 1, 71a30—71b8.

③ P. Aubenque, *Le problème de l'être chez Aristote*, p. 65（PUF, Paris, 1966）.

的、非认识性的，扎根于差强人意的说法之中；或者反之，认知理性是一种知识，但基本理性就不是了。这种情况是排除在外的，另外，像认知理性的假设一样，后者没有被蕴涵在所是的知识之内，因为知识只能是证明性的，这也是亚里士多德拒绝的东西。那么还剩下了肯定知识可以分为两个秩序，分析秩序和综合秩序的第一立场。例如我们想到了《物理学》(la *Physique*) 开卷的这一段①，在那里，知识被界定为我们对其知之更多向其"自身"更为人们所知的过渡。但是这里也一样，一些无法解决的问题出现了。综合反馈到它事实上与之分不开的分析。我们从这里重新发现了辩证法角色的全部暧昧性，它属于意见和可能范围的作用。真理与意见是互相对立的，就像问题性与非问题性的对立一样。因此，综合也应该让人们学习某种普遍性，但是，正如奥邦克所说，这种普遍性确确实实不会使任何人感兴趣。基本理性不能离开它所设定的认知理性，但应该与之彻底地相区别，因为非问题性不能建立在问题性的基础上。亚里士多德自己本应该喜欢也能够仅仅颁布说，在这种情况下，这两种秩序没有任何共同之处，但是仔细检查起来，它们却紧密地互相渗透着。相对于另一种理性，认知理性既是多余的又是必要的，既是认识的又是非认识的。仅仅表述说拥有"能够使人们绝对增长认识的普遍性"未能解决任何问题，因为亚里士多德比任何别人更不相信普遍性可以脱离个性。总之，作为唯一可接受方案而确立的一分为二的做法，很难占据上风，理由是，非问题性再一次不能享有亚里士多德希望指示给它的自立性。让我们暂时想想辩证法的暧昧角色吧。亚里士多德是怎么说的？辩证法的统一性就是向科学提供它的各种前提："有关每种科学的首要原则，事实上，不可能基于相关科学自身的原则来思考它们，因为原则是所有其他部分的首要元素；人们只能通过关涉每种元素的可能性的种种意见，对它们作出必要的解释"②。从好的逻辑出发，亚里士多德不能肯定真理从意见中脱颖而出，因为某种

---

① "根据逻辑范畴处于前置位置的东西与根据感性范畴处于前置位置的东西不一样。在逻辑范畴里，普遍性居于前置位置；而在感性范畴里，则是个性的东西" (*Métaphysique*, A II, 1018b32)；"还有，前置和更熟悉拥有某种双重意指，因为本质上居于前置位置的东西与对于我们而言居于前置位置的东西之间没有同一性，本质上更为人们所知与我们对其知之更多之间，也没有同一性" (*Seconds Analytiques*, I, 71b30—72a)。总之，"自然的进程就是，从我们最容易了解和最清楚的事物出发走向其自身更清楚和更易于了解的事物；因为对于我们来说可认知的事物不是同一类事物，却绝对不是" (*Phisique*, I, 184a16)。

② *Topique*, I, 2, 101b.

不可缩减的品质性鸿沟把它们相隔离。某种本质性的差异使它们遥不可及，这一点亚里士多德说得很清楚①。在这些条件下，为什么要肯定相反的东西呢？回答很简单：这种情况来自隐性的分析和蕴涵在综合中的分析：与把理性一分为二和劈开的必要性联姻的是，达到这种目的的不可能性。如果需要我们规定叩问从哪些方面允许人们达到科学的各种前提，人们会说，通过取消交替性和某种问题外关联的浮现。如果这种关联从某种矛盾中，或者像今天学术界所说的那样，从来自主观性方法的某种疑难中吸取其源泉，无关紧要。因为结果确实是对排除任何其他回答的回答。辩证法与产生这样一种原初知识的哲学之间的差异，在于后者在某种纯粹理论性的辩论中没有对手可面对②。问题扎根于事物的本性中，而非扎根于个体之间的对立中。疑难要求分离疑难，即从其各种回答的矛盾性中检视特别问题。另外，我们从有关所有原则中最根本的无矛盾原则的"证明"中也看到了这种辩证方法。这样一种原则是无法证明的，因为它在证明中是预设的。有缺陷的循环，或窃取论点（*petitio principli*）或者还有预期问题（*question-begging*），都假设人们在问题中已经给出了回答，这就使问题成为多余，因为并非真正有问题。下述发现是很有意义的，即在亚里士多德看来，有缺陷的循环界定着命题联系的特点，且并不真正反映为叩问术语：循环隐藏在推论、三段论中，直至阻止它的进行。要使推论得以进展，应该区分前提与结论。由此产生了著名的三段论定义，它似乎自我确立为某种明证性，但其有效性只有问题学的意义："三段论是某种言语，在这种言语里，某些事物已经假定，这些已知条件以外的其他东西仅仅因为这些已知条件就必然从它们中诞生出来"③。三段论仅因为问题学的差异才能存在。取消了问题学的差异，您将得到预期问题的某种程序：没有任何东西能够从前提中脱颖而出，除了它自身被复制一遍。综合性知识的增加特征来自问题与回答的差异化。然而为了避免要通过不可迂回的某种问题性来定位综合，亚里士多德甚至把辩证法的推论命题化了。所有这一切都很明显地提出了作为叩问性概念的辩证法的定位问题。

---

① 关于这一点更细节的东西，参阅 J. M. Le Blond, *Op. cit.*, p. 44 et sv.
② *Toniques*, VIII, 1, 155b10.
③ *Premiers Analytiques*, 24b18—22.

亚里士多德的辩证法是一种叩问理论吗？

如果通过叩问理论的概念我们想表达作者明确谈论提问的意思，那么亚里士多德拥有某种叩问理论。然而，倘若叩问应该是变相的命题主义以外的其他东西，那么我担心亚里士多德在其向我们展示的辩证法的理论化中把去问题学的差异化永恒化了。人们最多只能说，亚里士多德被迫谈论叩问性并把它断定化，因为他不能省略了蕴涵在综合中的某种分析。通过哲学史有时还掌握着其秘密的这些混淆之一，人们经常读到这样的说法，说亚里士多德像柏拉图和苏格拉底一样，是一个"伟大的叩问者"，还说他相信叩问的动力。那么应该对本节开始引用的《论辩家的反驳》（*Réfutations sophistiques*）中的这句话视而不见吗？这句话如下："任何旨在显示任何事物之本质的方法都不是从问题开始的"。需要重温的是，因为反问是纯粹否定性的、反驳性的，而辩证法不能仅仅是这样，所以它不能只是反问。另外，处于第一位置的不是问题，而是种种意见，它们激发或不激发种种问题。"一个辩证问题（……）应该是这样一件事情，庸俗之人对于它没有任何意见，不管是支持的意见还是反对的意见，或者他的某种意见与智者的意见相反，或者还有智者的意见与俗人的意见相反，或者还有最后一种情况，即智者们之间的意见有分歧或者一般人之间的意见有分歧。"① 问题诞生于分歧；诞生的各种方式刚刚向我们重温了。然而，如果任何问题都预设某种"可能的论点"，就像《论贴题》（les *Topiques*）里所说的那样，后者不回答任何问题，如果人们想避免对问题的无限上溯，那么这种"可能的论点"应该位于首位。位于起点的是命题，是不回答任何问题的答案。简言之，"任何拥有正常理智的人不会提出任何人都不接受的东西，也不会把大家或大多数人都视为显而易见的事情作为问题提出来"②。另外，即使在辩证性反问的构成部分里，人们也是从预先的断定出发。提问者攻击一种回答，因为这是他的作用，回答如果反击了，或者相反的意见垮塌了，回答就被接受。提出的各种问题像预先建立起来的，或者更准确地说像预先找到的面对结论的种种前提一样运转。面对最

---

① *Toniques*, I, 11, 104b.

② Ibid. , I, 10, 104a7.

初的论点，它们上溯性地、分析性地运行，乃是初始论点的结果。"与科学相反，修辞学和辩证法相当于某种反向的思想运动：它们从结论上溯到前提。事实上，在修辞学或辩证性的论据化里，人们预先已经知道了结论（……）。需要发现的东西（……），是各种前提，即各种命题，从它们开始，人们可以建构已经知道的结论。"① 种种问题—前提只能是重新皈依的种种命题。更有甚者，面对已经拥有的"回答"，各种问题仅仅是"修辞"而已。切莫惊奇，问题和命题享有命题主义酷爱的皈依性和互易性："问题与命题的差异主要在于句子的表达方式。（……）那么很自然地就产生了下述现象，即问题和命题的数量相等，因为只要简单改变句子的表达方式，人们就可以把任何命题变成一个问题"②。一个问题，一个辩证性命题，归咎于一个真实的或错误的命题，而目的在于建立问题或辩证性命题：问题仅仅作为交替性命题而存在。一个反馈到某种交替性命题之内容，在那里唯一的目的就是获得关于这个命题内容的"是"或"不是"的问题，那么它的基本性能是什么呢？其功能只能是对包含在问题中的命题的论证或者反驳、撤销，它们的功能性质是一样的。所要求的东西就是确认或者撤销：不需要寻找任何更多的东西；只有拥有有效结果身份的知识才是知识。因此，命题是基本的，而它的辩证法经历则是次要的、临时的、偶然的。辩证法被非常奇怪地放在科学性的论坛上来评判，对于我们这些已经看清这种压缩态度之起源的人并不奇怪，但是正如亚里士多德在《论辩家的反驳》（II，171a18）里所说的那样，对于那些宣称从辩证法中看到了某种情欲学（une erotétique）的人，看到了从叩问自身开始而非从必然摧毁它的那些东西开始对叩问的某种耦合的人，是非常奇怪的。应该把反问性归咎于交替性选择、因为矛盾性是一种命题性概念吗？亚里士多德清楚地说应该或者否定或者肯定：我们理解得很清楚，从此开始，叩问最终只能是这样，或者最佳情况下也是对这种形态的准备。那么如何处理不断物化的命题主义的差异呢，那里真理的思想是核心理念，又该如何处理辩证法呢？后者不证明、也不反馈到某种命题，但是它要求这样做：它从什么东西中发现的命题，它为什么不像综合一样思维，它为什么不一下

---

① Pierre Hadot, "Philosophie, dialectique, rhétorique dans l'antiquité", *Studia Philosophica*, 39, 1980, p. 145.

② Ibid., I, 4, 101b28 et suiv.

子就参照预先建立的命题呢？肯定"在证明中，不可能反问"，因为人们
禁止对疑难、对相反意见的任何使用（*Seconds Analytiques*，I，11，33），
不啻于稍嫌仓促地设定在科学推论中不能提出任何问题，循环性的检视已经
反驳了这种意见。因而辩证法只能附带反问，在这一点上，评论家们的意
见似乎是一致的①：重要的是命题的处理，命运留给假设中、交替性中的
命题，这种意见唯有下述意指：把命题界定为其表语可能与它们本身不同
的某种交替。这里的差别在于主导语词，或者相当于同样事物即身份的东
西。相反的表语给出相反的命题，然而仅有差异的表语则简单地取消了命
题的必要性。这里的差异足以质疑命题（的真理性），因为它准许另一
命题的可能性。因此，回答不是唯一的，这意味着问题没有解决，它将
继续提出。某种交替诞生于人们可以指定给一主语的各种表语的唯一差
异，这种情况可以导致某种二元性，而真理对非它——这里指的是虚假
的东西——的排斥是不能宽容上述二元性的。辩证法与科学一样，旨在
寻找并建立某种命题：这既是事物的终点（le *terminus a quo*），也是探索
的终点（le *terminus ad quem*）。"我们在命题本身中区分了多少种类，就有
多少选择命题的方式"（*Topiques*，I，14，105a33），而这种情况显然关涉意
指、获取，尤其关涉一揽子覆盖辩证场全部的真实性和差异（*Topiques*，I，
13）。让我们重温命题与问题的等同吧：三段论思维成了将它们去差异化
的统一性。三段论包含着它的隐形分析以及交替性与必然性之间剩余的差
异化。人们不再叩问：而是推理，推理就是提问。"构成辩证性论据的元
素与作为推论主题的元素数量上是相等的，身份上也是一致的（……）。
须知，任何命题，像任何问题一样，或者表达自身特性，或者表达类型，
或者表达偶然性，因为差异也一样，由于它与类型的性质一致，应该与类
型放在同一行列。"② 这 4 列是差异的一些变化，即本质的差异和归诸可
能的差异。定义与固有属性一样，它们是主体、物质的相互性，犹如分别
在"合适的就是美的"和"人是一种可以学习语法的生物"里一样，这
不是一种定义。其他表语可以以某种不同的程度属于主语，像类型一样，
它不仅属于主语，还属于其他成分，也像偶然性一样，偶然性的反面可以
属于主语。由于定义尤其是某种一致或差异的问题（*Topiques*，I，5，

---

① P. Aubenque, *Op. cit.*, p. 255. J. M. Le Blond, *Op. cit.*, p. 26.
② *Toniques*, I, 4, 101b15.

102a8），而"我们所列举的所有概念在一定意义上都可以拥有定义的性质"（*Topiques*，I，6，102b33），因而，正是主语与表语之间的互动，作为被划掉的回答的命题性的构成，占据着亚里士多德的思想。在命题内发挥纽带作用的，即本是。差异及上面列举的它的四种方式，将吸纳问题学的差异：今后的差异将是本体论的差异，而通过认知理性与基本理性的分裂，人们将面临本是与认识的背离，它们既是分离的又是不可分离的，总而言之被悖论性地连接在一起。非批评性差异（回答的差异）的四种方式于是仅成了界定回答行为的方式，处置问题的界定方式，这样一种起源于提问之外其他地方的回答自毁于某种言语中，后者把元理论性与其对象统一于无差异化和自足的逻各斯的中性之中。辩证法像综合一样，行将本体论化，然而，在某种意义上，辩证法难道不是综合性的，就像辩证性分析一样，同样且不可分割地具有综合性吗？

在接触本体论的线索之前，应该回到我们在非矛盾性原则的建立中找到的被落实的原则的辩证性。这种辩证性对问题学有什么意义呢？我们不妨重温一遍，这里的实质是要展示，如果人们不能证明这一原则，人们至少可以说，在反驳任何可能的驳斥时，它是无可辩驳的。亚里士多德告诉我们，该原则的一名反对者已经验证了这一点，他采用了矛盾的做法并由此甚至奠定了对无矛盾的尊重；这样做的结果是，他摧毁了自己立场的内容。对于我们而言，重要的不是弄清亚里士多德是否有道理。我们完全可以反驳他说，原则反对者最后的不和谐状态符合他本人的计划。更为重要的是，这个规定人们否定或肯定的原则必然没有其他论证，只有不可超越地重复它自身。辩证法没有怎么产生其他结果，只是确认了命题主义最不成立的东西。人们原本可以希望，不矛盾原则的某种有效化——因为人们不能谈论证明——将使它辩证化，把它与它的辩证本性亦即与它的反问本性关联起来，并至少把这个原则确立为回答行为的原则。如果这个原则不能十分和谐地仅因为扎根于辩证性而占据鳌头，那是因为它自身就是辩证性的，另外它自己对此说得很清楚；它是辩证性的原则，它通过规定对立意见的处理而影响着它们。但是，这样的事情什么都没有发生，这有力地证明了辩证法只是命题主义的一种形式，科学是命题主义的另一种形式。这个原则没有反问性的建构，也仅因为如此它才有意义：那么它就只剩下提供其反驳性的无可辩驳性。

至于对问题学的去差异现象，我们已经看过，它通过把问题压缩为命题而影响着整个辩证场，命题在其可能的矛盾性中又被带向各种变异，这种矛盾性通过最弱势的变异创立了交替现象（即问题），因为回答的单义性不复存在。类别（le genre）、定义、特性和偶发性就是这样的压缩器。另外我们在种类（des *catégories*）层面也看到了某种类似的路径。奥邦克说："这方面的典型特征是，亚里士多德用提问形式来界定种类。"① 事实上，如果我们对照十个种类的清单，其中六个都是希腊语本身的疑问形式，而十种形式全部在最后分析中都参照了疑问形式②：例如行动，就相当于"X 做了什么"的问题。卡恩（Kahn）提醒我们注意，奥克海姆（Ockham）第一个发现了这种现象，他从中看到了主题、本质的本体论问题的各种形式。总之，种类起初服务于提问，然后才成为界定谓语的方式，然后才在某种程度上变成了断定口气。由此在《论切题》（les *Topiques*）中才出现了种类与我们上边谈过的认证方式（身份的确定方式）的共存现象。这些认证方式与多重问题相关，构成种种标志和来源。另外，由于回答取消多元性，取消差异性，那么就需要界定言语中的代替性的各种标志。一个种类就代表这样一种标志：它指示在总体上处于歧义和多元形态的逻各斯中被圈定清楚的某种单义性场域③。由于本体论的作用日渐增长，它将在两种秩序的悖论性交叉中代替它们之间的耦合，人们将看到种类向本体论的滑动，正如查理·卡恩（Charles Kahn）所卓越证实的那样。存在的统一性与其表述的多重方式，它们的多元性是不可克服的，这就使得某种正面的本体论是不可能的（奥邦克），这种统一性和表述多重方式的现象覆盖了命题多元性和命题身份的二重性，亦即问题性与正式取消问题性之间的二重性。行将代替没有自己对象并因此而可以讨论所有对象的辩证法，是本体论，本体论的普遍性是不可超越的，它的功绩就是把问题性与非问题性不可压缩的对立转移到某种关注层面，而在这个层面它不再有任何地位：存在（是）难道不是毫无差异地适用于所有事物的共同特征吗？存在的统一性今后将承载被拒斥的非批评性决定（回答的决定）的全部分量。我说的是"被拒斥"，因为"X 是什么？"的问题将伴随着无法与某种并非来自深思熟虑之叩问性的先验之物来哲学地思维哲

---

① *Op. cit.*, p. 187.

② Charles Kahn, "Questions and Categories" in *Questions*, p. 227（H. Hiz, ed. Reidel, Dordrecht, 1979）.

③ C. Kahn, Ibid., p. 229.

学叩问的不可能性。命题主义支配了辩证法和科学，统一命题主义范围的本体论将成为基本的哲学思维。

作为亚里士多德心目中的基本问题的"本是"问题，将记录在柏拉图把辩证法分裂为综合与分析的这种裂变中。人们说这个问题是首要问题，是所有首要问题中排在第一位的问题，但是如果不预设某种让人们可以说他们更多谈论的是 X 而不是 Y 的任何差异，那么如何来解决上述问题呢？本质与现象的这种区分也出现在《第二类分析》（*Seconds Analytiques*）卷2 开卷的问题的类型学中：我们看到了 un savoir *que*，un savoir *si*，un savoir *pourquoi* 和 un savoir du *ce que*。归根结底，这是排除来自一开始就给出之命题内容的交替意见的四种可能性：*que*（*oti*）直接参照 *pourquoi*（*dioti*）也用一个命题所论证的命题事实；*si*（*ei esti*）建立 *ce que*（*ti esti*）确定为这样的命题。换言之，*ce que* 永远回答提出的问题，但是人们可以不很直接地面对某种命题的选择（*si*）然后选择之（*que*），当然要通过建立此种命题，而不是任何其他命题（*pourquoi*）。

X 的本质不是排在最前边的东西：应该对 X 了解很多才能言说什么是它的本质。苏格拉底的问题"X 是什么？"只有相对于某种反向运动时才是第一位的。这就说明，它是在第二顺序内部预设的：元物理学只有在把所是与认识分开的某种智识世界里才是第一哲学。这是一种很难承担的区分，因为人们怎么可能提出所是的问题而不处于某种肯定和认识同时出现的环境中呢？反之，人们怎么可能想象认识某种不存在（不是）的东西呢？由此产生了由于设计很差而同样永恒和荒诞的争论，争论的主题是"所是"优先于认识（存在着认识之是）还是相反（所是自身不存在；这样，当人们肯定它时，那么就等于自我驳斥）。

让我们走得更远一些：当人们询问"X 是什么？"时，人们究竟在询问什么呢？没有任何东西说人们应该提供、能够提供亚里士多德和其他人所谓本质的东西。如果我们推而广之，所是只不过是这种绝对的预设，这种预设是空洞的，仅是虚无和运动而已。在任何形态下，关于事物所是的问题，或者关于本是（l'Etre）的问题都记录在同一直线上：取消问题学，对它的偏移自然提到过它，但是在纯粹形式的某种言语内发生的。至于叩问，无论如何，在亚里士多德那里，它已经只是辩证法的一部分了。

从是之问题到问题之是

现在到了对有关提问的辩证化这一章节作结论的时候了，细究之下，它应该只是本体论中拒绝提问的建立阶段。我们看过：亚里士多德在某种综合性运动内部把所是问题孤立起来，人为地使它实际成为该运动中的第一问题。人们还可以支持分析与综合是完全可以相互分配的活动：在科学中与在哲学中一样。人们可以更多地相信本体论的普遍化将囊括一切。无论如何，基本理性使本体论化获得了某种自立化。而这是一种知识。那么认知理性还能认识什么，还能使人们认识什么呢？它应该做到的东西，却做不到。

本是与现是的这种著名区分没有任何当代性。它不是任何其他东西，只不过是两种理性分道扬镳的结果。正是因为它们的吻合是不可能的，基本理性之是才永远不可能等同于认知理性的参考性认识。假如本是永远只是某种事后的产品，就不会有本体论上的差异了。肯定本是处于任何肯定的基础，不啻于忘记了引向综合、引向相反运动，使最后变成第一位的运动。倘若看不到本体论对综合场域的占领——本体论也是回答活动的受害者，回答被作为规范粘贴在几何学家们看来必然是分析活动的任何辩证化上面——人们就可能堕入我们不管是在柏拉图那里还是在海德格尔那里都发现的错误类型：例如为了确认某人的疾病，我应该预先知道什么是疾病；或者还有，为了能够在现在、过去和未来找到我的影子，我应该知道什么是时间。正如圣·奥古斯丁（Saint Augustin）正确指出的那样，相反的事情恰恰永远发生。我们还可以继续上述思维：人们应该知道何谓提问然后才提问吗？所有这一切明显都是荒诞的，而人们的共感已经正确地提升到反对简化为本体论的哲学意图，并肯定我们不需要关于 X 或 Y 是什么的所谓先决知识然后才与它们一起活动。它们没有任何东西是先决的，除非仅对于这些因为他们的本体论关注而脱离了真实的哲学家。一个无神论者可以是一个优秀的几何学家，就像一个细木匠可以是木材的行家里手一样，尽管他没有思考过自己的本质。当事实与本体论相反，而后者又被大家众口一词地等同于哲学时，我们怎么能合理地希望以相反的意见说服我们的细木匠呢？正是在这个阶段，我觉得，根基的思想失去了它的信誉，而在很多人的头脑里变成了某种智识造作，而且还是贫瘠的智识造作。因为长久以来，人们一直误解了根基性。

　　让我们近距离地考察"X 是什么？"这个问题。在这个问题里，没有任何东西规定它更多的是本质问题而不是其他东西，例如某种特性。当人们询问"X 或 Y 是什么？"的时候，人们究竟在询问什么呢？让我们在考察问题本身的形式结构前，先举一个例子。什么是文学呢？这其实是一个很好的问题。但是它没有规定满足它的回答类型。这种说法的证据是，通过一个问题，人们可以获得许多东西：什么东西使语言成了文学？使一部作品被称为文学的条件是什么？人们称之为文学的东西所产生的效果是什么？等等。这些问题中的任何一个当然都不能穷尽文学场，但是它们全都可以再现提问者通过其原初询问想知道的东西。这种探寻关涉某种语言类型、某种效果或者一系列文本，都无关紧要。也许语言的本质甚至就被圈定在这里或那里。但是，这种本质并非先验地就是"什么是文学？"的问题所在，因为这个提问并没有说某种本质存在着并恰恰就是这个问题。人们当然可以这样想，但是倘若预设了本是、本质构成"什么是文学？"这个问题的对象，这显然就处于某种问题外了，或者这个问题典型的问题外了，即取消该问题的东西；而这正是本体论的功能。叩问关闭在本质上：在亚里士多德那里它已经就是这种情况。让我们重温下述事实：人们无法证明本质。须知，我们已经看过，证明就是建立问题学的差异，但是是以命题的方式。正是这种推论概念，在那里，任何问题学的东西都没有出现，被亚里士多德法典化，并以如此形态两千多年以来一直占据鳌头。非循环性奠定了处于三段论游戏中的"另一事物"；然而在演绎中为什么更需要"另一事物"而不是同一事物呢？作者没有告诉我们，尤其是从笛卡尔到斯图加特·穆尔（Stuart Mill）等许多人不断地重复说，推论的结论里没有其他事物，只有种种前提的内容。如此而已。这里引起我们注意的是，推论的命题化是推论的一种错误概念。它不能解释为纯粹断定性的简单的命题网络。

　　本质不能被证明的事实源自它是推论的主题，这是任何三段论把我们反馈到的提问以外的东西。否则，人们将再次陷入窃取论点、陷入某种预期问题的程序。于是本质、主题就处于问题外了；它甚至是允许提问的东西，就是这里的三段论。环扣被扣上了：本质就是问题的条件并决定着问题。被讨论的东西，甚至众说纷纭的东西，被表语化了。于是我们就有了命题主义的著名法典：一个判断由一个主语和一个认证它（本是）的谓语组成，而不再像在柏拉图那里一样，由理念的种种混合组成。正如亚里士多德在《形而上学》里具体阐述的那样，被以许多方式表述的本是的统一性就是本质。

一切都是推论，因为人们拥有了对问题学差异的普遍的命题化。辩证法像本体论一样，将受三段论帝国的操控，将把已经分离的分析与综合的分裂变得比以往任何时候都更神秘化了。如果说柏拉图不能分别设想分析与综合，因为综合包含在分析之内，综合应该与之分开以便验证它，于是产生了把这一切都会合在一起的辩证法，亚里士多德最终没能做得更好一些。无疑，他将编制辩证法的各种规则和三段论的各种形式，但是这不足以有效地转移对问题学的压缩、转移对它的无差异化本身，这种无差异化被颁布在其他地方，后者只字未提问题化。人们在论据化中推论，就像在科学中学习那样。最出名和最不熟悉的都是三段论引进的辩证法的种种概念，才能使自己能够运转，具有综合性。

倘若确有一种中性的、普遍性的问题，可以回答的问题，那就是苏格拉底的问题。所有其他问题都有种种限制性的预设，另外也蕴涵在它们的回答中。当"X是什么？"的问题让它的回答与它的预设即X是这或是那相吻合时，后者恰恰就是人们探寻的东西。这等于说它没有预设任何东西，任何回答都可以适合，或者它还指示任何预设从分析角度都是可能的，如康德所说的那样。人们也可以肯定，相对于任何问题，包括其预设就是回答的问题，它都是第一位的，正如人们有权说它是空洞的，且货真价实地与解决它的东西没有区别。第一位的，是综合角度第一位的；逻辑角度第一位的，即使从柏拉图起，尤其从亚里士多德起，本体论占据了综合场域的全部。本是与认识的区分非常难，尽管某些人付出了很多努力，尤其是现在，目的在于把本体论更彻底地分离出来。需要明确看到的是，本体论的彻底化基本上是在亚里士多德那里发生的。柏拉图认为，分析包含着综合，因为人们看不出，没有分析与综合之逆向运动的先验互动，什么东西可以使综合能够检验分析路径。换言之，它将神奇般地对分析给予检验，而它被肯定是独立于分析的。综合不可能自行运转，柏拉图对这一点是清楚的，所以他才把分析与综合重新组合在同一整体内部，即辩证法，不过真的没有什么成效。亚里士多德不可能通过再次分离它们而从柏拉图式的辩证法中抽身而出，同时又非常正确地把综合与他相应的分析相同化。两个范畴的分离可以避免两种起点的矛盾，但是它让人们错误地理解知识的分配，归根结底知识是无法分配的。亚里士多德只能把综合本体论化，并由此开始，把分析囊括在综合之内：于是到处都是本是。于是，本是的统一性变成了谜团，因为它以名目繁多的方式去表述：多元性，亦即分析性的辩证化；统一性，亦即可以引发证明性三段论的强制性的推论。问题性与非问题性的对立被转移，被本体论化，这是更正确的说法。至于认知理性，它与本是没有关联，但准备了这种真理关系，它将与现是接触，除非是与表象接触，或者与表现接触，如果我们想对各种现象更仁慈一些的话。本体论的各种大的二元论都与亚里士多德一起确定下来。综合与分析将去除多元化现象，创造出所有的二分法：如同人们在科学和一般思维中发现它们的那样。从苏格拉底的"X 是什么？"问题开始的本体论将首先是综合的，下面包含着隐性的分析，后者根据需要而打开。这与本体论的谱系是完全相符的：本是的问题来填充问题之是，使得任何问题最终都归于问题之是。本体论应该建立综合，否则，后者将会拥有某种无法解决的起点问题。另外，综合也不可能真正地自立起来，它只能反馈到它的第二个自我（son *alter ego*），并想把它外部化。这样人们就再一次面对无法清楚地把综合去分析性的境遇，除非通过颁布法则的途径。本体论是希腊人为了达到不可能性而作出的最高努力。

本是问题的分析把我们推向作为终极意指的本质。为此而付出的代价是对问题学的再次无差异化，而当人们标示出某种差异时，它是通过纯粹的内在批评发现的有待克服的某种障碍的见证：本是的多元性应该落脚于统一性，我们知道，亚里士多德没有能够将其概念化。运用本体论的先验论是唯一开放的道路，而人们再次与上帝一起转移了困难。

但是，本是问题只能通过阅读的力量冲击反馈到天界（l'*ousia*），而我们看到了它的根源所在。对于一个"X 是什么？"的问题，唯一有效的阅读是，本是指示回答的多元性，作为先验记录的种种可能性，因为有问题提出。这种多元性通过回答的多重性、回答与问题的差异、通过问题学的差异，界定问题的统一性。相对于这种与上述问题贴得最紧、又没有从外部为它指定某种它没有的角色的阅读，本体论是一种偏移。本是是提问的操作者，因为它指出了问题学的差异。它并不迫使人们寻找本质，因为苏格拉底的问题没有更多地要求任何回答而非另一种回答，苏氏的问题因为人们无法思考这样的叩问而变成了本体论。

至于存在（l'Etre，本是）本身，作为问题，如果不参照叩问并进而停止对它的摧毁，是不能孤立地成为问题的，这蕴涵着对本体论的颠覆，我们已经看到，这种颠覆构成了问题学。

第三章

从命题理性到叩问理性

理性的危机

西方的理性处于危机之中。它可以把一切都变得有理，除了需要把一切都变得有理这一事实以外。这样，理性就变成了一种价值，变成了任何价值的规范本身；变成了典型的"绝对命令"。在如此变成某种道德要求后，理性就不受任何必然性的支持，因为它奠定所有的必然性。然而根基受到了质疑：因为我们所有人从笛卡尔那里继承来的理性的明证性，失去了它的奠定性含义；这里指的是主体死亡了，恰恰就是"我思故我在"的著名的"笛卡尔主体"，我们不妨重温一下，他的功能就是置之于任何可能问题的问题外，做它的绝对的、彻底的和普遍性解决的钥匙。至于伦理场域的颠覆，则结束于康德，笛卡尔的谨慎态度更喜欢缺席于这种伦理场域。

随着笛卡尔的主体被质疑，理性的核心受到了打击：由于缺乏着眼于解决的根基，那么理性的全部就重新处于问题化的状态。这是一种演绎性的、命题性的、在某种基本的断定中支持理性的断定性，像"我思故我在"那样，在其本身的断定性中检验其断定的内容。人们一下子沉入命题性中，后者通过它所给出的无可辩驳的明证性，思考它自身的封闭性。

笛卡尔确实是我们的理性命运的思想家，包括我们今天所经历的理性模式的崩溃。如果说根基的危机动摇了继承来的理性，把它导向某些目的和某些独特的方式，它只是空洞地而没有深刻地改变它。显然，被如此界定的思想空间只是简单地缺少了一个符号，并没有真正超越今后其根本性的缺乏滋养的事实。

科学和技术的例子演示了我们的话。理性的危机不是任何其他东西，而是某种主体的危机。统一我们世界观的起点的缺失并没有摧毁这种世界观，而是仅仅把它碎片化了。自此，没有主体的科学，像反人性的伦理规范一样，很可能自由地涌现，没有记录到其他账户上，而是返回到它们自己的保险账户上。碎片化的、自立的内在理性将必然受到效率的担保，因为它仅依赖自己，就像"我思故我在"一样，建立了自己的瞬时解决规范，并没有相对于某种整体，后者内在的、然而整体的规范是缺失的。新理性将是分析性的，意思是说，它分解各种问题，但是并不关心反过来把它们融入种种更大的整体内，后者才赋予它们以意义。

从深层讲，这样一种普遍化的碎片化运动意味着什么呢？第一个回答是：它给出理性的某种统一形象，因为全部理性都有这样的特征；这是一种悖论性的形象，因为内容恰恰与这种风貌相反。倘若一切都撕碎了，都自立为碎块，成为运作的片断性规范，那就没有真正意义上的规范的单一模式，除非这种现象本身，即这种破碎本身（是单一模式）。"应该一直走下去，并反问自己，终极阶段在把理性颠覆成它的反面方面难道一点也不迈出新的一步。大概是新的一步吧；然而是同样类型吧？或者其新主要是由于它的不可逆转性吧？"[1] 第二种见解是：理性的危机必然导致所有领域的某种超级理性化。思想领域的分裂与抛弃某种单一的解决规范相吻合。由此，某种适应于对象的解决方案的灵活性可以最贴近对象地建立起来。于是思想就变成操作性的，由于没有预先建立的某种单一的也许是错误的规范，因为不适应形势的特殊要求，它试图贴近这种对象。由此开始，面对对象，思想就变成了技术性的，它同时又理论化为科学。事实上，由于不能超越某种检验性的行为，理性就变得空空如也，排除了任何不能归结为体现着原子关系的科学性的命题性，而科学却是原子关系的领地。这样的思想的问题化遭到了冷遇，就必然产生技术上得到保证的某种科学的超级补偿，理由是，科学逐渐担保一个一个获得的各种成果，而不关心整体化的必要性。科学就这样同时变成了科学和思想的隐性规范，因为它体现着精神的分析性趋于完美，还因为它归根结底实现了某种统一性，由于没有某种有限责任的解决模式，后者只有在分别和特别相互参照

---

[1] D. Janicaud, *La puissance du rationnel*, p. 41（Gallimard, Paris, 1985）.

性地对待各个单位时，才能很好运转。科学性确实就是某种没有原则之思想的替代品和偏移，因而它只能是隐性的原则，只能是不能得到论证，且尤其也没有这样做而确立的规范。

那么人们所面临的两难困境如下。或者拒绝科学并为非理性开辟最丰富多彩的道路：宗教的、政治的甚至纯粹理论的道路。或者接受普遍科学化的事实和它今后与之相伴随的技术的、运作的必要性，并向所有合理的理性关上大门，这里取的是这个术语的本义，即这样一种举措的理性是不能自我建立的，并由此而毁灭。因此，不管选择何种道路，碎块般的超级理性化或不加限定的非理性，理性都不再有建立功能，也无法自我建立。技术性地运作，"这还行"的事实将重新出现在与例如任何宗教教条主义相同的哲学层面。

那些今天抛弃科学的人们，有时是为了掩盖某种廉价培植起来的无知，他们的立场的暧昧性在于，为了重新找到某种原初的理性，他们却抨击理性最完善的形式。自此，问题就在于弄清这种抛弃是否导向愚昧主义，或者相反，它努力与愚昧主义作战。两种解决方法之间的道路是狭窄的，对科学的批判经常混杂着对某种先验思想的赞美，但这是一种无法想象和无法言说的思想，经常被以人们经历为前理性亦即反理性的历史传统的名义单纯而简单肯定有效的种种价值所吸纳。所有这一切，都不能为理性开辟某种新空间，在这种空间里，哪怕是科学的命题，也将拥有自己的位置和合法性，排列在非命题性的、非断定性的，某种真正属于建构层面的一旁。因为自从笛卡尔以来，断定性是不能自我建立的，即使人们以为它在这样做，它只能通过某种隐秘的方式，通过问题学的推论，才可能达到自我建立的目的，正如我们下面将看到的那样。理性将是问题学的，或者不是：只有这样一种概念通过把断定性囊括进叩问性之中，才能开放断定性的奠定问题，当然要牺牲作为非批评性的断定性了，后者反馈到它以位置的差异化来解决的问题化。命题主义只能落脚到没有任何内部超越的虚无上，并由此而把任何可能的出路导向隐性，或者更糟的是，导向非理性，它肯定与后者相反的普世性规范。须知，整个问题都在这里：如果说西方理性似乎穷尽了它的所有可能性，那是因为它一直是在对自身的断定性上运作的，它与笛卡尔一起思考自己内在的明证性。其实，人们断定是为了回答，而任何言语，不管它是什么言语，都不能建立在自身的层面上，似乎它不回答任何东西，不回答任何其他东西，只回答自身建立的必要性。任何断定都回答一个问题，它从这个问题中诞生。人的精神只有不断地向自己提出种种问题，才能取得进展，而不是通过对不来自任何东西，因为仅来自它们自身的种种结果的演绎和理性化。假如每个结果都应该来自其他东西且只能来自其他东西，那么起点在哪里呢？既然理性只能受到强加的某种起点的力量冲击的支持，而上帝已经死了，那么就只剩下了某种非理性的理性链条，在这个链条上，人们可以把一切都变成链条的理性，除了作为结构之初始必要性的链条本身。那么整个建筑都潜藏着危机。被设计为论证性命题链条的理性是不能成立的，而这就说明，当批评的全部注意力都出于我们已经考察过的历史原因集中在起源、根基上时，危机就不可避免地要来临的原因。西方理性的弱点就是它的起点，因为确立理性的东西应该处于未确立或自我确立的状态。今天的理性危机不是任何别的东西，而是某种理性的危机，断定性理性，或者作为独家理性的断定性，某种应该自己确立的断定性。一旦断定性地思考被断定所肯定的普世性的断定性的根基显示出问题性，那么自从希腊晨曦时期起就界定着思想之特征的断定的同质性就应该进入危机了。然而问题性是断定秩序不屑言说的东西。理性通过其普遍的命题主义把自己封闭起来了，并把努力回答某种不可避免的、彻底的、内在危机的任何解决方案都宣判为非理性的东西。西方理性不能积极地把从根基上确定它的问题性囊括进来，面对作为历史事实的问题化时，就只能分崩离析。反之，问题学昭明理性之物的理性，拆解理性的结构，即使当理性重新处于根基被截取而有益于压在它身上的被肯定为自立的上层结构时。对非断定性根基的解释是对主体危机的唯一回答，因为它通过展示作为根基问题的笛卡尔问题应该从其自身重新提出，以便面对仅仅只是理性和思想一部分的种种断定图式，恰当地恢复理性和思想，而粉碎了被压缩为纯粹和简单断定性的某种理性的方程式，这种方程式已经变得空洞无物。笛卡尔不单单是某种危机模式的历史根源，他还是第一个给出彻底叩问范例的人，诚然，他的彻底叩问很快就被转移为原初的断定性，而他一直以为后者是理性的基础；但是被排斥的叩问并没有因此而较少在场，只是在场的方式变成了隐性方式。笛卡尔方法毋庸置疑地回答了他那个时代的某种根基危机，越过它那些已经被超越的各种结果，它一直演示着应该理解为哲学根基的东西是什么。

笛卡尔的危机与当代遗产

理性的危机因而首先就是作为绝对原理性思考场域，最终占领了整个逻各斯的人的意识的某种危机。人们倘若并不希望，那么可能以为他们已经越过了负面的形而上学与新实证主义的对立而迈向超越的某种当代哲学。尽管有一套语汇，任何超越都没有真正发生。诚然，自从实证主义与虚无主义对阵以来，一方认为不可能有任何解决办法，包括科学在内，而另一方仅从自身看到了拯救的希望，水已经流淌了。在这种一直在当代思想界延续的双重逃避运动的最深处所留下的，就是某种原则的危机、人的危机、主体的危机、西方理性及其进步的危机。占据上风的隐秘理性（因为无法表述）是某种部分模式，被普遍推广至实践生活和各种科学的所有阶层，呈现为全部理性，因为它是唯一的理性。作为实用主义的、被技术性地适用于操控某种既定目标的、被局部化的理性，它只能是意识形态的，意思是说，它不能表述为理性，同时又实际运作为理性。这样，我们就得出了错误的印象，似乎某种实用主义还没有死亡，其实情况并非如此，至少从哲学的视点看如此。实用主义的特殊性恰恰就是明显想成为全部理性的明确法典化。

概而言之，我认为，正是理性的断定性被整个不可能化了。当代性有时努力把负面改造成正面，把这种历史的残疾变成某种建构性的特征：原则的缺失就这样变成了原则的某种态势，扩散变成了某种财富，主体变成了某种痕迹；隐喻的模糊的语言变成了逻各斯的本质本身。难道不需要逆来顺受吗？但是，这种做法很难掩盖它宣称从中而出的偶然性。它想把偶然性的东西、把来自已经被超越和否定的事物之某种形态的东西，变成基本特征，似乎这种否定是我们存在的某种构成性风貌。这样，思想的旧原则的死亡，人的死亡事实，既不意味着原则思想是无用的或不可能的，也不意味着人是某种痕迹、某种空格子、某种缺失。这些术语违反历史地反映了某种演变，而不反映我们的实际情况。

正是在笛卡尔主义死亡的背景下，诞生了这些概念，它们表面上的积极性更多地排斥了某种不可能超越已被超越之物、不可能充实已经变成实际空虚的形态，除非把空洞当作应该覆盖的充实，把某种原理的空洞作为积极的真实的事实。但是，继续使用这些我们知道不成立的种类，并想把这种不成立变成某种替代行为的成立特征，是悖论性的做法。说某种概念真实不再流行，但空洞地持久延续这种真实并肯定空洞就是真实，这种言行也是悖论性的。人们怎么能既支持这样的奠基者主体是无法言说的，又把这种不可言说性作为人类言语的意义本身或者作为人类真实本身的意义呢？人们难道不是从这些相同的术语出发，但是把它们颠倒之后继续这样思考吗？在德里达（Derrida）那里，根源的痕迹完全按照根源那样准确地运行：它通过自我遮蔽而自我生产并变成了效果；这里的转移就是生产。另外，原初通过某种原初的逻各斯与其自身不相符也是我们在笛卡尔那里已经发现的命题主义的某种古老理念，因为认知理性不可能把实际处于第一位置的东西确立在第一位置上；由此分析才回到先天的或先验的根源，而人们永远只能用某种时间差和某种永恒的不相符去圈定它。既想发现笛卡尔主体的死亡，同时又想通过肯定他仍然是其自身的痕迹而超越这种死亡，这样做不是很简单地处于矛盾之中吗？人们不是在论证奠基者是人这个已经变成公开承认的不可论证之物吗？德里达自己承认这一点同时又在拒斥任何批评，因为后者的唯一关注就是对和谐的认证。"例如，先验主导性的价值应该首先让人们同意它的必要性然后又让人们把它删去。主导性和痕迹的概念应该既赋予这种必要性亦赋予这种删节以权利。其实在认证逻辑中这是矛盾的和不能接受的。痕迹不仅仅是根源的消失，它在这里想表示（……）根源并没有消失（……）。然而我们却知道，（原初痕迹）这种概念摧毁了它的名称，倘若一切从痕迹开始，那就尤其没有原初痕迹"一说①。用诸如"痕迹"或"延异"这样的概念来表达主体与陈述文、与言语本身的脱节，那就变得不可思议的是，他还能是它们的主人，还能是自我表述的主人。"延异"就是这种差异，就是主体与自己不可能合拍，面对这种原初性，在言语的运动中他不断地差异化。主体在某种没有终止的能指链条中，在既展示他又使他渐行渐远的某种网络中被谈论和被意指。"能指就是对另一能指代表主体的东西"，这句著名的话语针对的就是主体与自己本身之间的鸿沟和分裂，通过交流将其异化，所谓的镜子阶段就是开始，如果不这么说，拉康（Lacan）又能怎么说呢？主体何以能够插入其言语之"我"与他本人之间呢？在巴特那里，主体不再贴近文本，他只是文本的发言人而非神学意义上的作者；如同在巴特那里一样，

---

① *De la grammatologie*, p. 90（Minuit, Paris, 1967）.

拉康也把主体变成这种缺失的在场，变成这种断裂，使得人仅仅成了符号，表意结果也脱离了与所指的固定关系，并回到自己的位置。这样，阐释学就应该破土而出了。自我以外的主体仅仅蒙面前行，通过对他自我之外的他者的排斥而建立自己的身份。他的身份就要付出这样的代价，而这个代价就是潜意识。由此，修辞与自我之间的差异就被排斥了，之所以说修辞，因为身份只是引申意义上的而不再是正确的。自我的逻辑通过个人玩自己的这种诱惑物而以主人的身份主导着，这种身份的逻辑是他自己的身份的逻辑。缺失就是没有身份，就是主体被赶下神坛的标志。然而，我们难道真的是那些为俄狄浦斯和笛卡尔而痛苦的笛卡尔式的小主体吗？难道我们更多的不是某种任何性质的回答都无法压缩的问题性吗？

笛卡尔的理性最终只能通过某种排除而存留下来，如果这次我们相信米歇尔·福柯（Michel Foucault）的话，上述排除向他保证了其作品的独占地位。排除疯子，疯子是典型的问题外，排除那些拒绝体现在社会性中的理性秩序的人们，排除所有与符合这种理性的道德行为规范擦肩而过的东西。如果有疯子和犯罪者，因而也一定有不正常的人；而性行为将很好地演示这种正常性的任意性，同时又将它落实于实践。

主体的去根基化，当然超过了德里达、拉康或福柯。它是原有和谐的分裂，在音乐中与在绘画中一样，两种艺术门类都比以往任何时候更"抽象"①。这是诗歌领域里马拉美（Mallarmé）、艾略特（Eliot）或庞德（Pound）开创的形式断裂。这是散文层面本身因为无头无尾，没有主体统揽全局而去中心化的问题性，新小说很好地演示了这种趋势；然而这也是本身变成了小说对象的神秘性，像在卡夫卡（Kafka）那里一样。我们想到了《考试》（*L'examen*）这部文本，一位仆人因为没有听懂雇佣者的问题，没有回答它们而最终被录用。正是这种不理解让这位仆人获得了成

---

① "保罗·利奇（Paul Klee）本人建立了绘画与音乐之间的联系。他把自己能够集中在画卷整个平面的分散的注意力称作多维的（……）。音乐家与画家一样，应该锻炼把自己的注意力分散在全部音乐结构上，以便能够抓住隐藏在伴奏中的多声部架构。"（A. Ehrenzweig, *L'ordre caché de l'art*, NRF, p. 59）种种整体的碎片化打碎了各种形式/形象（les *Gestalts*）以及形式与内容的关系，打破了视点的统一，"主体"的统一。"今天人们严厉地指责旋律表现音乐意识形式的权利，而支持某种更深刻的意指：音系化报废了一重相同序列的所有其他内容（……）作为某种声学原则的时间序列的同一性在视觉上的类似点是，空间分配的同一性。当人们向我们方向错乱地展现某物质时，我们很难辨认出来，而当人们模糊了其成分之间的空间关系时，就几乎不可能了。毕加索（Picasso）的肖像画恰恰就是这种情况（……）。"（Ibid., p. 68）

功。这是对作为新正面性的问题性之肯定的漂亮寓意，是对按照某种思想图式书写的卡夫卡荒诞性的寓意，这种思想图式通过问题学的无差异性，不显示出矛盾就无法回答问题性①。这就是出现在命题主义里的所谓荒诞性，作为无法用不可压缩为断定类型的正面性把问题性概念化的见证。

　　肯定无疑的是，被命题主义普遍化的断定性的逻各斯被理性的这种危机给予迎面痛击。回答行为愈来愈成为某种问题，尽管人们并不以为然；小说即使写进了作品，但不思考了。回答作为自己的对象，即关于语言的全部叩问出现了，即 20 世纪开始了。之所以说新实证主义是某种没有主体的认识论，那是因为作为逻辑主义的结构主义深入某种把主体捆绑在差异体系、捆绑在能指与所指之关系体系上的语言主义。各种神话不再有个性，不再有作者，对作者痕迹的搜索本可以保证意指的。后者从神话的应和中浮出，每个神话都是另一神话的能指。主体不是象征主义的起源，而是在象征主义之中，象征主义的结构通过差异游戏而达致一切反馈一切。主体被结构在某种网络之中，后者通过表意结果来界定他：他自身不意指任何东西。与自己本身不再认同的主体，在各种可能的差异的总体系中，成了众多差异之一。

　　海德格尔用他的"现是"（Dasein）概念已经抛弃了这个主体。但是，我们且莫弄错：我已经说过，本是是问题学的操作者，意思是说，它把问题向回答的多元性和向回答的确认开放；然而，本体论恰恰通过把"差异"放在它不是的地方而遮蔽了问题学的性质。关于本是问题的问题，通过人类的种种可能性或这个问题的各种自诩的概念化历史来考察，不是任何其他东西，而是否定问题化的问题，因为本是把问题（多元性和可能性）与回答（真实性和真实的统一性）关联起来。海德格尔的思考出现在一个问题化加剧的时代，即去除主体之根本性以确定人文主义和主体优先性之外的某种超验。随着问题化的加剧，回答行为通过保守性地回到亚里士多德的本体论，而叩问自己，在这里就是叩问本是（然后才真正冲击语言本身）是很正常的，亚里士多德的本体论通过中性转移和中性元素而封闭了任何叩问的可能性。这样思考而不再实践的本体论，是问题化增加但并未因此而变得迫在眉睫达到被专门主题化的程度的表达。因为关于本

---

　　①　关于这一切，见 M. Meyer, "Kafka : dilemme et littérature", *Annales de l' Institut de Philosophie de l' ULB*, 1985。

是的叩问，是一种拒绝叩问问题性本身的方式，以传统方式把它转移到解决方面，但是并没有从其叩问性本身叩问这种问题性。

回答行为在海德格尔那里也变成了对语言的调查。这样，在所有思想传统中，回答就越来越变成了它自己的对象。言语在文学领域也变成自我参照了，在那里，我们看到了虚构物的虚构化，看到了书中之书的出现（博尔赫斯/Borgès），看到了读者在书中的出现，书籍本身随着自己的构成而解体（卡尔维诺/Calvino）。被主题化的回答并没有作为回答而主题化，因为叩问继续受到柏拉图谴责的打击。这种思考因而出现在它所分裂的命题范围内部，回答本身就是这种分裂。本体论行将变成笛卡尔主观主义的某种超验，因为本体论的思想不能由自己来实现。人们似乎从本体论—分裂中认出了海德格尔对随着1914—1918年第一次世界大战德国失败而加深的危机的回答。然而，回答的自我反思却是以语言为主题的，语言自视为活动的对象。这种活动将被简化为命题吗？人们还能够把言语命题凝固为仅仅由它而出的东西吗？命题于是分解了：从所说过渡到言说，过渡到行动，即过渡到推出命题的事实。从陈述文向陈述行为的演变中，人们似乎放弃了简单的命题场，但并未因此而触及这样的回答行为本身，即参照建设性的叩问性本身。然而这并没有影响人们事实上引入了理由与证据的区分：言说的理由与所说内容的证据相区别，相对于有待从主体身上寻找的种种理由，这种内容反馈到扎根于对象的种种原因范围。而这里重要的是要看到超越任何自立表象而联系起来的各种基本的连接。这样发生的偏移就把主体放在了陈述活动的核心，亦把意向性放在了言语的核心，而言语就成了一种行为、一种行动、一种活动。人们把塞尔（Searle）和奥斯汀（Austin）的名字与这种新的观念化联系起来。然而，人们与言说理由、与"谁在说话？"关联起来用来解释所说内容的意义和有效性的单一事实也将确定马克思主义者的某种态度，它使人想到了阿尔都塞（Althusser）。一方面，仍然是更多地考虑理由而非考虑证据的单纯事实行将引起20世纪的修辞学新生，首先是佩雷尔曼（Perelman），然后是杜克罗（Ducrot）的努力。人们以各种类型的对立和差异的名义大概错误地拒绝看到下述事实，即所有这些方法都有一个共同点，这就是现代主体的某种一致的谱系根基，身份根基的某种相同的分裂，我们可以具体称之为费希特式的身份根基的分裂。

主体死了，这有点人再生为其他东西的意思，后者是他的新身份。主体通过修辞学、符号学的到来而分裂，通过原因的断裂而有益于非强制但很显著之种种理由的事实，这一切使得人们把主体看作修辞、看作陈述行为的场所、看作各种理由的居所，与种种证据之不可辩驳的关联居所形成了鲜明的对比。主体修辞化，取"修辞"一语的广义：他既是原来的他，但每次又都是他者，即每次又都不是他，是对物的意识，对自我的无意识，以不言的标志在言说中每次都回到对自我在场的反对，这种言说参照的也都是非他。他不再是奠基者，恰恰从谈论这一事实开始，人们因而可以更好地谈论这种形态。回答行为表现为它的活动性，在回答行为的决定下思维性转移了。可以是其他物，可以在与自我对立中进入瞬息万变的时间形态的事实，变化（A 在曾经是 B 之后变成了非 B），这一切都反馈到某种基本思想，即问题化，通过断定其构成性问题性而回答人们是什么的事实；由此产生了 A 是 B 和非 B 的现象，意思是说，他通过问题性的交替告知自我（上述逻辑）。我们是我们自己的问题包含所有的交替性，所有成为他者的机遇。然而人们就是这样去理解人的修辞化，把它理解为某种有意建立起来的回答行为？这种通过不是自己而是自身的主体不能较真地追究他是什么，人们只能想象他，他是比喻本身，他是任何比喻的源泉；他相对于命题范畴定位自己，他是命题秩序的分裂。他是这个东西。本体论，作为其永恒的不可能性之历史阅读的本体论的毁灭，现是，与自我不一致的差距，当然是在某种相对于传统、相对于某种命题范畴而基本上界定的异化中，这种命题范畴把自己要求由他来建立的要求规定给主体。两者并肩而行：倘若主体是他者，那么相对于先前的何种本体论的和时间上的真实而发生了差异化呢？而忠实义与引申义之间的对立，人们能够在去除自身之命题性标志之外去思考它吗？人之死，那是作为根基之人的消失，为了某种空洞的人类学、"过时的"、缺失的和被遗忘的人类学，回忆到脑际其不可避免但终归被克服之遗忘的被遗忘的人类学，处于断裂状态的人类学，这种决裂只是一种错误的出路，因为断裂的东西更多的是主体、根基和人的方阵。人文主义、根基主义和主体的作用只是被过分地批判了，在某种人们仅设想为彻底割断之转移的影响下，因为未能借助于反映基本变异的回答运动而捕捉住它。因为把回答引向对其自身意识的置疑甚至明显变成了问题学性质，这种质疑把主体的概念化引向 A 和非 A，这是命题主义迫使我们仅从对立形式去感知的某种交替、某种可能性，那里其实更应该视为某种问题，A 和非 A 是这种问题的符号。建议人们从人中通过非他看到他之是的修辞化向我们暗示到，这是一种引申的或形象化的谈论方式。通过这样一种语言，人们没有离开老场地，只是把它整理了一下，因为人们把新矛盾接受为某种完全合法的命题方式，自此这种方式就不再从原义上去认真对待了。命题性变成了比喻性而非问题学。一切都只是不言说已言说内容的方式，以便能够继续言说它。对语言的种种折磨使人们能够按照各种最艰涩的形式发表任何言辞，这种折磨并不远。这样一种方法直接来自人们希望能够克服但未能成功超越的某种言语性。

但是，我们可以尝试着把主体的死亡看作某种彻底断裂的标志，就像术语本身让人们去想的那样。中断性就将成为历史性的本质。没有任何东西莫不如此真实。人以核心的方式涌现出来，两个世纪后按照某种继续的逻辑作为根基而消失。把这种现象分离出来并把中断性投放到历史的一般性上，这里有着时代的错乱，而人们就是这样来分割历史的。

当人们谈论根基的时候，人们也在谈论着建立。这样一种关系从问题学角度界定为差异性的过渡，处于问题中的这种情况要求回答不要复制它。而如果回答的目的就是表达提问，那么在提问的主题化的思考层面应该建立起差别。这就是推论的性质，人是躲不开这个性质的。由于叩问不可能自我表述，推论就只能是命题式的。而它也承受着观念的某种演变，其原因时刻和机制时刻是典型的，它将把人的现实推向前台。原因的推论和人的至上地位有着内在的关联。事实上，因果关系界定为从 A 推导出 B 的某种 AB 推论的规律性。如果我们没有单一的主体 A 支撑任意可能的判断"主体"，我们就永远不会有 AB 之间某种必要的因果关系，对于这种关系，A 与非 B 的关系就不成立，就像非 A 与 B 的关系一样。这意味着 A 蕴涵着 B，一如同一原因产生同一效果一样。如果作为 A 的这个人停止了这种奠基作用，他本人也可能出现问题，即处于 A 与非 A 的交替关系中，B 可能与这种交替关系合作；这样因果关系的推论就垮塌为作为前问题学推论的符号推论（A 是有 B 的符号）。推论假如要变成因果推论并产生把因果关系之根扎在人身上的效果，它将承受何种变化呢？辅助的问题是：为什么这种演绎思维模式行将崩溃，或者更准确地说，转移到某种新的推论观念上去，在那里，人更多地服从这种推论，而不是像以前那样人慑服一切呢？

让我们从后一问题开始。

问题化愈投资思想界，主体的问题就愈多；而主体愈成为问题的对象，他作为过渡到回答之操作者支配回答行为的程度就越低。这意味着，人们更多地从其他事物开始定位主体，谈论他、他的作用和他的地位，因为他已经停止发挥原则的作用。回答行为通过对主体的质疑而形成问题，主体甚至通过逻各斯而处于被问题化的形态：被表述并由此制约着向回答过渡的言语主体于是进入问题状态，即服从于他自以为是其主人的推论活动。保证被揭穿、被赶出主人位置的主体今后将臣服于逻各斯，其规律将奇怪地（和虚假地）自立化的某种逻各斯。决定人们以人为支撑物的推论概念的因果关系将呈现为更接近"问题蕴涵着回答"的问题学关系，即从一定问题直接过渡到或不过渡到回答的这种关系。由于 A 不再形成问题，人们可以回答有关 B 即有关 "B?"，作为 B 形成了问题，这样最低的可能性是获得非 B。推论通过回答旨在排除对立项之一：人们确凿无疑地通过 A 过渡到对有关 B 的回答。人们还可以说，通过 A，B 更多地被结合进来，而非相反，于是人们说，A 的在场或 A 的这种机遇意味着 B 的在场，而不是它的对立项。用意指关系表述过渡的格式相当于逻各斯对因果关联的投资，这种因果关联去物化，并因而以逻各斯的结构为基础，而不再以人的构成性和超验性自由为基础。这种去物化现象打碎了自康德和笛卡尔以来主体作为主人的真实之建构行动，推论以陈述活动之结构的形式发生转移，脱离了参照物，后者被设定为不同的、外在的并被这些结构所制约的东西。因为，此后人们之所以还谈论参照系，那是为了去掉符号中外延参照系或不外延参照系的标志。与参照物的融会被打破：语言将谈论自己就像它谈论其他事物一样。意义与参照系：通过提及存在着参照系这一事实，人们设定了与语言外纯粹真实的某种差异，而人们又想通过语言参照性的理念本身立即看到这种差异被摧毁。这既是弗雷格（Frege）亦是索绪尔（Saussure），也是德里达或拉康，因为能指的链条将相对于所指而自立化，由此出现了"符号的专横性"。作为根基的人保证参照关联的必然性：这是如此显而易见的事实，只要这种明证性还存在，人们就不去提它。如果人们谈论能指与所指关系的差距，那说明人们事实上已经在强调以前的担保者已经不存在了，而这种相符建构的先验性的奠基没有成功。通过其符号的记录，说话者已经不再是奠基者了。人们最终应该牢记在心的，是关于推论过渡之条件本身、关于作为意指进程的它的意指而发生的逐渐过渡。这样就发生了主体的修辞化，其结果是精神分析的建立和文本分析的更新。因为主体远非作为任意回答之源泉、作为对交替性的强制性排除的回答，就这样展现为修辞场域，展现为对回答行为的先验性关闭，展现为使提问者重新落在自己身上的叩问的不可能性。提问使他可以把自己看作他者；萨特（Sartre）还在继续谈论笛卡尔的意识，但是他给里边投入了异化（从定义上）和恶意（即无意识的相异性）。如果说他是最后一个展开笛卡尔式意识主导幻想的人，他却并没有因此而避开其陷阱。

当问题是意识的悖论时，其实质到底是怎么回事呢？

A. 任何意识都是对自我的意识

相反的立论是不可能的。"如果说我的意识不是作为'是桌子'的意识，它可以是桌子的意识，但是没有对这种意识的意识，或者换言之，某种可谓无视自身的意识，某种无意识的意识，这是荒诞的。"① 毫无疑问，萨特代表着意识哲学走出自身尴尬的最后尝试。弗洛伊德主义的哲学重要性的第一个存在理由，就是面对作为绝对哲学的意识哲学所碰到的各种困难，它代表着某种开放。

B. 任何意识并不必然是对其自身的意识

事实上，继萨特之后，如果说人们把上边的 A 条作为一个真实的命题，但是人们也不能否认 B 也是一条真实的命题。"通常，当我们意识到一个物体时，我们不会同时意识到这种意识。对我们意识行为的关注实际上使我们想施加在它们身上的行动变得不太准确和不太有效。"② 例如，当我做某事时，我并不意识到我在做这件事。我做下去，仅此而已。"你认识的事情越多，你对认识本身的认识便越少。这是似乎无意义的经验确认的东西。人们在感知事物时不仅不了解什么是感知活动，然而甚至也不知道自己在感知（……）。最进化的人，最复杂的人，在他无数举措的大部分活动中（……）不知道他正在认知什么，没有意识到他的意识（……）。倘若我看到什么颜色，什么形式，倘若我回想起自己过去的某个场景，如果把某些想法组合或分离开来，如果说我在进行一系列的思维，我不一定意识到我在做什么（……）。假如我把观赏这幅画作和对这个问题的解决作为检视、沉思和认识的对象，我就不能自如地观赏这幅画，不能自如地解决这个问题。我不能同时认识某事和认识这种认识活动。"③

---

① Sartre, *L'être et le néant*, NRF, Paris, 1943, p. 18.

② P. D'Arcy, *La réflexion*, Paris, PUF, 1972, p. 5.

③ S. Lupasco, *Logique et contradiction*, pp. 76 et suiv. ; cité par P. D'Arcy.

例如，"主体愈关注人们向他介绍的物质……他越是沉浸于与这件物质的交易，就越忘记了自身"①。当主体数数时，他是全身心投入的：在完成他的行动时，如果他想避免错误，这大概是最希望发生的事情。

自笛卡尔起，未经思索的思想出于种种历史的原因与意识相同化。如果人们接受意识永远是对自身的意识，而未经思索的精神活动不是意识，那么会发生什么事情呢？那么，意识就将是对无意识思想的意识。但是在这样一种情况下，既然意识是对无意识思想的意识，那么它就不再是对自身的意识，这与上述假设之一（A）是相反的。为了意识到这种第二意识，需要有第三种意识，对于它而言，第二种意识是未加思索的，从上述假设来看，这还是错误的。自此，萨特肯定下述几点意见是正确的：（1）如果说意识是精神活动的特征，且（2）任何意识都是对自身的意识，那么（3）未加思索的精神活动也是意识，与经过思索的精神活动身份相同。须知，需要建立的东西恰恰就是（1）的有效性，我们行将昭示的就是它的不可能性。至于（2），我们已经看过，这个命题是不能接受的。

如果说，经过思考的意识以未加思索的意识为对象，那么要做到意识即对自身的意识，要求它是某种第三意识，后者……萨特批评胡塞尔（Husserl）的正是这种无穷的上溯。"每当被观察的意识呈现为未加思索的意识时，人们就为它们覆加上一种经过思考的结构，却轻率地宣称它是无意识的。"② 胡塞尔的《笛卡尔的沉思》（*Les Méditations cartésiennes*）的第15段明显是批评的对象，我们从中可以读出下面的话："如果我们表述正在感知世界的我，并且很自然地发现他被这个世界所吸引，那么在修正的现象学态度里，我们就将看到自我的分身；在天真地被世界所吸引的自我之上，建立了一个超然物外的观察家的现象学的自我。自我的这种分身随后可以接触某种新的思考活动，作为超验性的这种新的思考活动再次要求观察者的超然物外的态度"。

为了避免这种上溯，萨特拒绝③把意识作为意识的意向性对象。自此，对自身的意识就不是认识者—认识对象的合体，也就不能维持对自身的认识关系。那么我们反问，萨特是怎么甚至可以知道意识是如何活动的，因

---

① A. Gurvitsch, "A non – egological conception of consciousness", *Philosophy and Phenomenological Research*, I. 1941, p. 324.

② *La transcendance de l'ego*, Paris, Vrin, 1957, p. 39.

③ Sartre, *L'être et ne néant*, NRF, Paris, 1943, p. 19.

为我的意识只能以赋予我的意识的形式给予我。在这种情况下，它应该是躲开认识活动的。尽管萨特谈论某种单一的意识，但是不要陷入这种误区，我们有两种意识，或者说处于意识中的两种方式：未经思索的意识因为是意向性的而拥有某种对象；相反，思考的意识把未经思索的意识作为它的主题的内容，但是没有让它成为自己的对象（？）。自此，如果说意识只有一个，它应该是非它，而不应该是它，即意识是双重的，既意向性地指向一个对象，又不这样。通过综合，两种意识也许可以组合成一个意识，但是需要设定综合它们的第三个意识。而假如是第二个意识进行综合，那么第一个意识就不综合，它们还是两种不同的意识。

意识的悖论陈述如下：或者意识是对自身的意识，或者不是。

（1）如果意识不是对自身的意识，它对自身就是无意识的。荒唐。

（2）如果意识是对自身的意识，或者未经思索的思想是意识，或者它不是。在第二种情况下，人们就陷入了某种矛盾（因为意识是对某种无意识思想的意识，亦即意识是对不意识自身的意识）。在第一种情况下，人们也落入了某种矛盾（因为通过假设（2），某种意识思想应该是经过思考的，它不能是未加思索的）。

换成其他说法，这种悖论变成了下述情况。未加思考的思想能是意识吗？我们假设它是的。或者意识是对自身的意识，或者它不是。在第一种情况下，任何未加思索的思想只有当它已被认定未曾经过思考即不是对自身的意识，它才是可能的。我们已经显示（B）这是假的。在第二种情况下，我们可能拥有某种无意识的意识。

未加思索的思想也许不是意识？我们暂时假设它是这样的。由于意识是对未加思索之思想所瞄准的各种意向性对象的意识，那么，说意识就是对某种无意识思想的意识，这是矛盾的。

从主体的修辞学中脱胎而出的东西，就是其身份与这种变异性的分裂；矛盾将由无意识设想的引入而解决。正是无意识行将落实主体的修辞学。无意识的优先决定作用却给了主体性某种相对于它自身不断被转移的定位，某种虚构的身份，某种总体上反馈到其他事物的人身存在。他被比喻化，而"新修辞学"就其目的而言乃是人学的：拉康式的隐喻的崩溃假设是适合其对象的；即使能够言说任何东西这一事实必然摧毁这种适应性，而不管言说什么都验证了这种适应性的说法，其实是殊途同归。主体并没有因此而较少变异性，较少交替性，因为他具有问题性，亦被问题化。某种问题性仍然不能被表述，但被表述为能指，理由是，能指反馈它自身以外的其他事物，且作为这种参照化只能是其他东西。细究起来，一种参照化通过返回自身可以揭示与自我有时间差（差异）的它自己的身份。在这种对立中、在这种与自身不一致中被修辞化的主体，其定位已经构成了有待争论的问题，即使这种问题是不可思议的。

这种修辞化不是任何其他东西，仅是操作者主体的非强制性，他自身所承载的相异性，既通过他的无意识，也通过他的意识活动（关于这种意识，萨特向我们说得很清楚，它是非它，它不是它自身）。能够是他者的事实对于主体性意味着它不再是任何时间化、任何谓语变动的真正支撑。它自身处于变化之中，而这种把主体置于自己规律之下的辩证法具有下述后果，它所覆盖的人为性，作为去超验化的同义语，从推论的角度把主体放入一种更灵活的层面：修辞的，辩证的，还是符号的层面，选择什么术语已经无关紧要。它们相继反馈到事物的同一形态，即由于意识到非同一性的存在，推论在某种程度上削弱了。问题思想如果不是反馈到它先验性地允许的回答的多元性，还能反馈到什么呢？否则，还会有相同的问题吗？主体与推论处于关联状态，但是这种关系的演进禁止维持人学的主导地位。意指、意义的反馈概念取而代之，因为它可以使推论不蕴涵必要的结论，并因此而使推论过渡中的相异性成为可能。没有推论的叩问性概念，人们就处于符号的简单的非强制性状态中，似乎这个概念独自就概括了因果关联的问题化；而实际上，它遮蔽了这种问题化。观照下述事实是很重要的：因果关系与一般演绎一样，构成种种问题的一种解决方式。这样的因果关系和其他推论类型一样，作为落实问题学的种种风貌却不为人知。自此，类似，因果关系，从 A 过渡到 B 的符号关系等，就展示为自立的实体，没有被感知为某种变化过程中的时刻。按照真实风貌而非偏离方式思考的叩问，让人们看到了分离并联合这些不同时刻的距离，在解决性推论的概念化中这些时刻不是孤立的。对叩问的否定，就是对这种历史性的否定，这种否定把问题的解决程序自立为种种相互区别的时刻（甚至区分为外在的谱系），由于这些时刻也带着区别明显的名称，就更容易被孤立起来。

被作为因果关联而问题化的推论行将变成论据性的，但是这是一种完全命题性的论据性，因为它只认识互相对立的论点，而不认识人们争论的种种问题，人们还根据这些问题从种种可能对立的回答中作出决断以期获得正确的答案。从这个意义上说，人们不能满足于古老修辞学以新的形式简单再生（佩雷尔曼/Perelman），即使新修辞学的出现可由上文已经提到的理由来解释。界定从 A 到 B 之过渡但并不排除非 B 的某种推论必然会提供某种问题性的结论，而人们仅简单地说从 A 中可以发现被指示的 B。当代学者们谈论什么"蕴涵行为"，谈论建立在某种符号连续性之间关系基础上的"符号的蕴涵"，而没有看到其中的新的推论形式。假如 A 的功能就是意指 B，那么这是一种与推论的一般修辞学相关联的符号功能，在推论的一般修辞学里，B 的确定建立在 A 的基础上。为什么人们能够表述 B 呢？因为人们言说 A：A 与 B 的关联既不在于作为这类单项的 A，也不在于 B，即 A 与 B 相互参照的东西（因果关系），而在于如果人们言说 A，人们应该想到或能够言说 B 的事实。正是在言说行为而非在言说结果上，人们找到后者的理由。A 与 B 构成某种双重交替（A？B？），而推论是对预设为他者的某一问题的回答。像"让来了"这样一句话不再通过它是真实的，即不再通过任何其他考察之外而确立它的某种明证性来论证。人们更多地倾向于解释言说它的理由，超越了对其真实性的任何考虑。被言说东西的理由于是更多地存在于陈述行为而非它的内容之中。由此出现了特别具有当代特征的它们之间的关系问题。需要特别指出的是，问题化的道路虽然被借鉴，但是，它并没有因此总体上较少处于非主题的状态，因为人们并没有超过作为解决问题之程序的因果关系概念，更多地把推论的修辞学感知为与问题学某种概念相关联的概念。

让我们重新捡起我们有关主体衍变的各种问题，我们曾经说这种现象更多的是开创碎片化时代的某种彻底分裂。确切真实的是，由于没有奠基性的原则，思想雾化了：道德与意识形态一样，总而言之广义的价值不仅失去了它们的论证，且尤其失去了它们的可辩护性。所有的文化形式都在发挥解体的作用，同时它们自己也解体为众多碎片。由此出现了知识界的各种时尚。更根本的是，人们可以这样说，作为根基的人建立在某种自身也被社会的平等化进程所分解的等级化的基础上。马克思正确地揭露了大资产者的压迫，小资产者们继承了这些大资产者，似乎人们强烈要求的条件的平等化仅仅有益于那些关注着在体制内提升社会地位的人们（当小资产者地位提升时是社会主义，当它的地位下降时则是法西斯主义）。在他们看来，每个人与所有人都是平等的，这将是勒内·基拉尔（René Girard）的模拟地狱，在那里，内容、所指就是作为能指的他者，这就掏空了主体残存的固有内容和个性的担保。每个人都想占有别人想要的东西，因为他想要，而不是因为此后已经日渐衰弱的内在理由主导着这种选择。人变得没有品德，成了精疲力竭的某种自恋主义的空洞支撑，在那里，每个人都是精于侵占别人果实之人，是自身笨拙和倨傲的店铺，这种笨拙和倨傲沉浸在福利和"像大家一样"的保障之中：总之，唯有个人是重要的。依赖他者，他者的行为如出一辙，因为他是同一类人。当人们只是大量数据化中的一个小数，况且还要求这种状态时，怎样成为他者亦即自身呢？纯粹主体之死让那些经验主体们在某种镜鉴的游戏中互为参照而构成，在这种构成中，每个人都通过模仿他者之自我而瞄准自己之自我的普遍性。而这种做法是相互的。

　　如果人的纯粹主体、奠基者主体的功能在一段质疑其这种身份的演进中被问题化，真实性并不比上述事实有所逊色的是，这种功能是新近的。在文艺复兴的人文主义和笛卡尔对人的哲学概念化之前，人在事物的序列中并没有真正优越的地位。需要对柏拉图主义的某种强化和超越作为对应项的科学主义和数学主义的某种主体的出现，人们才重新找到了分析性关联的思想，以反对把它三段论化的亚里士多德的思想。这种做法的悖常效果是，某种经院主义变成了毋庸置疑的东西，不加区分地混同于科学主义，而它实际上只是低劣的修辞伎俩；几何学家们的强制性也同时失去了。这里也一样，历史就这样逐渐形成了，因为历史就是这样形成的，当事情发生时，人们并没有真正地意识到，因为事情的持续延续构成了历史的进程，而没有让各种形势一蹴而就。因果推论的出现在笛卡尔和休谟（Hume）那里拥有背景方面的相似性，然后分别变成演绎秩序与组合。并不是像福柯所说的那样，演绎与相似的世界所割断[①]，因为它排斥相似，而此前相似形成了知识。更深刻地说，正是某种模糊的同一性应该通过种种标准得到保证，在那里，人们可以通过顺序清晰地确认不同的东西，亦即分析相互区别的东西。同一性概念既支撑着相似，也支撑着演绎，后边我还将再次重复，演绎源自问题学的差异。没有问题学的差异，相似与演绎必然呈现为异质性的东西。相似把同一性放在演绎被拒绝的地方，但

---

　　① "相似不是知识的形式，而更多地是发生错误的机会，当人们没有检视呈现不明确的种种混淆之处时，也是人们所面临的危险。"（*Les mots et les choses*, p. 65）相似和演绎是两个自身聚焦于它们自身不可压缩的概念。但是，它们又是某种历史性空间、某种问题性的概念，在那里，它们代表种种时刻。

是，演绎以与相似同样的身份，在同一性的基础上操作，并进而在差异的基础上操作。在 A 与 B 之间清理出（演绎性）顺序来，得出 B 源自 A 的结果，不啻于宣布它们是相异的。寻找顺序等于要肯定这种不同一性应该被认识，而相反等同性应该建立起来。演绎时人们还进行比较，建立种种关系，我们知道，这是笛卡尔所钟爱的方法，就像《规则》（les *Règles*）和他的《几何学》（la *Géométrie*）所证明的那样。从随后一个世纪开始，从经验开始，A 与 B 之间的结合仍然是主体的事情，只要他把两者同时置于演绎之下。如果真的在命题主义里确实存在着笛卡尔式的断裂，它更多地被人们拆解为推论的某种衍变的结果，在那里，一切是一切的符号，各种问题永远找不到任何现成的回答，这就造成了回答行为的某种真正的不可能性。这种不可能性可以从下述事实中获得解释，即任何问题都以这样的方式接受种种对立项，后者远未排除问题，而是从修辞学角度，通过肯定不可压缩的种种对立元素原样保持着这些问题，用这些对立元素来体现问题。真正的主体是人，人是解决命题的钥匙，通过命题的解决，一个陈述文的主体可以超越任何可能的对立，从自己的形象中脱颖而出。谓项因为它所陪伴的命题主体稳定的同一性而成为可能。这是因为我是主语，所以我可以构成主体的思想，因而可以构成谓项，构成判断的思想。被谓项修饰主体言说内容所认定的主体也可以接受另一对立的谓项：他的主体的身份本身并没有被剥离，且修辞上的矛盾是被排除的；人们不可能什么都说，也不能表述其相反的东西；思想的物质化保证了它们之间关系的某种新定位：像这些物质本身一样的因果关系赋予我们形成的有关它们的各种思想某种物的内容。那么笛卡尔是怎么说的？"当我想到石头是一种物质，或者是一种自身能够存在的事物，因为我是一种物质，尽管我明明设想我是一种会思考的物质而不是一种摊开的物质，而恰恰相反，石头是一种铺开的物质，它丝毫不会思考，那么在这两种概念之间，就出现了某种明显的差异，然而它们似乎在代表着物质方面是契合的。同样，当我想到我现在的情况，当我除此之外还再次回忆到以前的情况时，这样我就在心里形成了若干不同的思想，我记得它们的数量，那么我自身就获得了关于延续和数量的思想，事后我就可以把这些思想传达到所有我想传达的事物身上"（《第三沉思》/*Méditation Troisième*）。那么，这种传达的性质是什么呢？从最严谨的意义上说，那里指的是哲理性本身：如果我能设想把不同的思想应用于一物质身上，这里指的是应用于我本人身上，那么多重性就将是界定种种物质的方式，普遍界定物质的方式。这种反射性就将是原理的，是因果关系的原则本身，理由是，思想正是通过这种反射性才分离出与之相关联的某种物质性，因而这是以思考主体为核心的演绎活动的某种客观的和可客观化的关联。

笛卡尔之前，人没有呈现为根基，原因很简单，因为推论不是因果性的：任何命题可以回答任何问题。让我们说得更直率一些：回答程序本身甚至没有被认知为推论，因为需要有因果关系，推论才可以被更恰当地思考。仅仅当类同性回答活动的方式本身被再次质疑时，对回答活动的种种约束才通过某种问题外的途径出现了，即通过某种第一回答的途径出现了，第一回答是所有其他回答的形象，"我思故我在"，肯定了人的主导地位。同样，正是通过对这种问题外的质疑，推论才从人的主导地位下解放出来，去因果关系程序，并采用了其他更广泛的形式。这样，人们就拥有了从回到自身的逻各斯开始而界定的某种演绎性，尽管把这种问题化置于任何自身可能的问题化之外。

那么，当代思想大体上就是进入了逻各斯的某种概念化，把主体的危机纳入这种概念化之中，由此而既不否定主体的危机也不超越它。在哲学的重新整合中，存在着自我拒绝的某种预期理由，因为人们赋予自己的回答是人们拒绝提出的某种问题，恰恰以人们已经拥有了该问题之回答的事实为名。

遗憾的是，几乎不用怀疑，因原则的缺失而产生的各种碎片化中，思想得不到恢复。这些碎片化的每一种都表达一种视点，别无其他。如同对于部分理性那样，我们不妨说，今后将拥有"视点哲学"。伦理上的虚无主义，各种价值的沉沦，各种论点的随意性和可对立性，存在的荒诞性，实质和形式上的诡辩性——60 年代和 70 年代那些谵妄的谚语练习很好地演示了我的话——等，乃是躲避原初的最明显的一些表现，而人们除了把原初设想为主体以外，没有其他办法。然而，人们的思考只有赋予自己某种新的根基，而非先验性地拒绝这样一种问题性，才能凝聚起来以期超越自身的危机。上面这些文字已经证明，主体的去根基化服从于见证了文艺复兴之后主体根基建立起来的同一问题化运动。机制犹存，然而效果发生了变化。与修辞学相反，言语的问题化更要求主体置身于问题外，而各种判断主体都做不到这一点。随着增加并打击纯粹主体现象的到来，人们已经不能保证从 A 将更多地得到 B 而非相反；主体 A 本身即包含着某种替换性。人变成了问题，与世间其他事物一样接受经验的沧桑。主观性的经验变成了各种变化本身。A 像任何其他事物一样向 B 运动。自此，A 不再支持 B 抵御任何替代物：发生变化的是主体的定位，而绵延不断的是历史性中的叩问。

哲学本身从来都是最彻底的探索；它的特殊性正在于此，尤其是面对各种科学时。哲学毋庸置疑地经历着种种根基的危机，正像其他学科的情况一样。让我们不要选择苟且偷安的态度，那就是把那些因为缺乏原则而没有出路的种种思想绵延下去。

那样，哲学不啻于放弃了它自身，放弃了它的历史性，一如放弃了它的天职一样。

叩问与历史性

现在所提出的问题关涉回归笛卡尔的意义。更根本的是，从哲学创新建构的视角为历史阅读定位。这里的悖论是，笛卡尔思想已经穷尽了它的资源，而另一方面，我们又不能放弃对它的重新叩问。这难道不是哲学思维本身的悖论吗？如果我们把哲学视作许多命题的整体，这些命题的有效性在质询我们，那么很显然，我们将碰到一张由矛盾甚至错误构成的网络，无论如何，这张网络是由有关从来不曾了断的种种问题的相互对立的理论构成的。与科学的鲜明对比跃然纸上。如果我们把进步理解为成果套成果的成果积累，那么哲学不存在这样的进步。这样一种观念完全符合一定的思维模式，后者既不了解答案，因而也不了解问题。面对这种二元性，它驱动于无差异之中，并且徒劳无益地贬低各种回答全部转向问题及其表达的思想之地位。如果人们很好地感知了下述事实，即哲学的种种回答是问题学性质的，即使当人们不了解同样名称的差异，它们被当作"成果"几近由此而遭到毁灭时，人们就会理解，哲学永恒绵延在其叩问的开放性中。各种回答每次都把哲学家拖入问题之中并诉求他的意见，因而哲学家只能把哲学史当作他最当代的对话者。人们不断地要求思想通过相继不断的回答来叩问自身，这些回答全都是昔日的提问，甚至是关于叩问的问题，因为它是哲学性质的。无疑，问题被拒斥、被转移，它像某种持续的必然性之隐性形式而衍生（派生），这种持续的必然性悖论性地被某种预设它的言说所肯定，却从来不曾得到过表述。

在这个阶段，衍生的思想是基本思想。应该怎样来理解"衍生"呢？举个简单的例子吧。如果人们说"拿破仑在奥斯泰尔利兹、耶拿和阿尔科尔都取得了胜利"，那是人们以衍生的方式，间接地谈论拿破仑的军事天赋。人们并不明确地谈论这一点，但还是谈了，也许是不由自主地谈论的。谈论的实质确实是皇帝的军事天赋，即使这个问题一开始并不明显。另外人们也可以同样有效地说，问题的实质更多的是拿破仑的军事成就，而不一定说成军事天赋，或者还可以说，这里回答了有关其若干最大胜利的隐性问题等。由于任何问题都没有明确化，人们衍生了它的可能的存在，后者是某种推论的成果；另外，在衍生阅读的思想里边也蕴涵出多元性。简言之，皇帝的军事天赋问题在这里是一个从回答中衍生而出的问题，而不是一个原初的问题，因为在回答之前最初并没有提出这个问题。

相对于各种哲学回答，叩问问题的情况完全一样：从那些将其偏移的种种回答中衍生出了这个问题，那些回答在一定意义上既否定这个问题同时又实施这种提问；由此产生了梅农悖论的持久化。

衍读，即借助于现在的光芒阅读过去，现在的光芒破解了过去，然而也包括根据所提问题的类型其他阅读的可能性。衍读当然不是对原初的原初格式化，这里指的是叩问，但是也喻示着偏离的意思。作为运动的偏离是内涵在衍生思想里的。事实上，通过向现在的这种过渡，现在可以解读过去，人们同时拥有了进程（程序）的历史。只要哲学没有被感知为对叩问的提问，就存在着偏离现象；因为它从自己原初真实中派生而来，最初并没有提出这种想法，这种情况是在历史进程中发生的。哲学永远是彻底的叩问性。从这个意义上说，存在着历史的与变化的耦合，从某种持久的事情出发，从持久性出发，另外人们标示出了这种变化性及其形式。我把这种关系叫作历史性（l'*historicité*），而把它的演进部分称作历史现象（l'*historique*），前者应该与后者形成鲜明对比。对于哲学而言，历史现象指的就是各种不同和相互对立的理论学说的承继，或者简单地说，就是它们的异质多元性。相反，历史性指的是这些概念的问题学性质，它们每次都提出问题，每次都通过以不同方式即以衍变方式解释叩问而形成关于叩问的问题。哲学的叩问性存在于它的历史本身，而这就是"活的柏拉图"的秘密所在。重要的是要很好地捕捉住历史性与历史的差异。传统意义上的历史只经历断裂，只经历先后承接，但更彻底地或不甚彻底地与此前事件的决裂。这是一些敏感的时段，因为它们都是决裂者，推动了事情的进

展：人们从 A 过渡到 B，犹如从某种原因过渡到某种效果。而历史性是从
另一精神上运行的。它借助于现在的光明解读过去，它从过去中看到了以
差异方式或渐进方式发生的现在。那里没有任何被遮蔽的目的论，也没有
任何支撑这种阅读的时间倒错。历史性是一种耦合性概念，意思是说，一
开始就把现在与过去的关系提了出来。它是作为现在的过去时，而非本身
不可捕捉但被多层限定的某种原初起始中变成的（Devenir）持续的必然
性。另一方面，对时间倒错投射的偶然指责也不能得到更多的论证，因为
在历史性概念里，有着对影响了过去的现在元素的寻找，而不是孤立地
寻找这些元素。还有，非常清楚的是，现在的分量允许阅读的某种多元
性，理由是，过去作为从其他可能性中选择的现在元素的衍变身份而被
照亮。过去不是以自身的身份存在的，它只是被宽泛地当作衍变效果而
处理。

今后在历史里应该拒绝的阅读是无视历史性的阅读。它以物理学为榜
样，把历史事件视为事实。事件则呈现为过去的种种板块——那么历史现
象就是可记忆的——它们的相互承接就将是某种程序，它把这些事件板块
置于相互外在的关系中，每个事件板块都是自立的，带动着他者。历史事
实自身是存在的。历史关系把 A 和 B 两个各自自立的事件联系起来，它
们之间的承接从因果关系上被感知为这些事件本身的内在关系。相反，历
史性则把 A 和 B 的关系看作 B 包含在 A 之中，然后日渐增长的差异化才
把 B 从 A 中分离出来。B 与 A 的关系相应差异性地向前发展，最终导致
下述结果，即一旦它们之间的差异在人们的关注中得以确立，那么 A 就成
了 B 的明显的原因。让我们举一个例子吧：法国大革命。有一段时间，人
们把它看作一个整体，看作一个自成一体的历史事实，应该当作民族事实
来研究。它以这种身份与旧政体（l'Ancien Régime）相决裂，而它是从旧
政体中脱胎而出的：A 引发了 B，而 B 是决裂，因为它是革命。但是，正
如弗朗索瓦·福雷（François Furet）在《思考法国革命》（*Penser la
révolution française*）中卓越展示的那样，他在这一点上继承了托克维勒
（Tocqueville）的思想，法国大革命与旧政体的关系更多地揭示了某种继
续进展的方向，这里的关键概念是结构革新引起的国家的集权化概念，这
样一种集权化在一定时期内，蕴涵着国家面对新生力量的相对封闭，而这
种封闭只能有害于国家的强盛。这种解释是否是好的解释在这里并不重
要，重要的是这种旧政体包含着集权化即包含着大革命因子的思路，而大

革命的彻底决裂性质变得更具相对意义了。

　　历史性把历史上的因果关系理解为某种关系微分和运动中的某种关联。我们对此深有所见。在与我们关系更直接的叩问情况里，扎根于历史性的对历史现象的某种阅读与某种视历史现象为客观事实和外在事实的阅读之间的对比，也是跃然纸上的。我们不妨这样说，有一段时间，叩问自身被主题化，而这个时段以前，人们没有这样来认识叩问。这种二分法显然不是错误的，但是超越它所指示的东西，它所留下的问号使它稍有短视之嫌。它所承载的印象是，在前与后之间，前者为错误，后者把我们抛入真实，似乎存在着某种分裂，"某种认识论的断裂"。倘若存在着这样一种彻底的决裂，如何解释期间的变化呢？尤其是，如何解释觉醒、解释揭示中的跳跃呢，因为前者不可压缩为后者？我曾经说过，这样一种看法的唯一功绩就是形成问题；在这种具体情况下，它就是通过影响叩问提问者的历史特征而提出了任何提问的历史特征问题。我们还要回到这个问题上来。眼下有必要对这样一种阅读与人们可能基于历史性的阅读进行鲜明的对比。我们可以观察到，问题学之前，人们没有对叩问提出问题，那么这里就确实存在着断裂。谈论这样的叩问除了表示不对叩问进行提问之外，并不意味着任何多余的意思，而叩问甚至不以衍变的方式反躬自身。于是出现了对时间倒错的批评。我们拒绝了这种批评。但是，这种拒绝把历史性缩小为考察"粗放的历史事实"，这种拒绝令人烦恼的是，它向我们预设了一种有关过去的观念，在这种观念里，一切都蕴涵在潜在形态里。然而我们对这种观念是陌生的，理由是，过去并非独立于现在的种种问题，更多地自我存在。各种回答以耦合的方式参照过去。按照我们的看法，人们没有对叩问进行叩问性反思与人们提出了这个问题、但不是这样提的，这两种说法完全是殊途同归。因为，如果说人们没有这样提出叩问问题，那么就必然以其他象征这种叩问性之彻底要求，表达了哲学思维之需求的方式提出。叩问如果缺失于反思性哲学思维，那么它将以其他方式在场，这是一种与其实际情况相异的叩问，然而它的效果是真实的。否认历史性的阅读与落实历史性的阅读在这里达到了同样的效果，理由是，人们看不出自己否定了现在之后，在自我的现在之外如何与过去发生关系。思想"先前"确实提出了叩问问题，但是没有把它作为主题来处理。这就蕴涵着其他形式，也蕴涵着梅农悖论的持久化。与此同时，当上面刚刚作为困难叙述的所有东西变得为人所知，作为彻底的叩问性向自身（因为是彻底

的）提出问题的可能性表达的所有东西已经被超越时，叩问的反思性主题
化成了它的恰当表达。这是在历史境遇中的超越。另外，关于叩问的这种
反思性以差异性的方式被记入过去，作为问题学差异的自我定位，作为任
何可能的差异的源泉，记入否定这种叩问而以其他方式表达它（仅对我们
而言，这是悖论性的）的过去。做到如此且专门被提问的叩问是包含在哲
学的彻底叩问性中的某种方式化。问题以派生的方式存在于所有否定它的
回答中，对于我们这些今天有可能阅读过去且这种阅读派生于问题学自身
之出现的学者而言，上述回答也自我否定为回答。自身完全透明的关于叩
问的问题在其自身被发现之前被蕴涵在使它变得可能的东西之中。就其问
题学形式而言，这个问题并不优于其他问题，因为其他问题与它同样回答
了大写的历史。但是，如今提出的这个明确问题支撑着这些其他"回答"，
内在于它们之中，尽管或者更因为它作为某种预设从它们之中脱颖而出并
最终得以表述。之前与之后成了某种未被感知的内部在场，和某种各自分
别自立的在场。一者按照某种"更……更……"的差异关系来自另一者，
在那里，文化的普遍问题化对表述叩问性的压力越增加，叩问性越趋向于
对自我的解释。因而，叩问虽然一直作为问题，但方式和性质皆不同。向
柏拉图、亚里士多德或任何其他思想家询问与问题性的关系，这里没有任
何时间倒错的问题，理由是，我们可以以衍变的方式，从所有他们的问题
的根基中找到这种问题性，因为这是关于根基本身的问题性。如果我们仅
从其建立的风貌出发，就无法这样去理解叩问问题；如果我们拒绝把它看
作诞生之前就存在的思想的某种基本特征，就不会理解催生它的东西；如
果我们未能捕捉到阻止它承担其恰当形式的东西，就无法理解使它成为这
种形态的东西。如果我们不能捕捉到人们并非奇迹般地从某种缺失过渡到
某种在场，而是逐渐滑向对这种在场的人为感知，这种人为感知某种程度
上将它分离出来的事实，就不能对叩问问题有更深刻的理解。

　　另外，关于人学和人文主义我们也可以持同样的言语。人文主义实际
上诞生于文艺复兴时期，但是公开宣称是从笛卡尔开始的，最晚消逝于这
个世纪之初。大家熟悉福柯的这个论点。但是，与其谈论某种双重切割，
谈论之前和之后，更恰当的看法是，哲学在人文主义之前就在谈论人，而
且在人被去根基化之后仍然这样做。在这两个时段之间，真正发生变化
的，是人的作用，因为他将获得某种唯一的优势。然而，如果我们局限于
根基化之前和之后的二重切割法，从这种出现和消失之间，从这种演变

中，就捕捉不到什么东西。为了把这个关键事件整合进来，重要的是要看到，在其处于哲学的优势地位之前，人早就"存在"着，而这种优势地位源自发生在文艺复兴时期的某种衍变。某种运动得以继续，其形式在一定时段打上了人文主义的印记，而更晚一些，则打上了去根基化的印记。人的核心地位归功于他在这场运动中所承担的某种角色，但是我们不能把这种地位与他并不创造的这种历史进程分离开来。如果我们从奠基人这种根基角色的明证性出发，作为与此前时期的认识论决裂的建构出发，就落入必须接受某种东西应该被解释的窘境，因为这样一种事物观念必然使这种"起点"变得不可解释。任何剪切理论都无法反映来自这些剪切的种种门槛事件。让我们回到我们的例子上来，人并非永远都是主体，但是在那些没有和无法把他建构为第一真实的哲学里，他已经按照其基本性能被解读。

正如上边刚刚看过的那样，历史性的思想具有多方面的关键性。它提供了对历史的某种非实证性的阅读，其意思是说，各种历史事件不是各自断裂的，而是相互衍变的，互相关联的和互为差异的。因果关系是某种意指和中肯性的关系，而非某种外力，这就喻示着外在于真实之种种因素的复杂游戏的某种一元论。当各种"认识论的决裂"开辟了走向非理性途径或至少开辟了走向不可解释的途径时，历史性可以把新颖同时捕捉为相对于古老（远古）之差异（弱小差异）和作为某种被自立化的效果。而这正是人们知道的关于人的"出现"和法国大革命所构成之决裂的道理。这一切都不意味着历史上没有断裂，而仅仅是说它们不是完全的，它们诞生于某些因素的差异性衍变的背景上，这些衍变在另一层面创造了断裂。断裂是在衍变的一定时段某种因素的出现，它把这种因素转移为与先前不同的事实。我们还可以说，人们通常理解的断裂是差异关系中的一个时段，作为历史性的这种关系被否定。那么历史现象就只是外在的种种事实，它们互为决裂者，如果我们在历史阅读的构成中看不到历史性的游戏，上述视觉就会确立。

那么现在我们从叩问中可以吸取什么教益呢？超越与哲学史及其中肯叩问的单一关系之外，历史性又如何关涉我们呢？

毋庸否认的是，当人们发现，不提出是什么因素造成直至今日人们不曾提出叩问问题就无法触及这个问题时起，叩问问题就决定着历史性。在提出叩问问题的同时，不可避免地要出现它未被叩问的问题：为什么提出或没有提出这个问题？本来属于历史的东西变成了某种简单的形式交替。这种不曾被叩问或这种叩问的历史性，拒斥这种现实中的历史因素，把它浓缩为非历史因素。无疑，人们可以以另外的方式提出问题并把它变成一个更具历史特色的问题：为什么这种不曾叩问现象一直延伸到了问题学时代？这里也一样，结果是一样的。反馈到历史因素只不过是把不曾叩问的重负放在历史的肩上。历史性被与叩问之排斥结合起来，作为不可能主题化的原因。因为不曾主题化是历史现象，那么，历史性就是对历史现象的否定，并进而否定了它自身。当问题学建立时，历史性变得明显了，变成了对叩问的这种内部排斥，而叩问在回答历史的同时又排斥历史因素。于是，历史性就变成了自我排斥的叩问，作为历史现象而自我排斥的叩问，而转移为相互承接的种种表达，这些表达并非相互在场，而是绝对在场。接替哲学之典型问题性的，自然是对真理的宣称，这种真理如果不是自立的或科学的，那么就是纯粹断定性的。历史性把叩问从其自身引开，引向它自身以外的其他东西，这里指的是回答行为，不是作为自我表述的回答，而是引向它所说的内容。这样，历史性就可以通过叩问的棱镜使真实得以表述，而叩问的棱镜并不被人感知；它并且赋予真实其反历史的本体论定位、赋予它现在在场的定位，因为真实永远是真实的。因为历史性在叩问本身中产生了回答，它必然是问题学差异的动力。它通过排斥叩问行为使叩问行为的外部性得以呈现。它是世界的现象促生者。叩问只有在脱离世界中，只有在促成世界变成自立的过程中才成为历史现象。自立当然是相对的，但是理论上是绝对的。事实上，我们从这里看到了作为自立领域的理论的到来。反思性的历史性并不消除这种运动，而是让人们捕捉到它。

倘若历史性是对叩问性的排斥，如何解释问题学在历史中成为可能这一点呢？其实，这样一种结论是站不住脚的；它是对自身的驳斥。叩问的自我表述排斥了作为被排斥对象的问题学差异，但是并没有消除它，因为它肯定了这种行为。它把它转移为反思性言语的主题化要求。因为问题学差异恒久和自然地要求叩问，超越了使这种言说成为现在形态的事件，它就处于给它以动力，使它成为某种常项的历史性之外。被表述的叩问，就是历史性排斥其排除角色的功能被摧毁；历史性的角色因而被了解，它可以使从属于历史的思想界不再每次都把历史的真实视为不可动摇的和在场的真实，犹如在时间的曲折之外强加自己在场形态的某种必然性。一旦叩问和历史性两者都得以表述时，叩问就这样驱除作为外部条件的历史性。通过问题学时刻进入理论自立的叩问就这样以避开历史的形态而确立。而历史性继续脱离历史事实而按照自身的规律行事。

得以表述的历史性与叩问是不同的。它肯定不是叩问。我们还可以补充说：它是它的微分。它谈论叩问，它其实就是叩问的言语，把叩问反映为问题学的差异，也是它自身的历史微分。从其自身肯定性中脱颖而出的对叩问的这种言语化中，身份肯定中断了。从这个意义上说，它担保了先验性在康德那里所发挥的角色；归根结底，先验性只是历史性的一个具体的历史时刻。界定先验性的可能性尤其是一种逻辑概念：一种回答方式，今天应该设想为回答行为的方式。倘若不是回答对某个问题的一种替代，那么可能性是什么呢？如果他可能来，他也可能不来，问题依然存在。反之，如果他不可能不来，那么他就应该来，而这就是唯一（可能的）回答。

这一切都说明，历史性就是作为问题学差异化的叩问的可能性，问题学的差异化排除问题以便让回答出现；在反映阶段，它使表述叩问同时又维持这种同一差异的回答成为可能。

总体而言，在我们看来，历史性是对历史现象的否定：它实现了这一点，取这个词的本义。它让它成为现实，这就喻示着某种反历史的常态。历史性是现在和过去的耦合概念。它制约着对历史的任何阅读，人们经常把这种阅读得来的历史写成小写，以便与它的真实对象区分开来。历史性作为面对被叩问对象而对叩问关系的排斥，它因而成为被叩问对象的客观性或客观化的条件。自此，过去以现在的遗忘身份出现，现在使它成为可能。这并不意味着我们要回到把过去作为由粗放事实构成的自成板块，有待考察它们的异质多元的外部性的"形体"。更简单地说，蕴涵在过去之客观化里的是历史，是历史事实的现象化，是真实成分的去现在化，意即相对于它们缺席的某种现在或者反之它们是决定因素的某种现在，它们的演变情况。由于历史性已经成了"意识"，过去的客观化按照历史之各种微分的某种参照值继续，还要加上这种参照过程发生时的程序意识，它禁止以物理学或者某种历史的方式把过去作为一个自成板块对其进行任何实证考察。因此，问题的实质不是拒绝自希罗多德（Hérodote）以来所书写的历史，而是借助于隐性叩问的光明重新拿起这些"事实"，这些隐性叩问决定着这些事实的"参照性"，即某种程度上决定着它们的现在。"历史"一词难道不是意味着"调查"吗？

至于哲学，则完全受历史性的支配：后者把各种哲学回答（它们互为回答）的经常性叩问当作现在来历练。而作为命题模式受害者的哲学，则投入了暧昧性之中，后者具化为研究回答（并非真切的回答）并同时关注它们的问题化对象，深知它们并非必然是真实的。

哲学场的某种历史的继续性支撑着作为具体回答之种种回答的进展。隐性质疑这些回答的每个哲学家，重新捡起哲学问题，并以新形式提出原初问题，却并没有看到他这样做等于继续了促使哲学演进的运动。另一方面，他从零重新开始，但是他以这种行为延续着哲学传统，不管这显得多么悖论。在回答之命题主义的支配下，人们得出相反的印象。人们拒绝过去那些回答的有效性，以期重新思考原初，然后提出新的见解。而人们每次都要有所创新，这种彻底性本身保证了哲学的常态。

例如笛卡尔。他想要某种彻底的根基，然而这种根基不是任何其他东西，而是命题思维所要求的根基。他重复着他建立的这种理性。

历史性与哲学史：一种派生的预设

我们已经说过，哲学的特征是，通过达致对问题的构成而解决它的各种问题。这种特征的理由是，作为彻底叩问的哲学，只能以具体叩问各种问题的方式，才能叩问它自身。仅仅由此产生了下述思想：在哲学里，只要种种叩问的耦合式构成在没有像这里那样把问题学差异主题化的情况下维持这种差异，那么，叩问并不意味其他东西，只意味着回答行为本身。但是，从来不曾思考过、从来未能思考过这种差异的哲学，并不曾较少落实它，作为恒久的预设落实它，按照这里刚刚重温过的准确意义落实它。亚里士多德演绎了他给出的矛盾性叩问的不矛盾原则的有效性，正如笛卡尔从怀疑中演绎出"我思故我在"的不可回避的必要性。

怀疑是改头换面的肯定性，正如不矛盾的普遍性要求和其自身的矛盾假设曾经是亚里士多德的前提一样。命题主义通过在理性思维恰恰显得很空洞的地方设定理性而断定它，这并不排除命题主义的力量冲击在最后分析中建立在某种叩问性演绎的基础上；人们排斥这种叩问性，因为人们不能这样去思考它，因为人们只能通过把它作为断定的某种方式，作为理性思维的模式和统一性，才能够思考它。

　　当哲学向自己遮蔽叩问的活力时，它就只能转移它实际落实的问题学的差异化的彻底要求。亚里士多德和笛卡尔，我们仅以他们两人为例，确实投入了某种叩问性演绎，但是，由于命题主义支配的事实，他们却未能这样设定它，尽管他们仍然意识到自己思维的独特性。亚里士多德掩盖它，把它称作辩证法。至于笛卡尔，他以自己思维的力量抗衡贫乏的三段论，但是自己并不太清楚这到底是某种演绎抑或某种直觉。其思维的哲学独特性无法在他那里确立，因为他并不比亚里士多德更多拥有适合于另一种推论类型的空间，只拥有命题主义的封闭性资源所提供的空间。他们的思维所展现的别开生面就这样毁于单一规范即命题式演绎的内部。然而在他们那里，我们还是找到了某种特别的、不可压缩的推论类型，因为后者把命题与它所回答的东西联系起来，这样如果人们采纳我们的术语，从问题学的角度说，它就只能是差异性地断定。

　　通过哲学所证实的去问题学差异，尽管存在着建立在某种无法理论化之独特性基础上的相反实践，思想界还是边肯定边叩问，肯定叩问之外的其他东西，甚至排斥叩问，然而即使这样，它还是作为隐性根基、作为不能表达的要求，哪怕是间接地迂回式的表达，作为决定其特殊问题的全部矩阵的问题，而转移了它。超越"方法"的任何思想，叩问向哲学确立了它的各种内容，它的各种问题的意义。能够遮蔽这一事实的，就是哲学的多元性以及它们的整体对立或部分对立：人们只有种种命题，只有命题的种种编织物，它们相互定位，在或大或小直至彻底的差异关系内部被界定。思想史就这样被摧毁于某种反历史的一成不变的哲学真实中。即使这样，叩问仍然建立了任何可能的差异，而这种差异以内部的方式界定了回答行为本身，而回答行为是差异性地建立的。如果有回答，亦即有问题，那么就有差异。差异自身是不存在的，而是作为问题学的概念耦合式地存在。单从哲学的多元性自身来看，它证明了它们的非批评性特点，同时也是对这一特点的排斥。那么这些哲学的历史性就是对它们的历史的排斥，这就造成了独立于滋生它们的因素、它们自身拥有价值的幻觉。但是，有关叩问真实的东西是，它在自己生产的东西中被排斥。这在历史性的视点上是错误的，但在结构上是真实的，由此产生了非问题学哲学对于问题学的重要性。然而，历史性是叩问的组成部分，作为构成成分的这种排斥的延续化，却不能是我们的态度，理由是，这种排斥应该明确地被承担，而非被忽视。这些思想拿的是相同的问题，每种思想都宣称对真理的绝对占有，之所以绝对占有，因为拒斥了任何历史决定论，每次都有点像"绝对知识"显身的样子。被抹杀的演变取消了这样构思之哲学的任何意义，因为哲学仅提供不同论点的某种并列，直至命题的对立真或假。

那么还剩下了相对主义，相对主义不顾对反历史主义的适应的明确肯定，适应有待恢复的某种哲学的不曾定位的准确性，历史性地重新定位各种学说。相对主义是对历史理解很差的历史主义，因为它从自己所研究的对象中看不到穿越历史并编织历史经纬的东西。它从分析角度把各种哲学孤立起来，而为了拯救每一种哲学，它用某种历史性摧毁了所有哲学，臆想它们之间只有差异性的相互关联，而历史性排斥共同物，排斥历史现象，把它们全部置于历史之外的某种绝对有效的世界内部。相对主义侵蚀着这种高调意图并把它拉回它自身，但是以不理解对原初哲学决定的某种持续排斥为代价。简言之，把哲学相对化，不是任何别的东西，只是把它拉近它之外的其他事物，把它变成对它自己不曾提出之问题、外在于它的某种问题的回答，即摧毁它的彻底性，后者却担保着它的独特性；归根结底，就是没有感知以回返方式激励着它并历史性地复制其种种问题，使这些问题得以存世的叩问性本身。通过相对主义，人们失去了哲学的历史性，即失去了具化为非历史性地为历史与叩问的某种关系定位的动力。相对主义一个一个地研究各种哲学，我们不妨说它把哲学当作语境来研究，而失去了存在于它们当中每一种哲学之中的哲学，即某种叩问性，后者要获得历史的定位，必须通过相继不断和持续不断的差异，并以持续的方式为其定调。相对主义与反历史主义的陈列拥有共同的缺陷：它们无法捕捉住作为历史性、作为某种常项的问题学差异，在思想的演进过程中，这种常项一直被排斥并以不同的方式被表达；作为同一与他者的耦合，问题学差异就是对叩问常项进行历史化排斥的历史性，就是把应该整合进来的新东西的微分化。如果否定了这种差异，那么浮现的就只有同一的相继承接，这恰恰破坏了继承性；或者人们仅把继承视为连续性的相异性，而哲学的持续性消失了。两种情况都缺失耦合现象，哲学被背叛，而有益于被抹掉的差异的极点之一。如果各种问题从它们自身的肯定中找到了回答且只有肯定，那么人们实际上碰到了双重后果：在思想领域没有任何问题的后果，同时事实上又只有一旦被拉入垄断思想界的断定层面唯一可对立和可质疑的问题性，因为在理论化的这个层面没有"解决方案"可言。同一是这种常项，他者就是对常项的摧毁，它一直验证着常项，并由此而显示出真正稳定的因素是对各种"解决方案"的摧毁性，这就显示了任何不考虑问题学差异的悖论特征。各种哲学是一些回答，它们并不知道自己的这种身份，或者因为其"历史过客"的原因，或者因为自视为绝对知识本身的原因，从而否定了所有其他哲学。而历史性则从历史的角度重新定位反历史的元素，并以此而把各种哲学差异包容为同一基本关注的众多微分。哲学叩问的历史性迫使我们按照这种双重运动来叩问哲学。

叩问所蕴涵的作为问题性，即使是被转移并因此表面上并不确定的问题性的东西，是对根基性、对与真实的关系、对全体及其接触人的某种看法，另外对人的接触是通过对人之所有分支的追踪而实现的，即使这个主题大得吓人。人们可以批评这些回答，而人们应该从严谨哲学的层面去做，因为哲学的积极原则不应该处于明确的哲理性之外，否定就会在某个地方造成困难。但是，问题性却相反，它起源于问题学的差异，后者并非制约着回答的不确定的多样性，而是制约着支撑各种问题的常项，这些问题就是这样的哲理性。

亚里士多德与笛卡尔

当亚里士多德倾心于非矛盾原则时，堪称哲学"证明"类型本身的代表。并非因为他恰当地论证了这种原则，而是因为他实实在在地实施了人们可以称之为某种问题学推论的东西，后者具化为从提出问题的唯一事实中演绎出回答。当这种差异被否定后，人们于是就面对着某种不是演绎的演绎，科学已经精彩地拒绝了它，一旦它的各种结果从最严谨的逻辑意义上得到论证后，在它自身看来，它才具有了这样的科学性。

如果我们回到不矛盾原则的这种不可拒绝性，其实质便是人们从中推论出回答的某种问题化。而这正是哲学思维的独特之处。为什么是这种情况呢？哲学不仅仅是叩问，但是它是最彻底的叩问，这蕴涵着这样的意思，即叩问本身是无法躲开哲学的。于是，反思性就成了哲理性首屈一指的术语。哲学通过对叩问进行叩问，就从哲学角度而非从历史角度建立了它自己。从历史的视野看，哲学的叩问诞生于种种非哲学性回答的崩溃，例如神话学的回答。这样一种诞生行为只有从自我建立的某种必要性出发，被纳入作为主题化的某种构成中，才能产生质的飞跃。这并不排除这种尽管很真实的运动被转移，因为当时叩问并不是从自身出发而被概念化的。

　　严谨的哲理性具化为通过把各种问题本身主题化而回答，人们可能以为哲学的严谨为其内容带来了全部的多样性，甚至可以说它没有属于自己的论证，后者足以与另一种设定哲学的方式相对立。哲学从来不曾叩问过叩问本身，即使通过其种种方法的承接；但是它一直是由某种彻底的叩问来决定的，这种叩问的性能的在场和冲击并非因此而有所逊色。相对于它的已经被肯定的彻底性，哲学承载着种种预设的某种编织物。由此出现了悖论性的偏移，《梅农篇》很好地演示了这一点。现在我们来谈论当代的情况。如果哲学确立为彻底的叩问，但是它只能从这种叩问本身反思这种叩问的彻底性，不管这种或彼种具体哲学已经确定的对象是什么。为了避免模仿科学，科学谈论的是方法，人们所谓的哲学的严谨来自内容的这种彻底性，而它是绝对不能脱离后者的，作为可能性之一。有一些问题没有意义，在哲学中与在其他领域一样；还有一些问题是完全荒诞的，但显然不是出于实证主义者所凸显的狭隘原因。一个没有意义的问题即是一个没有尊重问题学差异的问题，因为它不包含已知与待知的差异化。已知在这里发挥着已经找到了答案的作用。问题学的回答导入差异而创造了意义。某些回答的意义是由它们相对应的种种思想体系派生的；反之，其他一些回答则界定着参照物的体系。这是哲学的建构性问题的特性，如果我们把相邻体系例如科学体系作为规范的话，这些问题后来产生了种种更"经典"的问题。

　　如果我们回到亚里士多德论证不矛盾原则的绝对优先性的论据化，就会发现，他的演绎是从叩问本身开始的。如果我们赞同有关叩问的命题理论，那么把这个原则置于问题中的简单事实，就足以验证人们所叩问的东西本身。请把它翻译成：置于交替之中。我们质疑仅肯定其内部交替的原则，而提出仅代替钥匙的某种交替性。这里的提问者是一个持反驳态度的人。这就是为什么问题学没有从亚里士多德建议的东西里找到自己的位置，尽管其路径实际上符合我们上面所说的有关哲学思维的意见。

　　我们下面将看到，笛卡尔以其著名的"我思故我在"，也没能另辟蹊径。但是，两位思想家最惊人的亲缘之处，大概是前者指示给不矛盾原则和后者指示给明证性的角色。两种指示被认为都是自然而然的事：明证性的标准是自行建立的，因为它是显而易见的。如果质疑这一点，等于质疑了他自己理解任何事情的自然理解力。至于真正的哲学证明，它在亚里士多德式的叩问者兼反驳者和笛卡尔式的叩问者兼怀疑者那里得到了典范式的发挥。

为什么要抛弃本体论呢？这是一种"找不到的科学"，它无法更多地让人们去找到。一切与一切混淆在一起，因为一切皆"是"。任何内部的区分都只能来自另一地方，倘若没有冲击力，本体论是无法反映这个地方的。当人们面对这些条件只有一种不变的和中性的看法作为唯一的基础时，如何赋予自己接触所是的种种条件呢？谈论是甚至是不可能的，因为这样持有的言语不提供任何的真理保证：它可以与任何其他言语相对立。总之，本体论是在自身的基础上自我摧毁的：作为不甘寂寞于自身，自视有能力处理某种超越自身以外的东西，在那里它不能既宣称人们了解本是又启动关于本是的认识，后者是唯一接触本是的途径、方法问题。一旦优先顺序被颠覆为理由（思维）顺序以后，笛卡尔确实很少再关注本体论了。因为假如没有真实言语的某种理论，人们何以谈论本是呢？

另外，在笛卡尔那里，存在着方法与形而上学的统一性。方法论在科学里具有同样的价值，在人与本是的关系中保证人的精神的统一性。

笛卡尔把亚里士多德想让本体论承担的统一性转移到了方法层面。本体论的功能就是赋予回答的种种标准同时摧毁叩问，即摧毁这样的回答行为。方法的功能在笛卡尔那里是同样的。这样一种态度可以用抛弃三段论来解释，然而，如果我们仔细观照的话，被抛弃的是综合。笛卡尔用综合方法既摆脱了仅把综合作为优先功能的本体论，也摆脱了亚里士多德所理解的证明。证明要求人们对前提的了解多于结论，但是，只有先于某种已知结论并将该结论蕴涵在内的东西才能是前提。这种设定把结论的认识提前了。由此产生了循环性，这种循环性引导笛卡尔说，三段论是贫乏的，因为它没有认识任何东西，另外像本体论一样。"应该指出，假如辩证论者没有首先拥有它的材料，意思是说，假如他们没有事先了解他们从他们的三段论中所演绎出来的真理，辩证论者不可能把任何三段论构成导致某种真实结论的规则。由此可以得出，他们自身也没有从这种形式中学到任何新东西。"（*Règle* X）重新以分析为核心将赋予几何学和数学某种优越的作用。亚里士多德的综合是循环的，因为它是分析的。自此，应该从这种分析本身出发，以便把它与综合分开，"后者只能用来更方便地向其他人展示已经了解的理由；因此，应该把它从哲学领域过渡到修辞学领域"（*Règle* X）；当然这里的理解是，现在，综合将界定辩证法。

毫无疑问，几何学家们很好地应用了综合，"并非他们对分析完全无知，在我看来，而是因为他们无数次地显示了分析的形态，他们把分析保留给自己，作为某种重要的秘密"（*Secondes réponses*）。如此而已。重要的不是分析创造了综合所展示的东西，而是它让创造发挥了再创造的功能，并以此而把分析分离出来，使它成为一种自我再生的方法。

鼓动笛卡尔的思想也许并不像他所肯定的那么简单，那么明显。假如方法需要某种形而上学来论证它，反过来，对形而上学的接触也依赖某种方法。由此就产生了人的某种统一思维内部方法与形而上学的统一性，这就与亚里士多德的科学概念相对立，他的科学被按照种类而切割（*Règle* I）。由此也出现了形而上学与方法之间的某种循环。笛卡尔被迫从本体论、综合和三段论中抽身而出，并被迫从最根基的层面恢复分析的品德。对本体论传统及其贫乏的三段论的批判就是这种路径的后果，这种方法重新出现在科学之中。因为本体论以及穿越它的贫乏的三段论很难从知识的差异化中推进知识。一种分析体系应该是某种认识世界的理论，某种认知理性，在那里，秩序亦即非循环性，应该得到尊重。这将是思维的秩序，在那里，位列第一的东西实际上也应该处于第一的位置，而不是被辟为两半的某种思维内部的第一，之所以把某种思维一分为二是为了避免矛盾。

笛卡尔的分析与怀疑

我们看得很清楚，既要把形而上学场与方法统一起来，又要把它们分离开来以超越传统的本体论。这是摆在笛卡尔面前的一项不可能完成的任务。他的回答具化为，落实某种分析程序以便达到诸多形而上学肯定性的第一个，即"我思故我在"，这种程序必然扎根于这种毋庸置疑的根基之中，因为这是彻底的第一根基，包括相对于方法。方法一旦被如此有效化后，就只能在一般认知理性的层面确立：它构成认知理性的全部纬线。对于任何可能的科学性而言，分析将拥有某种普遍的价值。那么它与亚里士多德意义和经典意义上的演绎有何不同呢？分析的秩序首先且更是一种认识的秩序：假如对 A 的认识对于 B 的认识是必要的，那么对 A 的认识就先于对 B 的认识，即使 A 与 B 之间的关系可能是相反的。但是本质的东西是要在最根基的深度去寻找：对经院主义意义上的综合的批判将把综合变成怀疑的某种对象；更有甚者，这种综合自身就包含着怀疑，因为综合里的所有东西都可能被肯定或者抛弃。因此，用笛卡尔的话说，它是修辞性的。那么怀疑就是没有能力把真实与虚假相分离，意思是说，这种无能与知识相对立，反过来，知识将取消、将走出怀疑。怀疑既是方法论也是形而上学的，因为它侵蚀着本体论，而本体论的优越地位只能是综合性的。对综合的怀疑，在综合之中并旨在反对综合，把怀疑推向其他地方，把它改造成面对所构（le constitué）的能构成分（le constituant），如果我们相当宽容，想把综合变成某种已构成知识的话。这样，怀疑就是综合的补充。它扎根于分析的独特性之中，甚至献身于它。事实上，怀疑并不是疑神疑鬼的表现，而拥有某种建构性作用，理由是，通过它的超越，它应该使人们更多地达到真实而非虚假，即达到知识。它处于方法论的基础，它是已经发现的对立面，它就这样构成对任何交替性的超越。怀疑界定知识，一如（真实与虚假的）交替性面对真理所做的那样：在这种情况下，两个概念不可避免地互相反馈。笛卡尔之所以从怀疑出发以建构综合的此岸即建构分析并把怀疑作为知识的基础，从非本质的层面讲，那是出于种种自传的原因，正如《方法论》（*Discours de la méthode*）卷首甚或《第一哲学沉思集》（la première *Méditation*）所传递的信息。怀疑是普遍性的，仅仅因为它应该参照任何可能的知识这一简单事实，有时也包括感性的或数学的知识。盎格鲁—撒克逊的作者们很少理解这一点：怀疑的各种理由被抛弃因为太过分，或者它们干脆被认为是不可接受的，因为作为优秀的经验主义者，他们接受感官的认知价值。简言之，从怀疑出发被认为是不合情理的。我们在奥斯汀（Austin）那里，或者还在基尼（Kenny）那里，发现了同样的批评和不同的批评论据。对笛卡尔路径的这种不理解源自这些作者忽视了笛卡尔反对综合的一贯用心，既通过对经院主义—本体论传统的质疑，也通过对任何不能通过证明途径而达致真实的知识的质疑，证明的途径可以排除虚假，排除交替性，总之，怀疑让我们在真假两者之间彷徨。

假如笛卡尔必须从怀疑开始，这并不排除下述情况，即怀疑并不构成认知理性的必然根基。

作为问题学演绎的"我思故我在"

认知理性的根基的第一回答就是"我思故我在"。怀疑更多的是对问题的表达。提出问题的事实即给出了对它的回答：我怀疑，在我怀疑的时候①，我思考，因而我就实现了自己的价值；这一点不再需要质疑了，相反，它是毋庸置疑的结果。

"我思故我在"提出了诸多严重的困难。另外重温这些困难自身并不是目的；我们认为重要的需要展示的东西是，它们诞生于如此设想叩问的某种困难。因为笛卡尔是从怀疑出发的，怀疑确实是叩问的一种方式，但是他从来不曾把叩问作为其路径的根基，作为以任何路径之根基为对象的路径的根基。笛卡尔投入了对彻底性的某种调查，任何其他哲学家都没有这样做。这就是今天他仍然占有关键地位的原因，超越了所有教材赋予他的现代哲学之"父"的惯常标签。笛卡尔理解的显而易见意义上的第一就是从绝对论证视点看的第一。这是不言而喻的，人们绝对不提出问题，以弄清这种绝对第一是否真的拥有这种性能还是拥有另一性能。这意味着对像原则一样重要的东西的某种观念，这个原则因而应该具有明证性，它自然决定着这样的原则。"这些原则"，笛卡尔恰好在写给《哲学原理》（*Principes*）一书的译者的信中这样说，"应该具有两个条件：其一，它们应该如此清楚和如此明显，使人的精神不会怀疑它们的真理性"，另一条件是，它们当然应该比所有其他命题都具有更首屈一指的地位。然而，"我思故我在"——我们下边还要谈论上帝——的绝对第一原则应该是明证的就那么一目了然吗？明证性是自然而然的吗？作为相对于表现为怀疑，但排除了任何交替性概念之叩问的中性概念，明证性并非从问题学角度界定着回答行为，因为它是中性的，而回答行为也不拥有这样的名讳，因为话并没有这样说。然而思想却确实在那里：消除任何交替性，这蕴涵着自我支持的必要性，即不再有任何滋生新东西的怀疑，因为怀疑逸出了断定秩序。明证性是自然而然确立的东西：它自然是毋庸置疑的，明证性显然是显而易见的。所有这一切都是循环的，但是明证性的优势在于节省了对人们作为原则所寻找的东西的质疑。既然明证性的功能就是排空问题性，那么它自身就是非问题性的，它把非问题性的命令式确立为非问题性。这是没有悬念的。还有，非问题性不被思考为对问题性的解决，而是被思考为它的缺失，被思考为不加区分地排斥对这一对禁忌物的任何参

---

① "每当我说出'我思故我在'这几个字时，或者每当我精神里构想它时，我都是，我存在着。"（IIᵉ Méditation）

照。因此，明证性界定着这样一种视觉里的原理性要求，它把这种要求置于任何叩问性之外并赋予自身，作为人们无法也不应该质疑的东西，明证性如此地不言自明，它因此而建立的反思性使其思考主体很快就成为它的开山旗手。总之，人们不提出不会提出的问题，这就是原则的定位，就是"我思故我在"的定位，假如人们决定怀疑一切的话，这是它的第一个毋庸置疑的肯定。起点得以肯定，但是不给界定它的任何叩问以机会，而环扣被扣上了。

那么，人们从中发现了什么呢？首先，对于起点，人们没有真正意义上的叩问。这并不意味着人们不谈论绝对第一的东西；恰恰相反，因为人们谈论它，它甚至是人们真真切切的问题，只不过是第二类和次要的、派生的问题，因为人们从中读出了肯定、确立起点的必要性问题。然而它被设想为，毋宁说接受为某种特别意义上而非被叩问意义上的第一肯定：第一的东西是在断定言语范围内第一的东西；怀疑被凸显的目的仅仅是为了被排除。我们又发现了柏拉图，如果我们可以这样应用历史的矛盾原则的话，他是亚里士多德的第一个反对者。柏拉图也认为，叩问对于认识是辅助性的，它甚至模糊了认识的真正性质，模糊了认识有效性的源泉，认识的有效性应该从其他地方寻找，而非从对问题秩序及其相关的消除者回答行为的任何参照中获得。如果我们把怀疑看作叩问的某种方式，由此必然得出下述结果，即叩问不能支撑回答，不能支撑它作为回答的价值本身。但是，这种价值只能来自怀疑。因而位于起点的是"我思故我在"而非怀疑，尽管怀疑被与"我思故我在"相同化，意思是，它被列入思维方式（*cogitatio*），这里我们更应该理解为肯定性思维的方式，而非在叩问栏目下的思维方式。思考被引向命题，而通过真理思想被非本质化的叩问作为怀疑的排除者甚至被转移到了思维的肯定场域：我怀疑，因而从这时起我就肯定自己在怀疑，而当我怀疑时，我不能怀疑我在怀疑。"我思故我在"是断定式的，它肯定它自身的肯定性，肯定它自身毋庸置疑的有效性，因为如果人们对此有所怀疑时，那说明人们还在思考。简言之，是断定性思想奠定了理性思维的秩序，而不是叩问，以怀疑方式表达的叩问只是一个应该尽快填补的弱项。重要的是有把握地肯定，因为怀疑的优柔寡断自身不包含任何判断，任何可能的实证。其证据就是，只需怀疑即肯定自己的怀疑就足以肯定某种事情，即人们通过这种肯定的中介而思考。很自然的是，笛卡尔没有从任何角度把思考与对它的肯定、与元思考相分离，两种东西在某种完美的直觉中相吻合，这种直觉就是，每当我们怀疑时，我们就肯定自己在思考，因为说自己在怀疑已经不再是怀疑，而是以最实证的方式断定。笛卡尔的怀疑只是知觉，因为笛卡尔把怀疑等同于这种怀疑的表达，在他的怀疑中，有对任何悟性行为的内在反思。人们把这种内在的和自然的反思叫作意识，而意识必然是直觉的。在某种绝对第一的回答中，并不是怀疑承载着对它自身的取消，因为怀疑是彻底的，而是怀疑的表达、怀疑的事实逃脱了怀疑，它们因此而不作任何怀疑。笛卡尔自第二沉思起就讲得很清楚：每当我说出"我思故我在"这几个字时，或者当我精神里构想它时——两种形式殊途同归——"我思故我在"都是真实的①。

怀疑是思想之反思性的承载者：人们通过怀疑表达了某种怀疑，这种表达本身没有任何怀疑的色彩。由此产生的第一肯定就是"我思故我在"。它的有效性建立在人自身产生的有效思想，亦即产生的认识的思想：排除了问题性。如果不预设对叩问之辩证法的某种后来被取消的参照，这种情况是无法表述的②，这种辩证法把回答行为用于对问题的取消，或者至少通过问题学的差异化用于对它的超越。当人们禁止自己这样一种参照时，那么就确实应该预设论证，作为明证性，论证应该自我论证，作为知识的理想：这将是明证性的标准。然而还有：倘若怀疑不能作起点，它仍然是第一肯定即"我思故我在"的蕴涵者，因为从怀疑中浮现出了对它自身的取消。这种悖论性的结果可以这样来解释：怀疑是某种改头换面的断定，它是某种实证思想而非某种问题。这是分析必然得出的结果：怀疑化解为它的假设性解决，或者更准确地说，怀疑从自身皈依为对自身的回答。但是对笛卡尔而言，与怀疑打交道并没有提出真正的问题：怀疑已经就是思考③，而思考意味着已经知道自己在思考。人们处于某种回答行为中，仅仅因为从来不曾有如此这般的问题，上述回答行为才呈现这种形态。同时，因为怀疑把我们投入问题性中，我们从中出来时不唯带着"我思故我在"的理念：由此而借用上帝；然而，因为是从"我思故我在"开始分析演绎而来，它自然有自己的有效性，而不必赋予它这种有效性。

① 因此应该引入上帝以便使某种非问题性的有效性有效化。
② 同上。
③ Principes I, 9.

于是产生了著名的"笛卡尔循环",它诞生于这种双重命令式:"如果说'我思故我在'用来证明上帝的存在,而上帝则用来证明'我思故我在'的正确,我们不再面对某种理性的束缚,而是面对某种不合逻辑的推理,对秩序之关键原则的典型践踏"①。上帝拥有从怀疑开始建立起来之方程式的问题性有效性,同时他又以其绝对担保者的身份撤除了这种问题性。人们并没有走出循环,怀疑既是某种真实的怀疑同时又是它的反面、同时又是某种肯定,某种实证知识的事实把上述循环变成必要。如果说"我思故我在"确实是肯定无疑的绝对第一原则,人们就不需要上帝。而人们之所以需要上帝,那就说明,可以推演出上帝的"我思故我在"不是某种绝对真理。上帝怎么可能扮演笛卡尔为他指定的角色,从似乎是他将其有效化的"我思故我在"中浮现而出同时又与它一样保持问题性呢?柏拉图,分析,综合,以及他们之间的种种不可能的关系,这一切都重新出现了,但被偏移了。

笛卡尔投入了某种双重冲击:一方面,他把怀疑变成对思想的某种断定,因为他把思想界定为②"一切发生在我们心中的东西,以至于我们自己能够立即发现它",预设了"我思故我在",作为一开始对自我的意识;另一方面,他把怀疑当作某种改头换面的实证性,而非当作叩问性的某种显现。其证据是,当他怀疑时,如果他怀疑自己在思考,那就错了,因为当人们怀疑时,人们不能怀疑自己在思想。当我怀疑我在思考时,说明我还在思考,这就证明了,当我怀疑时,我想我在思考。怀疑就这样镀上了实证性。在面向自身主体的某种怀疑中,思想从自身获得了肯定。

这样,"我思故我在"就是怀疑的隐性形式,因为人们把1)怀疑界定为思想,2)把思想界定为立即的和绝对的、毋庸置疑的反映。难道怀疑不是毋庸置疑的反面吗?即使如此,还是需要它产生它;我怀疑一切,即任何东西都不能使我走出这种怀疑。那么笛卡尔做什么呢,他那么失望地需要上帝?在第一时段,他将以已经提到的精神活动的反映性的名义,把怀疑与它的反映性表达等同起来。因为从(普遍)怀疑中不产生任何没有怀疑色彩的东西,因为它已经预先打击了任何可能的肯定,包括把它排除开的肯定。自这时起,在等待上帝的过程中,确实需要以这种或那种方

---

① M. Guéroult, *Descartes selon l'ordre des raisons*, p. 238(t. I, Aubier Montaigne, Paris, 1968).

② Principes I, 9.

式摆脱它；而这样预设为浓缩在怀疑中的实证思想之反映性的"我思故我在"，可以从怀疑思想中抽出实证性，而怀疑等于该实证性的表达，等于它的事实化：正是怀疑的事实是毋庸置疑的，那么如果把怀疑与怀疑的事实相同化，人们在怀疑一切的同时就完成了某种实证的事情，而这是无须怀疑的。如果这种怀疑不是具体为表述怀疑或设想怀疑，简言之思考怀疑，那么它能具化为什么呢？人们难道不曾想过，一切都在思考之中吗？思考难道不是它自己的对象，自我建构为某种空洞的运动，简单地围绕自身而运转吗？

我们可以毫不犹豫地说，叩问秩序与断定秩序之间的混淆是我们阅读笛卡尔时所体验的种种主要困难的基础。我们尤其想到了循环和"我思故我在"的推论性质、直觉性质或其他性质。我们还会回到这个问题，但是现在，我尤其想展示我刚才谈到的去差异化何以落脚到不能设置某种合适的、问题学的言语，这种不可能性导致了那些最严重的困难，那是笛卡尔思想最终碰到的困难。

怀疑逃脱了它自身；它的繁殖力就处于这种特权之中。人们可以怀疑一切，唯独不能怀疑上边刚刚作出的对其特权的肯定：这种肯定必然逃脱了怀疑。但是，因为怀疑是普遍性的，它可以针对任何肯定并影响到一般精神之肯定性的客观价值。自此，为了使产生于笛卡尔怀疑之肯定的有效性不至于在怀疑的冲击下失落，那么就需要自身没有问题的某种语言存在，这种语言因为表述怀疑而在这里变成了地地道道的问题学语言，但愿它能逃避这种怀疑。对怀疑的肯定本身是排除了任何疑虑的，这种肯定蕴涵着对于怀疑而言不同于制造怀疑之语言的某种语言。如果人们更喜欢这里不谈论语言，我们毋宁说，人们建立了超越怀疑任何肯定的某种肯定怀疑的断定性维度。然而笛卡尔没有给这种类型的某种问题学差异留下任何位置，因为对他而言，怀疑不是叩问，而已经具化为思考，而思想拥有某种非问题性的实证性，后者把它变成了非批评性思想。在这方面，为什么他采用了某种统一的立场呢？把用于实践、旨在寻找第一原则、寻找"我思故我在"的路径转移到需要某种符合人性之方法的其他科学层面的思想，蕴涵着精神与全部证明性思维的统一性。那里没有任何两分的可能性。这样，在发现"我思故我在"的形而上学原则时，笛卡尔实践了他的箴言：怀疑一切，以期仅把得到论证的东西接受为真实的东西；从各个构成部分分析复杂现象，因为"我思故我在"从分析角度包含着对我之存在

和上帝之存在的认识；把整体重构为某种理由链条；并最终关注人们确实
拥有了一切；整体预设人们掌握着一个绝对的囊括一切的期限。这些就是
《方法论》里著名的四大规则，它们的论证来自"我思故我在"的有效
性，后者使用它们用以检验自己并由此而奠定了它们。

　　总而言之，笛卡尔只能认识一个秩序，即使我们的言语有效化的论证
秩序。导致绝对相信的推论、探索应该一揽子带有绝对相信、带有毋庸置
疑之真理的痕迹：它应该显而易见地确立，同时又应该是证明性的。这是
"我思故我在"的众所周知的悖论：直觉抑或演绎？[①] 笛卡尔操持两种语
言，他没有其他选择。然而，这还不是全部。可以揭示真实的方法是某种
意识现象，深藏于意识之中，后者只能探寻它已经认识的事物。当笛卡尔
反对亚里士多德时，还有当他回收模糊记忆的理论时，他显然是站在柏拉
图一边的。"对于弄清我们的大脑里是否可以拥有任何东西的问题，作为
某种思考着的东西，大脑自身只有眼前的知识，我觉得这个问题很容易解
决，因为我们看得很清楚，当我们这样考察它时，它内部的任何东西无不
是经过思考的（……）。当这种思想存在于我们大脑的同时，我们不可能
对头脑中的思想有任何思想，我们只有现在的认识。"（*Quatrièmes
Réponses*）那么通过分析寻找真理就是重新找到已经投入意识，但被遗忘
的东西，然而精神有力量回忆起它。笛卡尔继续说，"因此，我一点也不
怀疑，一旦精神在孩子的肢体里获得天赋，它就开始思考，而自从它知道
它在思考时，事后它一下子还回忆不起它所思考的东西，因为其思想的各
种类型还没有刻在它的记忆里"。分析既是模糊回忆，同时又是演绎：这
就是为什么笛卡尔在《第二答复》（les *Secondes Réponses*）里支持分析属
于创造的原因；当时他已经相当清楚，证明性论证局限于在已经找到、在
已知的基础上运作。"**证明**的方式是双重的，一种是通过分析的方式……
并展示了一种事物被有条不紊地创造出来的真正途径。"（以黑体字强调的
形式出自我们）在探索发现或创造因素，而论证占有因素的范围内，把探
索与论证相同化是矛盾的。除非人们采用柏拉图处理知识进步的解决办
法，即用"数学"式的证明方法落实该程序之前没有任何权利从认识角度
存在的东西。需要提醒的是，这样一种解决方案更多地解决了梅农悖论，
而较少转移它。然而在这一点上，笛卡尔是和谐的：您可能以为对怀疑的

① J. Hintikka, "*Cogito ergo sum*：inférence ou performance", *Philosophie*, n° 6, 1985.

决定、对怀疑的肯定，不包含肯定自我为毋庸置疑之真实的某种意识的实证性反思。那么人们就不得不承认，在获得真实之前，对真实的这种探索把我们投入了非真实。那么真实如何从非真实中脱颖而出呢，如果不以怀疑的问题性之身又能怎样呢？倘若探索意味着证明人们已经知道，但只要人们尚未通过分析予以证实就一直不知道的东西，那么当人们探索真实时，整体而言，人们应该处于真实之中，这就中止了矛盾，至少表面上如此。这就是笛卡尔归根结底只了解一种语言即论证语言的原因：至于该语言被实践以前的语言，那是笛卡尔在"我思故我在"以前必然使用的语言，它是无足挂齿的。笛卡尔在《哲学原理》第一部分第十段向我们回顾了上述情况："我在这里不解释我曾经使用过的若干其他语词以及我在下边会重视使用的语词；因为我不认为在那些读过我文字的人中，会出现如此荒谬的事，即他们自己听不出这些语词意味着什么（……）。而当我对按照顺序引导其思想的人说，我思故我在这个命题是第一个最有肯定性的命题时，我没有因此而否定事先应该知道什么是思想、坚信、存在等，以及为了思考应该存在等等，然而因为这些概念如此简单……我当时并不觉得它们会在这里受到重视"。这不仅是语言的事情，而是逻各斯的事情，意思是说，一种语言类型对应某种独特的真理场。具化为抛弃像"X是什么？"一类本体论式和综合式问题——偏爱分析的笛卡尔对这类问题的拒绝是很和谐的——的论据来得不合时宜。在这种抛弃的遮蔽下，它把预示"我思故我在"的问题与某种经院类型的问题相同化。其实，它想省掉某种找到真实之前寻找真实的言语的真实定位问题；或者说它被迫表述下述思想，即人们一直都发现了真实，因此不需要用其他方法去寻找它，只需论证人们知道但不知道自己知道的东西，因为后者仅仅"从能量上"被感知。而当人们试图弄清我思与我在覆盖哪些东西的时候，那么人们不应该进行经院式的或本体论式的研究，而是进行双倍的问题学研究。如果科学仅在结论层面存在，即从人们证明了上帝存在的时候开始，笛卡尔提醒说，因为"我说过，如果我们不能首先知道上帝的存在，就不能确信无疑地知道任何东西，我特意强调说，我仅仅是从结论科学的角度谈论的"（*Secondes Réponses*），那么在知道这些之前人们还知道什么呢？这才是真正的问题：它没有任何经院气息，即使笛卡尔在这种借口下无视它。假如任何知识都不能在不遵循真实秩序的情况下被提及，那么肯定应该遵循真实秩序的这个原则本身属于这一秩序呢，或者相反而是作为某种外部意志应用于这一秩序呢？于是上述知识是令人怀疑的，而理由的秩序本身也陷入了怀疑，那么他应该让它走出这种怀疑。这就是当我们支持说笛卡尔的知识思想扎根于明证性之中，即扎根于自我建立的基础上，扎根于主观术语称之为直觉的基础上时，我们想说的一席话。

导致秩序的第一原则的思维徒然是直觉的，它还是推论的，因为直觉毋庸置疑的价值仅建立在自身的基础上是徒然的，只有开始时人们怀疑一切，才能达致这个原则。从直觉到演绎这种所谓的双重言语使人们忘记了下述事实，即面对作为自我建构性的明证性或者分配到种种演绎结论中的明证性，只有一种言语的可能性。尽管像尼采（Nietzsche）谈论笛卡尔时所说的那样，笛卡尔并不怀疑逻辑和推论的价值。笛卡尔操持直觉和演绎的双重语言，这就使人们可以从双重角度阅读"我思故我在"，因为对他而言，在本应对种种极复杂现象一览无余的直觉无法运作并应该被有条不紊的推论性分解取而代之以避免混淆时，演绎就得以确立。正如罗歇·勒菲弗尔（Roger Lefèvre）所提示的那样，"演绎性肯定依赖于概念以及它们之间的关联，那么顺理成章的就是，简单演绎是对关系的某种直觉，而复杂演绎则是种种直觉之间的某种关系"①。有必要再次重申，双重语言更多地体现为等同。

无论如何，陷我们于尴尬状态的怀疑言语——后者等同于人们所怀疑的言语——把我们再次投入了问题与解决方案的混合之中，它是有缺陷循环的基本形态。因为这就是为了能够宣称真实的分析所保留的命运：它假设了真实又删除了假设。笛卡尔的著名循环不断地把我们从"我思故我在"反馈到上帝，其根源在于必须使用一种有效言语以便把言语有效化，这里即证明上帝是存在的。应该整体性处于真实言语之中，因为没有其他言语，即使当问题是达致真实而非预设真实；在这种情况下，真的不再有探索的必要了。诚然，人们可以把事物的秩序与思维的秩序对立起来，如同盖鲁（Guéroult）在参照分析与综合的分离时所喻示的那样。"无论如何，当我们处于认知理性的视点时，我思故我在是唯一的第一原则，但当我们处于基本理性的视点时，那么就只有上帝是唯一原则了，因为作为任何事物的作者，他既是作为简单意识的我思故我在的原则，也是所有客观

① R. Lefèvre, *La structure du cartésianisme*, p. 17 (Publication de l'Université de Lille III, 1980).

现实的作者。"① 然而知识的原则要做到客观，应该是事物之知识的原则，即应该是客观原则；另外人们能够想象出某种从内容抽象而出的思维秩序吗？与此相对应的是，假如不设定有某种言语和某种思想能够让我们接触到客观必然性的秩序，那么它就是某种无法谈论的秩序，无法思考的秩序。被视为独立于任何言语的有关物质秩序的某种言语就在某种不可能支持的言语内部把上述秩序自立化了。人们怎么可以接触到某种自成体系的物质秩序、某种不同于言语和分析秩序的秩序，而要谈论这种秩序必须以某种方式达致之，因而这种秩序就不可能是绝对自立的呢？对于人们无法言说的事情人们能说什么呢？摆脱了认识范畴的某种基本理性具化为什么呢？我们无法确切地知道它。因此笛卡尔在他的《第六答复》（les Sixièmes Réponses）中说，"应该从上帝的认识开始，然后把我们对任何其他事物的全部认识与之关联起来"。

在分析与综合的分离中，有某种人为的东西。两种形式是互相覆盖的，而笛卡尔完全接受这一点，因为在《第二答复》中，他从综合的角度再次展示了此前通过分析获得的结果，因为"证明的方式是双重的：一方面通过分析或解决而证明，而另一方面通过综合或构成而证明"。人们可以根据所追随的目的偏爱前一途径或后一途径，然而它们必然导致相同的结果。自此，上帝的思想从分析的角度蕴涵在"我思故我在"之中，这仅意味着下述道理，即综合内在于分析之中。这里，我们再次发现了柏拉图关于辩证法及其双重运动的思想。

总之，分析与综合的对立在柏拉图那里和在笛卡尔那里一样，都是站不住脚的。结论发挥原则的价值：人们怀疑一切，即没有任何东西是肯定无疑的，假如这种说法是确定无疑的，那我们就一定处于矛盾之中。由此我们提出了问题学与非批评性分离的论点，意思是说，人们可以回答种种问题并尊重问题学的差异。分析结果的复制性综合过于经常地使那些捍卫这种综合的人忘记，这种分析无法走出它的初始的问题性，除非通过某种魔棍，这样就把怀疑变成与之南辕北辙的肯定思想并祭奠了内在反思性的虚空，这种反思性似乎没有其他对象，只有它自身。因为当我怀疑时，我不认为我自己正在怀疑，这甚至是其他事情。这里没有不可能的潜意识，而是意识的许多其他基础活动：当我看着桌子上这个砚台时，我没有看到

---

① R. Lefèvre, *La structure du cartésianisme*, p. 236 (Publication de l'Université de Lille III, 1980).

自己在观看，我没有想到自己在看它；我全部身心都沉浸在观看之中。

事实上，如果我怀疑时，我在叩问；而我对这还怀疑吗，我又再次叩问。而这确实是唯一确立，然后抵制的回答。对于拒绝问题学差异的笛卡尔而言，这种二元论是不可能的，然而人们走不出下述形态：我思，故我叩问。在命题主义的帝国，笛卡尔迎合了断定形式：我怀疑，因而我肯定我在怀疑，这样我也就肯定了我自己。事实是，不可能拥有"我肯定我在肯定……"类型的倒退，因为，当我怀疑时，在对此产生怀疑时，我只是重新肯定了它，现在这种首次肯定是完整无损的，这就阻止了无限发展下去的可能性。笛卡尔所作的不是任何其他东西，只能是某种问题学的推论，因为他从怀疑本身出发从怀疑过渡到对它的解决。这就是哲学思维的基本情况。笛卡尔通过置身于对问题性的任何参照之外，通过转而采纳演绎的经典版本——这种演绎即使不服务于本体论时也是论证性的——而转移了事物。因为"我思故我在"不是一种寻常的演绎，而是某种问题学的推论，人们不很清楚是否应该给它贴上演绎的标签；这就产生了欣蒂卡（Hintikka）的问题，我们甚至还可以说，这个问题对于笛卡尔的同代人就已经提出了。当时对其分析模式倍感尴尬的笛卡尔看得很清楚，"我思故我在"是一种推论，但是一种很特殊的我们不妨称之为即时推论，意思是它省略了外部的前提。那么它就是某种直觉了，这种变成某种能力的神秘活动，其作用似乎是从负面界定的，在某种存在的空洞中，通过应该显而易见的明证性界定为必然性的？在任何情况下，直觉都是绝对理性的非理性，即绝对理性的不可能性本身，取笛卡尔所说的原则不能被原理化的意思。

直觉让我们接触那些"清晰有序的思想"，它们只有自我确立为真实的特性。"例如，每个人都可以通过直觉看到自己的存在，看到自己在思想"，笛卡尔在《规则》（la Règle）III 中如是说。这就提出了"我思故我在"的众所周知的性质问题，由盖鲁陈述、欣蒂卡（4）重新提出的这个问题："笛卡尔拒绝把我思故我在视为某种推理。他其实实践了反对经院派的某种哲学革命，甚至自己也无法断定他的那些方法。那么他为什么至少三次（*Recherche de la vérité*, *Discours*, *Principes*）坚持用否定他自身的形式来介绍我思故我在呢？"① 笛卡尔否定他的思维是演绎性质的："当我们发现我们是一些在思考的物时，这是第一个不是从三段论中得出的概念；

---

① M. Guéroult, *Descartes selon l'ordre des raisons*, t. II, Appendice, p. 308.

而当某人说'我思故我是或我在'时，他从自己思想中得出自己存在的结论不是通过某种三段论的力量，而是像某种自然而然的事情，他通过精神的简单考察就看见它了。由此似乎得出这样的结论，即如果他是从某种三段论中演绎出它的，那么他事先应该知道这种不可抗力：任何思考的都是存在的。然而恰恰相反，它是从他自己的感觉中被告知的，假如他不存在就不可能发生他思考的事。因为是我们精神的独特之处从具体事物的认识中构筑出一般命题"（Secondes Réponses）。置身于纯粹论证性的、演绎性的思维秩序层面的笛卡尔，不可能承认我们从"我思故我在"中所昭明的问题学推论。另外，他看得很清楚，"我思故我是"没有任何传统意义上的命题演绎的色彩。由此产生了他的困境：他否定演绎，但又用演绎术语来介绍他的思维，因为他不了解其他类型的推论。"我思故我在"的必然性建立在另一种回答的不可能性的基础上，而非建立在一旦选择怀疑而给出的回答的基础上。它既像某种直觉，因为没有外在前提，也像某种知性行为，后者可以使欣蒂加所谈论的"生成论"获得信任：言说通过言说行为而建立真实，而这种真实来自例如"我许诺"等动词相关的某种类型的语言运用，后者只有通过陈述许诺的言语行为才能成为真正的许诺。许诺全部存在于陈述行为之中，存在于"我许诺"的言说行为之中。即使对"我思故我在"的这种分析应该是可以接受的，它也只是验证了我们的基本思想，即有某种语言能够捕捉叩问性的真实并因此而开辟了某种问题外的空间。存在着推论，从一种空间过渡到另一种空间，这是一种演绎形式，这种演绎形式的结论犹如在问题外确立，这确实是我们这种以问题学差异为核心的哲学的重要后果之一。只有当人们作为预设，为"我思"配上具化为形成思与思之行为混合物的反思行为，犹如思是对思的陈述，"我思"才是生成性质的。这样一种混合源自被普遍化的命题主义和它的认识阶对应方即论证理想。作为命题主义的理论视觉，把生成性真正应用于笛卡尔可能有点过于狭隘：假如"我要求……"这句话与要求行为吻合得很好，假如要求一点也不超出把它格式化的行为，这种情况在第一人称的时候才是真的。言说"他要求面包"的个体自己并不要面包。相反，笛卡尔认为他昭明了普遍性的主观层面的种种特性，而非某种"第一人称"的语言事实。例如，假如我可以说某个人在思考——而笛卡尔有时借助于"我们"置身于外部而言（Principes）——那么我有权利得出他存在的结论；因为如果不存在他怎么可能思考呢？倘若不是隐喻性的，在哪些地方还有生成性呢？另外，生成性的阐释并非永远运转；因为笛卡尔很好地显示了（*Principes* I，9）他的结论例如对于任何情感都是有效的，理由是，假如我有某种情感，我知道我的感觉，我想到它，因此，我应该货真价实地存在才能有这样的感觉。那么，"我感觉"就没有生成"我存在"，除非人们假设我以前说的有关思想之内在反思性的全部话语；这种性能制约着生成性，但是其意义与今天宣传这种理论的语言学家们所实践之意义不同。生成性和格赖斯（Grice）意义的"后果"概念，最好情况下也只是向语言学术语借鉴而来的一种后果，这种后果被不合时宜地扩展到某些用法，后者与人们通常从严谨意义上设想的生成性完全是两回事。

尽管笛卡尔否认提出了除"我思故我在"本身以外的其他根基，为什么怀疑单枪匹马就奠定了"我思故我在"呢？回答是：人们可以怀疑自己在思考，在走路、散步、吃饭或者还有其他东西，但是人们不能怀疑自己在怀疑。总之，正是因为任何其他"结论都不是十分可靠，我倾向于怀疑它们，因为有可能发生我以为观看或行走的事"（*Principes* I，9），然而我以为唯一我不可能弄错的一点，就是我是存在的，笛卡尔如是说。

总之，排除了生成性的时尚玩意之后，人们重新面对被否定但实践着的推论的张力。真实地说，怀疑只有是彻底的、哲学的，自身才能承载它的解决方案：如果我怀疑我在走路，我深知我在怀疑，但我永远不知道我是否在走路；反之，如果我怀疑一切，我在对自己思想和自身的肯定中超越了这种普遍的怀疑。普遍怀疑与其隐性解决之间的矛盾撤除了，后者一劳永逸地阻止普遍怀疑成为全面怀疑，如果我们接受精神的进展，所获知识从时间层面的进展，而上帝肯定了这种进展，知识的积累使我们避免不停地重蹈覆辙，因为它保留着获得的各种结论。我们很清楚，所有这一切，就是笛卡尔想通过其《沉思集》（les *Méditations*）获得的结果。这并不能阻止一揽子而言，意识天生就对自己是透明的，而同样一目了然的是，我之存在和上帝之存在的思想驻扎于我。因此，普遍怀疑及其解决共存于我的精神之中，而这种怀疑是阻止这种同一解决的。另外，行为中与力量层面一样，因为怀疑一切的力量必然与解决的力量背道而驰，即使它们势均力敌，怀疑一切也是不可能的，除非这已经是解决方案，但在这种情况下，人们已经不是怀疑一切了，等等。

结论：对于笛卡尔而言，"我思故我在"是真的，理由是，如果我思考，我应该是存在的，不是一位说话者之"我"，而是普遍之"我"，以思想为象征的我，因为我不是任意东西，而是会思考的物质。接着笛卡尔所否定之传统引申而言，他把"我在"与"我是会思考的物质"相同化；因为当我思考时如果我不是会思考的物质又是什么呢。显然，人们不能从"我思"跳跃到"我存在"，而只能跳跃到"我是会思考的物质"；霍布斯（Hobbes）已经用不屑于为了给人以指物表象而指物的优美英语指出（*Troisièmes Objections*），推论是奇怪的。那么笛卡尔是如何回答的呢？"凡是我说话的地方，即某种精神、某个灵魂、某种知性、某种理性等，我丝毫没有用这些名称仅仅指称能力，而是用它们指称拥有思考能力的各种事物。"他为什么要从性能过渡到物呢？笛卡尔继续说，"毫无疑问，没有某种思考之物，思想就不会存在，广而言之，任何事件或任何行为，如果没有支撑它们成为事件或行为的物质，都不会发生"。这就是为什么如果我思、如果我是会思考的物质，那么我就存在的道理。

但是思考的问题确实需要以这种或那种方式提出，才能建立起笛卡尔式的前提，这种前提循环式地包含了他的各种结论，因为问题学的推论预设了回答中的问题，而这是必然的。

从分析型推论到问题学推论

我们在笛卡尔那里重新发现了对分析的暧昧性，希腊哲学家们的这种暧昧性已经被阐明。分析既等同于综合又与综合相异。它把综合作为某种相反运动包含在内，但是要使这种综合有用并解决《梅农篇》的悖论，应该使这种综合相对于分析而独立起来，成为外部性，很简单，这就使综合变得不可能了。我们看不到某种独立的综合的益处何在，且莫说它从权利上就不可能独立的事实，理由是，它只有反向回应分析才能运转，况且在分析之外它是不存在的。人们说，综合展示分析所创造的东西，以期仍然把它们区别开来。然而希腊的几何学家们把两者等同使用，而不是一者在另一者之后使用，柏拉图就建议这样做，以哲学独有的要求走出假设—演绎而进入绝对真实王国的名义验证分析的结果。几何学家们就是这样操作的，并非因为他们具有所谓某种思维的弱势，而是因为他们也许比柏拉图更好地理解综合和分析唇齿相依，拥有此就同时拥有了彼的情况。因此，两者的用法没有差异，而且也没有必要用一种去补充另一种用法。综合必然预设某种分析，它展示并重新安排分析。

但是，柏拉图不希望一种方法停留并沉浸在它的初始的问题性中：演绎不应该扎根于假设之中。综合不是简单地重新展示分析的各种结果，它把它们建构成这样，因为它与分析不同。请把这种分裂看成科学领域里同样站不住脚的发现与论证之分裂的先声；发现是纯粹修辞学性质的，如同亚里士多德那里的辩证法一样。为了达到他的目的，柏拉图行将颁示综合的自立性，但是没有证明它。从定义上说，某种自立性意味着人们一下子就进入真实、进入无问题性之中。分析独自生产假设和演绎性。那么柏拉图的辩证法通过在某种唯一的运动中把分析重新整合到综合一边而努力实现不可能的事情。确实应该这样做以面对既独立又依赖分析的综合的可怕的悖论。亚里士多德抛弃了柏拉图的尝试，因为被如此辩证化的分析无论如何都保留着其初始的问题性。人们继续从一个已经解决的问题，至少假设解决的问题开始。只要没有剪断综合的脐带，综合就注定转移起点时的问题性。综合将是本体论性质的，为的是完全进入证明功能：它从已知出发，从人们确实如此所说的这种已知本身出发。由于哲学需要某种毋庸置疑的起点，它只有变成本体论以后才能完全真正如此。在自身内部发展起来的综合性知识通过三段论方法将是任何知识的源泉，三段论方法将是综合知识的方法，被"作为存在之本是"科学以外的其他科学所使用。

确实需要捕捉到的是，哲学通过关注分析和综合，一下子就遮蔽了对解决、对叩问的任何参照，而分析和综合的运行服务于论证的命题化。有些问题人们可以从它们自身开始解决它们，例如在哲学之中，在那里，它们的主题学表达即构成它们的解决方案。自此，分析方法就是合适的方法。笛卡尔对于这一点的感觉是含糊的：如果说他捍卫了分析与综合相等的思想，但是他一点也没有少宣传分析对于哲学探索的重要性。但是，他继续相信它们的等同性，因为他继承了无法叩问叩问性，也继承了命题性对于问题的转移。如果说"证明的方式是双重的"，那么这里应该偏爱分析，"因为我觉得它最真实"（Secondes Réponses）。至于综合——笛卡尔在这些《第二答复》中将投入综合——尽管"它在分析之后还是有用的，但不是很适合属于形而上学的素材（……）。涉及属于形而上学的各种问题时，主要的困难在于明确和清晰地设想最先那些概念"。让我们准确理解他的意思：通过分析，人们置身于对真实的肯定和明证性之中；任何假设都不能干预，这与柏拉图心目中涉及分析时所发生的情况有很大的不同。"这就是我之所以更多地书写了沉思，而没有像哲学家们那样书写争论或问题，也没有像几何学家们那样书写各种定律或问题的原因。"笛卡尔在这些《第二答复》中说得很明确，分析是证明性的。

那么分析与综合之间的这种差异，显然并不局限于命题性运动之方向的这种差异从何而来呢？回到分析和综合之问题化和解决性的根源得以确立：或者从问题自身开始解决一个问题，或者人们需要它之外的材料以期达到解决方案。在第二种情况里，某种综合从这个中间阶段开始。而人们又重新找到了著名的三段论及其由三重成分组成的这种结构，然而这些成分全部被命题化了。没有任何地方提及种种问题得以提出以及推论就在于表达它们并解决它们的事情。当亚里士多德把三段论定义为"某种言语，在这种言语里，某些事物被展示，而这些已知事物之外的某种其他事物必然源自它们"（*An. Premiers* I, 24b18），他没有解释相异性的产生，解释作为三段论根本特征的差异的存在。那么，假设人们没有这种差异，它也不是对问题学差异的表达——我们对此表示怀疑——于是人们就有了一个有缺陷的圆圈，（在英语里）人们将之称作 *question - begging*［借助问题（作为论据或避免直接回答）］。这是一个司法术语，它很好地反映了发生在循环层面的情形：在那里人们假设已经解决的东西构成了问题，人们由此而掉入了进入问题学的差异状态。至于命题主义，它仅从它可以运行的唯一层面去考虑事物，并仅仅肯定结论包含在前提之中，这一简单举措就把推论变得失去了效力（这难道不明显吗？）。然而这种情形的理由却既不能从命题主义中去考虑，也不能用命题主义去考虑，因为要遵从问题学的差异，遵照不通过复制问题来回答的必要性。除了在哲学领域，在那里，很明显，回答行为的目的就是提问，差异在这种差异的表述之中建立。

三段论的推论作为命题性运动从综合中诞生，那么分析性推论的价值就必然被缩小，因为它只能立足于未知。命题的理想似乎由综合来实现，后者一揽子地与真实打交道。正如笛卡尔所说的那样，分析更适合于对真实的发现，也更适合于从种种问题出发的哲学，但是，这些问题像分析一样都被命题化了，于是分析重新处于定位暧昧的状态。因为分析确实是证明性的。通过这种认知理性的间接方式，真实从某种程度上先于它自身，我们上文已经领教了认知理性所提出的各种困难。归根结底，分析秩序应该能够与综合的各种结果相吻合，由此它们两者的等值产生真实，即使综合同时被肯定具有纯粹的再生产性质。

然而问题不仅仅在那里。在笛卡尔那里，秩序发挥着某种根本性的作用，它甚至是科学和哲学的成分本身。它把我们投入真实之中，另外这也证明，从本体论的视角看，它不是可有可无的任意角色。然而，它与材料和物质的秩序不同，在理由秩序位于第一的，按照事物秩序则不是第一位的。这就是矛盾。那么真理的真实性在哪里呢？因为被分开思考的东西在现实中也是分开的（Lettre à Mersenne，24 décembre 1640）；理性思维的优先性在本体论那里因而也应该处于首要位置。如果思想存在于真实中，那么被置于首要位置的东西应该与第一位的东西相吻合。我们知道真实在其中没有发挥任何作用：因为"我思故我在"在本体论中不处于第一的位置，处于第一位置的是上帝，这个体现综合原则的上帝在《沉思集》的思路中包含在分析之中。认知理性的秩序产生了事物的某种知识，因为创造在这里指的还是论证、证明，进而指示预先提出真实的做法。这样，两种理性的混淆、混杂就产生在需要把它们分开而人们无法真正做到的时刻。关于真实的探索是一种被删节的探索，意思是，人们已经找到了一切，通过反思性分析重新找到的种种真实，人们仅获得了它们的明证性，获得了对它们的直觉。命题性反思反思性地确立为这种明证性的标准：通过被推广的反思性，形而上学的分析方法成为任何可能方法、任何科学化的典范。《沉思集》确实构成了《方法论》的根基。显然，这里，我们面临的是命题主义的某种奠基，另外，笛卡尔一直在实践命题主义。奠基的意思是说，在一个从知性所有方向喷薄而出的种种言语性的有效化时代，其运作的原则本身得到肯定，亦重新扎根于主体之身。

不排除下述情况，即只有在"我思故我在"被初始命题化的情况下，笛卡尔的推论才是可能的：从我思不能推出我存在，但是，从我思即从他的反思的陈述中，可以推出对我之存在的陈述，因为并非因为我思考我就存在。这里确实有从某种效果到其原因的分析性上溯，但是推论只能论证为从我思到我在的链条。推论的原则在于使之成立，因此预设为自然而然的事情，这对于明证性的准则是意味深长的。因为人们可以捍卫我在包含在我思之中的思想，取下述意思：对我思的肯定不意味任何其他事情，仅意味着对我在的肯定：B 的言说可以代替 A 的言说，然而 B 造成 A，而我们之所以可以言说 A，那是因为 B。笛卡尔所考察的东西，是秩序的逆反情况，因为人们是从分析过渡到综合，他还考察了从一者向另一者过渡的可能性。更重要的应该看到的东西是，可以从问题推论出回答的问题化的链条，我把这种推论叫作问题学的推论。

其实，头脑里应该保持分析—综合双重方法的各种困难。笛卡尔需要把理性思维分为分析和综合两部分，以避免具化为预设问题中已经存在之理性秩序的循环现象。这并没有阻止他通过实践这种秩序而预设它，超越一再肯定理性思维的统一性。他只了解命题秩序，而需要建立的正是这种秩序，超越被经院实践玷污了名声的所有怀疑。这些怀疑通过它们所表达的断定性反思性验证命题秩序。而怀疑的这种断定性也是自然而然的，不值得作任何论证：它是想、感觉或思考等这些清晰有序的思想的构成部分。如果仅从教育学的视点出发，笛卡尔应该把理性思维拆分为分析和综合，批评其一而偏爱另一方，然后肯定它们是等同的，并因此而能够宣称命题场即理性思维的统一性。那么分析将是理性思维的创造性，而综合是其论证性吗？某些文本可能会让人们相信这种说法，然而分析也是证明性推论，它没有把我们置于真实之前，当人们探索真实尚未获得真实之时，它一下子就把我们投入真实之中和被论证为毋庸置疑的种种命题的链条之中。而笛卡尔只有假定理性思维、分析和综合、探索对象与论证内容的统一性，才能过渡到这种形态。当人们决定探索真实以及尚未获得之时，人们已经有了真实，如果怀疑是彻底的它就被摧毁了。这有力地显示了人们理解意义上的探索真实是不可能的。可能把彻底怀疑时刻与其自行毁灭时刻分离开的时间不增加任何东西：这是一种可倒退的时间，取这个词最忠实的词义。因为有一分为二的事实，同时分析处于综合的对立形态，笛卡尔相当矛盾地谈论理性思维进展、创造、发现真实的秩序，得到了下述悖论的后果，按照这种悖论，当大脑拥有回答的时候它没有回答，之所以没有回答，是因为从来不曾有问题。这样一种悖论因分析的自立性并因综合的相应膨胀而雪上加霜。并在关键时刻不可避免地出现了循环现象。怀疑是肯定的某种修辞，一种自我否定其身份、只留下其附属性以及面对命题性真实时的附属性、偶发性一面的修辞。

人们从笛卡尔思维中辨认出来的循环性在于他没有把有效化的语言与有待有效化的语言相区分，没有把问题学性质与非批评性质相区分。须知，循环性是一种程序，通过这种程序，人们赋予自己的回答是有待于建立的回答。因此，去问题学的差异只能是循环性的近义词：在那里，人们把问题性与解决性相同化。反之，如果我们承认笛卡尔投入了从问题过渡到回答的某种问题学的演绎活动，那么有关有缺陷循环圈的指责就立即失效，因为这个概念仅仅在命题场的内部有效。笛卡尔不仅在证明上帝的存在时，也在"我思故我在"中，都预设了处于问题中的东西，"我思故我在"已经包含了我在，它还把被先验演绎而出的东西设置为存在，而这种存在恰恰构成问题，即使它作为支撑明显地与思想的谓语组合在一起。必然有一个主体存在，立于天地之间，以接受这些表语。

可能影响问题学推论的某种循环性可能是在问题阶段本身就让我们预设回答的推论，这种理解的前提是，对问题的回答并非表达并耦合问题。然而，我们已经说过，在哲学里，回答的目的就是提问本身：因而命题性的循环是不可避免的、结构性的。从问题到回答的过渡永远是推论，而亚里士多德对推论的命题化使我们忘记了支撑它的东西。但是，思维程序的真实是从提问向回答的过渡，而在哲学领域，它的特殊性从命题视点把推论变成了循环。这就是为何哲学需要重新拿起它的问题学原点并能够根据问题学差异把自己主题化，避免使自己陷入循环的怪圈。另外我们还可以与斯图尔特·穆尔（Stuart Mill）一起补充说，任何逻辑都是循环性的，因为结论中没有任何更多的东西，这些东西都已隐性地包含在前提之中。人们可以以去问题学差异的名义来表述上述思想，去问题学差异把问题和回答混淆在一起。另外，事实中的逻辑并不贫乏，理由是，通过前提与结论的差异要求，通过不复制问题而回答它的要求，人的精神可以在事实层面获得进展，即使从权利角度谈，斯图尔特·穆尔的批评是完全正当的。

笛卡尔表示了同样的保留意见，并抛弃了综合，但是并未能给自己的哲学思维打上特殊的标记。很自然的是，在命题主义内部活动的笛卡尔，只能循环性地前进，因为从提问本身开始建构的回答，如果不能用某种建立两者之间差异的言语来明确表达这种差异，就只能相对于自身而循环。笛卡尔循环着他的推论，后者通过它所支持的命题排列，就不可避免地变成有缺陷的推论。那么这里就不再是拯救笛卡尔主义的问题了。如果说笛卡尔主义演示了问题学的推论和以特殊方式实践该推论的哲学思维，那么它全部都服务于自己所建立的命题主义。笛卡尔只能通过把怀疑压缩为某种肯定方式，才能走出怀疑。命题主义的有效性从来不曾被质疑，它甚至服务于对任何问题的解决，因为这正是笛卡尔想建立的东西，同时把它作为某种明证性而实践，需要重新找到对这种明证性的原初直觉。笛卡尔不由自主地实践了问题学推论，因为他是在类型的先验演绎（Déduction Transcendantale des Catégories）中进行哲学思维的，他之后的康德也是这样。笛卡尔主义关于原点、方法、意识之优先地位的各种结果再次来源于对问题学的某种否定，也只能通过这种否定而诞生，同时又建立在某种问题学演绎实践的基础上。如果这种问题学演绎能够借助于"我思故我在"所提出的种种困难，借助于循环性和分析秩序的光明而思考，结果有可能与思考的路径相吻合，并呈现为其他形态，意思是，它本应得出由问题和回答构成的某种逻各斯之真相的结论，这种逻各斯有能力通过在差异化为非批评性和问题性的种种回答中尊重问题学的差异而反思自己。

超越这种遗憾或这种不可能性，重要的是要看到相对于亚里士多德，笛卡尔做了哪些变化。不矛盾原则是逻各斯的基石，就像笛卡尔的"我思故我在"将成为基石一样。亚里士多德所建立的命题主义的逻各斯如果也有一个基石的话，那么它在这一点上是亏欠的，是笛卡尔有待转移或发现的吗？

亚里士多德同意承认辩证性驳斥的某种积极作用，理由是，相互矛盾的各种论点可以被了断，通过不妨称作荒诞的东西让真实浮现出来。但是，机制纯粹是命题性质的，它在如此拿来的这些论点的基础上运作：它预设了不矛盾原则。自此，不矛盾原则就成了打开命题主义之门的钥匙。如何让这样一种原则有效呢，因为有效化必然将其置于应用之中？我们想象一个反对原则的人，他因为不能同时验证该原则，也无法反对它，于是赋予它其全部信誉。然而，没有任何东西阻止一个否定不矛盾原则的人接受矛盾，因而其立场的不和谐就在于实践矛盾性同时又拒绝它。与其说他体现了某种潜在的和谐愿望，毋宁说他验证了自己本身的不和谐。如果说命题"在相同的关系下，A 既是 B 又是非 B"在不应用被否定的不矛盾原则时就是不成立的，这种情况也仅仅使那些已经接受了原则的人感到尴尬。自此，我们又重新处于明证性是命题主义终极准则的状态。笛卡尔正想承担这种明证性的主题化。对于亚里士多德而言，不矛盾意味着主语与谓语一致。对于一个坚持自己主体身份的主语，人们可以说 B 和非 B；从 B 过渡到非 B，谓语发生了变化。苏格拉底青年变成了苏格拉底老年，苏格拉底青年与苏格拉底老年是同一个人。在笛卡尔那里，事情不再是生产关于回答的某种命题性理论，而是能够从非回答中抉择出回答来，从修辞幻觉里抉择出毋庸置疑来；总之，是把主体转移到判断的此岸，以期解决判断的各种对立，即解决逻辑三段论未能清晰有序分离出来的修辞问题。谓语之主语的身份不阻止矛盾。笛卡尔如此诋毁的这种感性表象如果不是相异性、不是能够成为他者的事实，即不能是真正的主导者，那么它归根结底又是什么呢？这里的主体一词应该理解为变化真正的基础而非变化的现象化。主语可以是它之外的其他东西，它在客体上仅覆盖着这个客体的幻觉；这就蕴涵着它虚假地、错误地把自己表述成物质存在，只有当人们也接受有关它的某种相反的判断时，它才能充任判断的主体。感性与修辞的性质相同：修辞是在可对立的和真实表象的范围内活动，那里需要不可能的矛盾性的乖巧身份。真正的主体是"我思故我在"和"我思故我在"所派生的各种投射，其一般的主体思想作为真实判断之必要性的基础，意思是说，只有他自己在他自身的否定中重新得到了肯定，并通过任何失误、任何想象幻觉而坚持下来。另外，作为原则的主体，作为人类学性质之原则，有待于置身其自身主体真实之陈述本身中的主体，是与笛卡尔一起诞生的。但是，人们今天也许看得更清楚一些的，是与此后把人作为根基的这种转移一起运作的修辞学的封闭，人开始与上帝分享地位，至少初期是这样。通过这种封闭，命题秩序从修辞学角度排除了修辞学；表述这些并非投入现代性十分嗜好的这些很容易的悖论之一。有必要弄清这条格式所肯定的东西。"我思故我在"是一种修辞学现实，它把命题秩序关闭在它身上，达到了这样的程度，即不管提出什么样的问题，包括人们这样对"我思故我在"自身的再次质疑，人们都再次回到了"我思故我在"，后者在自我肯定、在（物质的）自足方面是巍然不动的。它抵制任何矛盾性的肯定，体现为肯定永远设置一个表达肯定的我。于是不管提出什么样的问题，它都只能回归到"我思故我在"。这是不是说，除它之外，任何问题都没有其他解决方案，而某种新问题是不可能的？不可否认的是，他是回答的行为主体，人们看不出一个回答如果没有我回答的意识来支撑它怎么可能实现；由此可以说自我的意识穷尽了回答，退一步，即使笛卡尔的天赋主义也不能真正越过它。至少在康德那里，事情更清楚一些，因为也应该陪伴任何再现行为的我思只是回答的形式而非回答的内容本身。没有回答是对"我思故我在"原初回答的模仿。但是，既鼓动笛卡尔也鼓动康德的是问题化的某种隐性的实践，这种实践被修辞化、被先验地自动转移到对主体的肯定上，这是任何可能的肯定，因而也是理性思维本身的模式。即使有原初的二重性，任何问题化、任何问题学都不能自身而突然发生，因为各种问题都预先在主体的自行肯定中拥有它们的终极回答，似乎它们预先或至少就已经解决了，似乎回答已经先验性地被将其界定为回答的东西预先决定了。那么，一个问题就必然是修辞性的，理由是，它只是断定其为根本性的派生形式，后者使它成为无用的和多余的。"我思故我在"把任何可能的问题修辞化，把它带向判断，而判断的形式先验性地从其自身的原理陈述中派生而出。它通过自行压缩到不可回避的人学基础而排除了任何作为回答的对立。然而，如果说"我思故我在"就是这种把判断秩序封闭在明证性上、支持只能建立在明证性、它自身的明证性基础上的修辞体制，那是为了跨越这种以中世纪经院哲学无休无止的争论为象征的修辞秩序本身。从笛卡尔那里诞生的思想的悖论具化为让意识发挥修辞"门闩"的作用以阻止任何修辞学。这就意味着意识的某种无意识，这是一种命令式的、垄断的必然性，伴之以对主导浸淫精神和智识领域之动机的某种拒斥，这些动机如果能得以表述，它们将对抗这种强大的力量。事实上，命题秩序仅仅从修辞角度、幻觉角度是成立的：这意味着它本身并不是真正成立的。为了排除修辞、排除真正问题化的任何可能性，意识通过自行肯定其普遍解决问题的先天能力而压缩修辞和问题化，这种能力自然是幻觉的，并只能建立在把任何真实问题改造成由意识所支撑的对自我的改头换面和模式化的肯定，意识就这样把不同和对立的种种论点统一为对反思性意识的一成不变的重复，而不管在场的论点都有哪些。意识通过拒绝它的修辞角色，只留下了服从于毋庸置疑性之各种要求的某种命题性秩序，毋庸置疑性是真理和科学的标准。它同时也拒绝了其自身的拒绝，拒绝作为对任何修辞的修辞化活动，这种活动具化为把任何真正的问题带向只有一个回答的明证性，这种回答先于问题而存在，那么问题才有意义。然而，人们投入下述假设即任何问题都是在设定意识普遍存在的基础上先验性地决定的恰当吗？难道建立意识优越地位不是恰恰瞄准着从它所界定的秩序中排除某种修辞功能，排除某种自我封闭吗？意识所承担的修辞化像只有预先消除任何真正叩问才能作为回答行为的回答而运转。因此，意识在回答的时候把真正的问题变得不可能了，这就必然把它置于问题之外的其他地方——意即它在思考的时候没有可能思考问题——置于各种解决方案之中。如果各种问题得不到这样的理解，那么回答行为也是不可能的，且任何力量的冲击都无法改变这种情况，即使回答的形式经常都是断定性言语。自笛卡尔以来，意识就是修辞的行为主体，通过它，任何问题事先都已压缩为种种回答，它们不再提出问题。正是演绎的原则本身以一定的方式把它的各种结论包含在其前提之中。把一切都变成演绎性，难道不是占领古典时代之机制的雄心本身吗？修辞化通过对回答行为的自我否定，通过对反馈叩问的否定而运行，而回答概念从定义上就把扣问包含在自身之中。因此，修辞化是解决性的先验模式，把任何问题都变成了其他东西。这就使一个问题并非某个真正的问题：这就把问题学推论变得廉价了。我们下面稍远一些再回到这个问题。无论如何，意识通过某种本身说来不可思议的问题化而进展，且自己无法承认这一点。结果的缠绕与演绎的缠绕一样，被理解为陷入命题怪圈的结果，后者引导人们否定躲过该怪圈的东西，同时又把命题变得可能。

等同于意识的主体行将拒绝意识的这种修辞功能，如果意识应该能够扮演解决性的这种先验性准则的整体主义必要的和普遍的角色，那么主体也拒绝有拒绝行为本身。意识不仅需要把任何可能的问题变成修辞，如果意识应该能够解决所有问题，应该无论如何独立于所提问题的内容，保证任何可能解决的形式；然而，如果主体应该能够抛弃修辞化，以清醒的意识抛弃意识形态，那么它还应该向主体遮蔽它潜意识地承担的这种功能，并否定这种潜意识。也许这里还应该提示应该称作修辞化的东西是什么，以便把事情搞得很清楚。当人们说自己面临一个修辞问题时（例如"您不觉得这个人不诚实吗"这种类型），人们想表示他们对所提问题已经有了回答，而这个问题表面上反馈到知识的愿望并喻示某种可能的交替性，其实却回归到人们从一开始就掌握的某种唯一的命题。因此，把任何可能的问题修辞化，具化为预先赋予自己回答的真相，具化为能够把任何新问题带向一个已经解决的问题，能够把某种拟取代老问题的东西变成这种预先存在的某种延伸。我们可以以完全的善意扪心自问，这样做有何坏处。难道上述情况不是很具体的命题性演绎的秘密所在吗？事实上，处理一个相对于它之前提出的一个问题是悖论的，因为问题之前的东西不能解决一切，不能压缩为已经解决的东西本身，因为先前的这种解决界定出现的问题性。全新是不可能的，人们只能在循环圈内活动；这就是人们一直以来对命题性演绎的传统批评。修辞化给人以解决之先验能力的幻觉。不管提出什么样的问题，不管该问题的内容是什么，解决方案形式上（康德）是由统一纯粹主体与我思的统一性给出的，这种统一性是主导任何回答的问题外。从根本上说，这意味着回答是可能的，理由是，"我思故我在"是种种回答中第一个回答之外任何其他回答的回答标准。权且这样吧。凡是欺骗出现的地方，都具体出现在对问题性的这种纯粹形式的超越。增加了新东西的解决方案是否是纯粹形式的某种综合或者它更多的是内容事务？

可以肯定的是，修辞化的效果就是压缩出现的东西，因为后果是不可压缩的，就是预先解决已经停止自发价值的东西；总之，就是把形成问题的东西改造成回答，并不真正向依然处于可替换和开放状态的东西提供解决方案。总而言之，一个开辟了构成者场域的问题，通过它所提出的代替物，不能被带向某种同样的回答，这种回答永远相同，它将是 A 和非 A 的源泉。这里应该提及的是，演绎仅增加了一点对此或彼的知识，但是不能被视作全部的革新。它调整已经构成的知识。它的纯粹形式的进展对于应该在其他地方已经找到的东西具有教育学的和论证的作用。它不解决任何已经解决了的问题，除了个人了解他还不掌握的有关种种结果的问题以外。演绎可以使他认同这些结果，把这些结果作为他自己的结果。如果某种演绎中存在着综合，应该把它设想为个人学习狭隘意义上的东西，有待于根据问题而定位的东西，而这些问题的各种回答已经存在并已经从其他地方生产出来。演绎相对于老的东西排列新的，并把那里提出的任何问题变成某种预期的回答；因此，斯图尔特·穆尔一再深入地研究循环性。归根结底，人们通过证明什么也没有创造。演绎性思维所做的，就是从形式上先验性地解决包含在人们一开始就接受的种种回答之中的各种问题。也许悖论性的是，演绎可以是一种完美的修辞方法，那些只能把它视为科学的某种严谨程序的人们对此毫不怀疑。演绎性思维确实排除任何问题性，即排除任何争论，但是它只能通过掩饰自己的循环性而做上述事情，循环性一概排斥出现的叩问性。它只能是已经建立的种种回答的场域，当各种问题消失之后就是这种情况；因此，力量的诱惑就具化为通过某种演绎把成立的各种问题确立为已经解决的问题，这就给人以结果的幻觉；很显然，这是某种纯粹形式的幻觉。正如亚里士多德所说，演绎把它所提出和它所解决的各种问题引向它已经解决的那些问题里，把未知引向已知。

　　笛卡尔应该面对的挑战已经清楚了。其实质是建立演绎性运作（同时也通过直觉运作）的命题性秩序，同时拒绝演绎的贫乏性。这就说明，他没有赋予其推论其他定位，仅赋予它演绎性定位，无法使"我思故我在"从权利上摆脱传统思维。另外笛卡尔也否定问题化，因为他只承认断定性联系，后者是他的基本路径的对象。因而他无法从标志着这种路径的问题学推论自身设想它。我们已经看过，一种推论就是从问题过渡到回答。其实质是一个问题学的概念，命题主义只能以将其循环化的代价来断定这个概念。我把某种更特殊的思维称作问题学演绎，后者落实问题与回答的某种独特关系。问题学演绎具化为从问题本身出发而从问题过渡到回答；这种构成自身就给出了对它的回答。如果分析在断定它作为唯一出发点的问题中不摧毁问题学的差异，我们不妨说这就是分析。分析仅作为判断之间的演绎联系而被考察。须知，非常明显的是，当笛卡尔陈述"我思故我在"之间的等同性时，他投入了问题学的推论。演绎不是三段论，如果它一直都是直觉，那么它也只是在行程结束时才是直觉。在怀疑所包含的问题里，有一种陈述文躲过了怀疑，这就是我思。在我思的质疑中，后者以马兰·热尼（Malin Génie）的虚构为象征，有对这种陈述文的再肯定，正如任何判断都有一个主题一样，该陈述文的主体是"我思故我在"所宣扬的我是思考着的物质之"我是"。如果有判断，如果判断者的垄断需要以新的代价建立，那么就需要有一个主体。正如莱布尼茨（Leibniz）所说的那样，"言说我思故我在，不是真正通过思考来证明存在，因为思考与是思考之物是同一个意思；而言说我是思考之物，已经表述了我在的意思"（*Nouveaux Essais*, ch. VII, §7）。弄清我在的问题已经被弄清我思的问题所决定，而一者被认为建立了另一者。从严格的演绎层面看，手法是循环的，因而是有缺陷的。其实，人们再一次面临某种问题学推论，理由是，我在的回答从它自身的叩问中浮现而出，这种问题学推论不是任何其他东西，而是思考。如果我怀疑的话，我怎么能怀疑我的存在呢？回答确实已经在问题里了，这种问题不是别的，仅是我思这个陈述文的修辞形式。

我们已经看过，修辞化肯定了提问的不可能性，如果不是修辞地肯定的话。任何问题化一概被解决——康德在他那个时代指出，仅仅通过回答的形式本身——无论如何，这使叩问变得不可能了。

自此，我们理解到，意识优越地位的倒塌等于对主体这种修辞化的去蔽，等于揭示它的斥力，等于潜意识的出现；在这种情况下，主体不再是根基，而是修辞。显示其理性化和封闭能力的修辞还是某种命题性修辞，是对古旧财富的某种拯救，而非某种别具一格的叩问性的到来。正是主体的封闭性被揭示，而不是他对问题性的可能的开放，人们终于停止封闭和堵塞这种开放性。因为，需要清楚看到的是，对修辞学作为封闭程序之角色的昭明并不改变修辞学，后者依然是命题性质的，仅仅想展示遮蔽和封闭现象是如何存在的。修辞学在命题秩序内部能够做的事被揭示，而两者的性质都未因此而承受变化。诚然，被揭去面纱的修辞学不再是以前那种先验解决性质的风貌了。

　　如今，在主体和他对自我的意识中建立理性是不可想象的。萨特大概是最后一个尝试这样做的人，然而海德格尔当时已经放弃了这种尝试，尽管在这方面存在主义的分析有着模糊性。

　　应该让逻各斯的新理性完全和谐地扎根于叩问性之中，这种情况且应该以原初的方式。假如我怀疑一切，人们应该更多地得出我在叩问的结论，倘若我在叩问，我应该能够以别样的方式差异化地表述它，即使这已经是回答了。唯有在逻各斯层面建立的问题学差异可以说我是叩问者。但是人们也可以怀疑是否一定要从我怀疑的事实开始。那么叩问性是我们唯一可以掌握的现实。作为落实这种叩问性的逻各斯问题与叩问一起，就变得可以主题化了。

　　下面是由此而产生的对逻各斯的沉思。

第四章

关于逻各斯的沉思集

第一沉思：关于逻各斯问题的沉思

这里指的是重新思考应该理解为逻各斯的东西。在一个关于语言研究的大量结果绽放的时代，这样一种要求可能显得有点多余。逻各斯是另外的东西：它是理性思维的语言，这里的思维应该从其全部幅度去理解，而不是根据这个或那个特殊风貌去理解。关于语言研究的膨胀更多地揭示了这些研究的统一性的缺失。科学不断地从分析角度切割物质，构成科学领域的财富就彰显为探索原则和整体化的哲学方面的贫瘠。然而，总而言之，也许问题本身就是一个虚假的哲学问题，且应该让这种思考处于人们见怪不怪的分散状态吗？科学也没有从中找到它的好处。语言现象的无限差异性滋生了一些局部研究结果，它们遮蔽了逻各斯，而它们希望揭示它的真实面目。众多方法和观点——人们将它们称为句法或语法（生成语法或非生成语法），人们更多地关注语义学、语用学或者还有逻辑学——最终未能回答说话意味着什么的问题。心系这种或那种语言现象，根据研究者的兴趣偶然作出这样的选择，没有任何可抨击的东西：这仅仅是随意的。为了论证自己的选择，另外他应该借助于某种语言理论，但是，他宣称发现或使其有效化的正是这种语言理论，通过倾注于他推向前台的各种特殊的语言现象。某种科学理论无疑可以青睐它想要的事实，而不排除其他选择。但是，它不能宣称捕捉到了这样的语言真实。它的各种结果将从它的选择角度去衡量：它们是有限的。任何扎根于某种科学方法的概念都提供一些它想获得的成果，而人们也试图把它们变成理应确立之物的范式：在这里，各种成果的语言从某种程度上就变成了语言科学的结果。从科学开始而进行的这种加法旨在把部分汇集起来，变成一般，把个别现象加起来，以便把逻各斯带向一个巨大的语言帝国。这种情况甚至预设了逻各斯、思维以及作为其路径的它表达的某种观念，然而遭到了学者的拒绝，如果我们相信学者对这种观念的种种抵制的话。他基于下述事实驳斥哲学，似乎这些事实未能表达出某种哲学，未能建立某种哲学，关于面对语言应该采纳的行为，关于应该理解的东西和应该避免的东西，总之，关于决定并定义言说思维的东西。语言显然将以科学为借鉴，科学将超越它不可避免的分析理性也是语言吗？这个问题本身即受到了问题所包含之非科学的综合性预设的禁忌打击，科学不能强迫非科学的综合给出回答。肯定语言属于结果范畴，甚至属于像科学一样的具有论证理性的结果范畴的各种命题，自身却摆脱了这个定义，或者更准确地说，摆脱了这种先验性。先验性一旦被表述就归于毁灭。这就有力地证明了，语言不是它所肯定，而它自身也不能肯定的东西，即使它也可以表达科学的结果。让科学来关注语言的这些特殊现象并对其作出解释，而我们从它的逻各斯统一性方面来接触语言吧。

逻各斯问题，作为语言普遍性中的语言，在这里没有任何形式的先验性而提出了。这个赌注是巨大的。它是从语言思想中得出的，理由是，它是思想的语言。这个格式似乎仅仅是某种颠倒游戏的成果，但反映了思想当今的根本的和基本的要求。思考语言首先意味着向思想自己的语言开放思想。语言思想实践某种特殊的语言，这就是思想的语言。关于逻各斯之沉思的根本特征就位于这里。没有这种沉思，我们怎么可能希望安排属于思想的某种空间，这种空间不把思想转移为语言的常见形式，且在这些形式中思想不可避免地将失去呢？常见形式，即形式的使用，那些应该予以反映且当代分析预设并肯定、捍卫和质疑的形式。然而，有可能采用其他方法程序吗？我们后边将回到这个问题上来。没有语言的思想，思想的语言事实上就解体了，或者隐性地进入那些把思想变得与它面目全非的形式和用法中。使思想沉没的异化现象建立在使用某种不属于它自己的语言的基础上。

逻各斯的问题是作为思想的根本问题而提出的。之所以是根本性的问题，因为不建立在任何预先回答的基础上，并因此也不建立在任何更具第一性的问题的基础上。之所以是根本性的问题，还因为它希望是第一回答的源泉。根本性的亦即哲学性的，就是脱离了外在预设和外在断定的问题，这些预设和断定不来自关于逻各斯的提问，最多是从某种提问后发现的，然而这种提问就其定义而言不是我们的叩问。逻各斯问题的哲学性质绝非来自某种心血来潮，更非来自哲学的某种随心所欲的定义。一个哲学问题直接触及事物的根基，并由此而从所有预设中解放出来。大概应该这样来理解"回归事物"的意蕴。因为有问题，人们便探索对问题主题之智慧的掌握，它并非囊中之物。人们"喜爱"回答，盼望得到它，并努力探讨它：性情（eros 厄洛斯）激励着欲望（erotesis，爱欲）。就其问题的性质而言，逻各斯的问题是一个哲学问题，而处理它的方式不是表现问题之建立和解决的某种选择，似乎有另一种触及它的方式。为了更好地体察这一点并打开通往解决的道路，让我们回到问题本身。如果人们提出一个 X 问题，且并不从这个问题出发以获得对它的回答，人们就必然为此目的而接受并使用其他命题。自从人们提及这些命题以解决 X 问题，它们就发挥着回答的作用，至少发挥着部分回答的作用。但是，这些回答将是对人们没有提出的种种具体问题的回答。这些命题的定位就重新处于争议之中，就像这些命题本身一样：它们在某种叩问程序中确立为回答，然而归根结底它们却不是回答，因为假设被相继提出的问题实际上从来不曾提出。如果说它们不是人们底气不足地接受，并在不能证明它们即是回答情况下所设定的判断，那么它们究其实又是什么呢？关闭由原初 X 问题所开辟之调查的终极"答案"，自从它建立在那些不是回答的"回答"的基础上，就不会是对这个问题的回答。只有在孕育它的判断本身呈现出解决原初问题的特征的准确范围内，它才拥有解决方案的价值。

无疑，基础问题也许要求更易解决或者解决方案已经为人们所知的种种问题相继多次地提出。人们这样获得的各种回答仍然应该发挥回答的价值。为此，每个相继提出的问题本身不应该建立在任何可能提供某种不是回答的判断素材的具体事实的基础上。这种发现清楚地把我们带向原初问题：在提问之初就不使用并非针对它的种种回答，那么如何到达一个问题的回答呢？我们不妨概述如下：当一个 X 问题提出时，人们或者直接从中抽出回答，或者提及其他成分以达到这个目的。或者这些成分自身就是回答，或者它们不是。如果它们不是回答，那么我们看不出它们将以何种身份自诩孕育终极回答呢。而如果它们是回答，那么它们也将来自种种问题。我们假设这些结果这次是直接获得的，以期不陷入无休止的上溯之中。根本问题不可避免地重新出现了：如何不要中介直接从问题过渡到回答呢，如何达到发挥对初始问题之回答价值的判断呢？这个问题本身显然是很严肃的，因为它严肃对待人们提出的各种问题，严肃提出并严肃观照它们。

这种讨论向我们确认，在与逻各斯问题相关的东西里，任何语言事实都不能先验性地提及。从其他同样合理的成分中被选择出来作为灯塔，语言事实引发了某种回答，这种回答并非是一种真正的回答，而我们希望得到各种回答。人们是以什么名义来选择它的呢？如果不是在某种我们无法反映的语言观的隐性支撑下，因为它是任何回答语言问题的基础，而它又只能自行肯定其有效性，那么又是什么呢？

如果不预设应该置于回答中的这个东西本身，那么如何向逻各斯提问呢？应该向语言提出什么样的具体问题呢？在不把探索引上某种特殊的和任意的路径，后者必然把我们置于彷徨之中，那么如何来构建这个问题呢？语言将使我们躲开我们可能投身其中的特别化事实。如何准确知道应该提的具体问题，而不掉入预期某种回答的陷阱呢？这种回答不可能不像它从中诞生的问题一样具体，只有在初始问题时人们将它隐性地作为回答的范围内，它才"希望"像回答一样。人们很难支持这还是一个真正的问题，因为人们在进入游戏时就已经巧妙地把问题与回答混淆在一起了。

因此，为了使逻各斯的问题被郑重其事地当作这样的问题，不仅不应该预设它之外的任何其他东西，然而还有，把它建构成要这个或那个，更要这个而非那个的形式，也是不合理的。这样，在语言中，留给我们的唯一咬合点就是问题本身以及我们提出这个问题的唯一事实。即使我们对问题彻底的和哲学的风貌感到放心，这仍然显得很单薄，因为只有问题而没有任何其他东西来滋养调查。这够吗？在任何形式建构和任何个性化的决定之前，如此拿来的语言问题应该能够把我们带向答案。正是从它开始，仅仅从它开始，我们才被允许开始行程，因为处于问题中的是语言，而非它的某种优势风貌。让它自己提供其回答的秘密，应该让它说什么呢？

这里提出的问题本身是语言的某种行为。这样我们就全部找到了语言的基本现实。问题一下子就把提问者置于逻各斯之中，这就可以克服先前提出的不可解决的困难，即如何合理地接触逻各斯。关于逻各斯的哲学问题所许可的唯一语言现象只能是作为语言现象的问题本身。这种发现绝不蕴涵问题预设了回答的思想。逻各斯的问题自身处于不确定状态，由于选择某种被个别化的形式建构的缺失，因此它不能预设任何东西。我们能够推论出唯一问题的回答这件事并不意味着回答是被问题预设的，也不是我们置放在那儿的。说问题可以获得回答因为它是语言，与肯定问题已经蕴藏着回答并不是同样的事情。我们可以通过向问题提问而达致回答，但是问题自身，通过它自己不能断定任何回答：它什么也没说，因为它的唯一真实就是问题，而没有其他独特之处。应该从这种很具体的意义去理解回答在问题"之中"的思想。问题本身并不预设回答，即使提出问题蕴涵着获得回答的可能性。

尊重这样的问题，不多也不少，清楚地确立了某种差异的在场：问题与回答之间的差异，让人们从问题中提取出来的回答，而不是以任何方式被压缩为问题的回答，前提当然是有问题。

在肯定所有上边这些有关逻各斯问题的话，肯定关于只有它应该并能够使最初的探讨有收获的事实，我们就不再处于原初问题的层面。我们实践了某种言语性，它不是问题，而是谈论问题。这样谈论问题为仅仅提出问题增添了色彩。但是，我们从具化为提出并建立问题的语言行为中发现有某种需要尊重的要求，这里指的是问题和回答的要求。从逻各斯问题中引发出一种回答：逻各斯是由问题和回答形成的，对于逻各斯而言，这是基本情况，当问题被当作问题之后，这也是一种要求。

肯定语言从它作为主题的问题中得到揭示，不啻于从其终极性的一般性层面对语言作出某种断定。因而这也等于回答原初提出的问题。但是，在这里，回答并不是要结束调查，因为这意味着问题消失了，仅剩下了结果。支持说我们回答了关于语言的问题不足以从中得出问题被关闭的意见。

我们回答了关于语言的问题，并强有力地发现，从逻各斯的问题开始，语言允许我们提问。肯定这一点已经不再仅仅是提问了，而是已经在回答，这里指的是，回答说人们可以通过肯定而提问。肯定语言只能用来提问的说法不攻自破。

语言用来提问和回答。这是有关逻各斯的第一真理。这个回答本身来自我们对语言的叩问。这样一种肯定即是回答，而在我们回答有关语言问题的范围内，这种肯定蕴涵着肯定即是回答。

需要刻意说明的是，所获得的作为对逻各斯根本问题之根本回答的问题与回答之间的差异，不是一宗形式事务。问题并不浓缩为提问形式，回答并不超越这一点，它并非任凭人们转移为断定性句子。从这些压缩中，只能得出某种不成立的偏见，后者不允许由直至现在隶属我们的哲学路径提供任何断定。截至现在，在我们关于逻各斯的沉思中，没有任何东西可以推论出问题可以只是或应该是疑问句，而回答只是肯定句或否定句。唯一的要求是问题学差异的要求，那就是问题与回答之间的差异。如此这样地分别提出它们的单纯事实足以标示它们之间的差异。这种差异的存在是对逻各斯问题的根本的和首要的回答。任何其他回答都可能预设逻各斯是由回答构成的，同时又不肯定这一点，因为在我们的假设里，它表述其他东西。这个其他回答就不能宣称是根本性的回答。至于具化为以为逻各斯的问题本身也是随意的，像任何语言行为一样，以这一事实为基础而批评回答的反驳，它是不能有效地被采纳的。提出这样一个问题不来自任何必然性。它本可以不提出，而它单独确实代表了与任何其他语言事实同样个别的语言事实。但是二者必居其一，或者对逻各斯问题的回答实际上肯定了问题学差异，或者它没有肯定。如果它肯定了，就像我们上文刚刚展示的那样，它实际上就回答了并界定着语言的根本真实，至于可能没有提出或者其提出源自某种随意性的决定并不重要。它是对这个问题的真实回答，而这个问题可能提出与否，这种情况并没有改变任何东西。反驳如果想有效，就必须质疑回答而非问题。如果问题只是众多语言行为的一个具体行为，回答亦毫不逊色地是人们寻找的语言行为，而为了这件事，还有什么比提问更自然的吗？

我们自己也通过肯定来回答，通过肯定回答即是肯定。须知，从一开始，我们就在肯定。我们谈论了逻各斯的问题，而通过这一过程，我们就对有问题的地方作了回答，却并没有引发混淆。这种混淆——也是问题学性质的，因为它在去叩问的差异中摧毁了差异——具化为把一个问题变成回答，并把一个回答变成问题。这样做的理由在于我们也通过落实问题学差异的言语的中介而关注某问题。为了很好地昭明这种差异，我们不妨说，当一种回答处理一个回答时，它是非批评性的，而当它参照一个问题时，它就是问题学性质的。我们可以这样谈论问题和回答，并谈论我们自己关于它们的言语，并在该言语中明显地转移逻各斯自身的差异。

在回答逻各斯的问题时，我们发现逻各斯是由问题和回答构成的。这种差异不是句法范畴的事。应该把提问理解成问题，而不是疑问句，例如当人们"处理提出的一个问题"应该理解为"解决一个问题",或者还有当人们谈论的"问题是"时喻示着应该考虑的问题。在这些表达中,没有提及任何突出的语言形式。另外,使用一种特殊的语言形式是需要解释的。任何逻各斯都是问题或回答,且它们之间的差异应该以这种或那种方式予以标示:要拥有逻各斯,就应该使问题能够与回答区分开,那么还有什么比建立这种差异的句子形式更明显的吗?然而,一方面,提问、问题与疑问句之间的关联远非很严谨:有些疑问句干脆就是肯定句甚至命令("X 不是不诚实吗?""您能把盐递给我吗?")。另一方面,假如逻各斯是问题或回答,那么语言形式远非限于疑问句和宣示句。肯定逻各斯是问题或回答归根结底意味着言语行为是叩问的程序。

在我们调查的某个时刻,问题和回答呈现为问题学的回答和非批评性的回答,似乎问题就是回答,而这种情况至少表面上与问题学的差异是对立的。事实上,当人们叩问逻各斯时,它就显示为回答。那么它回答什么呢?它还是叩问的程序。作为澄清,作为回答,它应该实践问题学差异,另外它是这种差异的一个效果,因为它是回答。

让我们更贴近地观照这些。作为问题或回答的言语活动,从两个层面上都是叩问的程序:说话者或作者想表述什么的层面,以及他表述并阐明他想表述内容的层面。因而阐明就是回答:他使用语言来回答某些关注。在回答这个层面,想说的东西说了。从精神建立的某种隐性过渡到某种显性,后者被称作语言。逻各斯覆盖隐性和显性,前者是某种问题"语言",其间大概交织着潜意识和历史。逻各斯并不局限于语言的表现,而是还囊括了"思维"和"精神"。显性语言或者说自然语言的使用者并不建立自己的问题,就像一个法官不建立自己的法庭询问一样:相信就重新掉入了幻觉,后者具化为把问题等同于疑问句。牵动说话者或作者的问题经常处于默示状态,只有想回答它们的东西才表述出来。这种情况的理由在于问题学差异:属于问题范围的东西应该不同于属于回答范围的东西,由此产生了显性与隐性的对立。倘若逻各斯由问题和回答组成,而前者与后者一样都是回答(分别是问题学回答和非批评性回答)时,那么它们回答什么呢?逻各斯回答我们是什么,即体现在历史中的某种问题性,后者亦被耦合在潜意识里的隐性所思考。之所以有语言,那是因为作为在这里叩问逻各斯之叩问者的我们自身,我们被问题学的差异所穿越。这种同一差异既是逻各斯的出生证,也保证着它的网络本身,因为逻各斯所回答的东西不能消失于回答之中，否则将摧毁它自己存在的理由。

第二沉思：从种种问题的澄清到世界的出现

显性确实是回答。另外应用语言研究一直把断定视作第一真实，视作所有其他形式由之派生而出的基础形式。这种情况本身对于科学家们似乎不构成问题，他们最终应该很有理地只关注可观察之物，只看到它。可观察之物无须解释，因为它的确立代替了解释。但是，如果人们想理解说话对人意味着什么，如果人们甚至想超越把世界孤立成种种碎块的部分切割时，人们就不能满足于这样一种先验之见。逻各斯的问题是作为问题的逻各斯，而逻各斯一词不应理解为自然语言，也不应理解为话语，而应理解为应用语言。正是在这里，哲学家与语言学家分道扬镳了。语言学家认为，应该研究自然语言，它永远是独特的。它有一定的句法，而某种语义学与之相配合。由此开始，人们关注句子、句子的结构，关注例句就是很正常的事。对于哲学家而言，问题更多地是从所有的个别性中分离出普遍性，即产生语义学或语用学的原因，对具体事实的任何分析，不管它多么丰富和深刻，都无法解释普遍性。在叩问逻各斯时，我们回答了下述事实，即思考就是提问，而应用语言的使用中蕴涵着精神之叩问性的事实乃是思考的行为。尼采不是说过"谈话究其实就是我向我的相似者提出的问题，以便知道他是否与我有同样的灵魂"吗？逻各斯的问题无疑把我们带向应用语言的叩问运作，而在这个场域里，语言学家和哲学家们可以对话。在我们这种路径的这个阶段应该提示的是，我们回答有关提问的事实，这样我们就在思考问题学差异的同时建立了它。我们因而可以得出元语言和应用语言的线性结论，这种性能既可以允许例如"我给您说让您关上门"这样一句话以表示"关上门吧"，也可以允许两者相等。

如果说说话首先表现为种种回答，那是因为预先已经有问题真切地激发着说话者，即使我们仍然只听到、只看到各种回答，这些回答同时也不呈现为回答。人们通常把问题理解为疑问句，然而这已经是显性形式。为了赋予自己对理应理解为问题的东西一个更正确的理念，应该想到诸如"一个生或死的问题"，或者"一个金钱问题"，或者还有"展现问题的形态"等表达形式，这些表达形式全都拥有打破人们轻率地在问题与疑问句这种语言现象之间画等号的做法。疑问句已经是回答，是问题学的回答，这很好地显示，如果需要的话，各种问题（les problèmes）也可以表述，例如让人们了解它们以便获得它们的解决方案。在显性与隐性对立中实现的问题学差异在显性层面通过形式的改头换面得以维持。正是在这些标记层面，语言学家介入了。假如任何显性都是某种回答行为，没有任何东西阻止对提出问题之因素的回答，而非仅仅对实际形成问题之根源的回答。在这些沉思中引导我们的我们自己的路径清楚地证明了这一点。只要人们在回答中保留了问题学差异，人们就可以在回答中明显地引入问题，或者通过某种固有的形式，或者明确规定那是一个问题而非其解决方案。诸如"您能把盐递给我吗"这样一个句子拥有疑问形式，因为把合作的要求传递给对方很重要。任何解决方法并不比一个问题更具言语性。像上面那样一个句子无论如何都演示了问题学回答的作用：它是部分解决，是最终导致非批评性回答的先导阶段。那么，某种问题学的回答就是解决方案的预备性回答，没有它，后者就不可能产生，因为要成为解决方案，它应该首先让人们指出它应该是解决方案。

在显性与隐性的对立之上，还叠加着问题学与非批评性之显性层面的内在差异化，就像我们自己的疑问一样，某种差异化压缩为对作为纯粹差异的差异化的简单肯定。那里确实有某种必要的条件足以全部主导逻各斯。自此，为了能够既是非批评性的又是问题学性质的，回答行为应该通过把问题一分为二而记录差异。相对于它所解决的问题，回答不应该是问题学性质的（非批评维度），没有问题，人们就应该支持说，陈述一个问题似乎就是陈述它自己的解决方案。只有在哲学领域，在那里回答行为的对象就是提问本身，表述问题不是解决它，而是复制它，假如人们的想法相反，那么人们就会陷入循环，以至于把问题当作回答。在哲学领域，我们提醒大家，人们恰恰通过澄清问题学差异而避免这种陷阱，由于问题学差异，通过这种澄清，人们可以辨认出在叩问的主题化里有回答，回答与问题因肯定它们是差异的这种表述本身而差异化。

一个回答因为是回答而同时具有非批评性质和问题学性质。相对于一个问题的回答，这样它就可以表达问题的一种不同形式。逻各斯的性质本身难道不就是这样分化吗？

我们显然可以从另一头拿起这些事物。对于初始给出的某个问题，一个问题学回答不能是非批评性的，反之亦然。相反，如果是从回答开始，它可以兼具两者的性质。而如果我们要讲得更专业一些，不妨说一个问题学回答必然是非批评性的，因为它是回答。而一个消除了它已解决问题、使后者不再成为问题的非批评性回答，也消除了自己的回答身份并同时承担了自立的身份，相对于它已排除的问题而自立。它不说自己是回答，也不表述它所解决的问题：它自说自话，却不点破这一点，也不把自己当作回答。自此，参照系的出现就像是问题之所在。自我否定其回答身份的回答对于所有仅观察它的人们，变成了判断，命题。假如那里确实是某种事物的问题，这并不影响这种判断本身即是某种事物的问题。在排斥自己的疑问性时，回答不呈现为非批评性的，更不呈现为问题学性质。然而，回答在其言说中还是提出问题之所在的问题，提出作为问题的参照系。回答提出了它自身问题的问题，它已经解决和它让其消失的问题。某事情的问题——相对于它该问题乃是非批评性回答——是由显性的缺失引起的，因为这个问题并没有在所言说的内容里得以表述，人们可以从中推论出，显性的问题学性质将重新把后者置于回答范围内。显性表达，提起某事情的问题，它可以回答该事情的问题。（非批评性）回答的问题学性质在于它向我们提出的问题以及该问题把我们反馈到它所解决的问题。因而，一般而论，问题学就是把问题与回答组合在一起的这种纽带，人们确实就是这样理解问题学的。总之，一个非批评性回答排斥它的回答性质，把这种性质、这种关联作为问题，该问题的回答具化为找到表述内容所回答的东西。

　　作为相对于孕育它生命之问题的非批评性，相对于另一项的问题学性质，问题学差异就这样被遵照，因为问题与回答没有在同一程序中被混淆，亦即没有被同一基础问题所混淆，并保持有区别的形态。而作为（非批评性）回答，区别于一个问题的回答表达了另一个问题。于是它是这个问题的问题学性质，但不是对它的回答。任何回答都是非批评性的和问题学性质的事实——因为是逻各斯，而这样就遵照了任何逻各斯的构成性差异——就是人们称作回答之独立性的东西。由此引出语言的自立性或者还有客观性，应该谨慎地看待这两个概念：自立性喻示着言语是独立的现实，这是一种应该被抛弃的思维观，而客观性似乎说明语言还有另一种场域，它是主观性的场域，倘若我们不设定每个人那里都存在着某种任意的先验主观性，后者与物质的客观性一样，但与每个经验的个体不同，那么上述语言的主观性场域就躲过了我们的认识。但是，如何和谐地设想主观性呢，因为它既是唯一的，又是经验的以及其他人的客观视野所无法接触的，而当我们谈论它时，它又是这些情况的反面。这个困难诞生于客观性与主观性的分裂，让我们搁置这个无法解决的困难吧。回答是独立的：这反映了某种反馈，因为它们独立于某种事物，然而这种反馈恰恰被设置为对某种变成非本质性的 X 的肯定。这样回答就从孕育它们诞生的种种问题中解放出来，并可以充当问题，或者在那些把问题与解决联姻的人们眼里作为坚实的结果。一旦找到了对某问题的一种回答，它就取消了问题：后者被解决了，它不再提出。回答对自身有效，人们很容易忘记它曾经是回答，那说明当初有过问题，回答不是某种简单的判断。

回答变得独立了，并排斥与孕育它生命的问题的关系。它变得可以与其他问题发生关系了，通过回答它们或/和表达它们。这些是提供给逻各斯的仅有的一些可能性，逻各斯即问题和回答。回答不是某种特别程序的简单结果，而变得独立于该程序：即使它是该程序的结果，它也可以是相对于其他问题的结果。这是人们称作"主观产品客观化"的根基，也是允许唯心主义设想它能够通过其观点达到真实的根基。这种理论所落实的逻各斯蕴涵着各种结果的独立性，尽管这还是以遮蔽的方式，即没有把逻各斯作为叩问程序而明确地主题化，这种主题化把理性思维的工作置于任何理想主义、现实主义、唯名论或其他主义之任何先入之见的此岸。

当语言带上问题学差异的标记后，反映性语言就是可能的。只要这些第二层面的回答分别是问题学和非批评性质的，它们就可以处理种种问题。然而只要这些第二层面的回答是显性的，那么这些回答中的每一个也都分别是非批评性的和问题学性质的。问题学性质的回答经常是不申明的。如果它们申明了，因为不同于非批评性回答，那么这种差异应该以这种或那种方式标示出来。然而，它们也仅仅是相对于某种第二层次的程序而申明的，因为在叩问程序内部它们是问题学性质的，它们也不是回答，而基于这种事实，人们不断定它们：一个命题就其性质而言是回答性的命题，于是那里的问题学性质的回答不是人们探寻的回答。"回答"一词与"问题学"关联在一起更多地表示一种可以成为显性的隐性语言的存在。于是，问题学性质的回答就变成了真正的回答，它们也是非批评性的回答，但是它们回答另一种提问，后者的目的恰恰就是澄清某个问题。对于这个问题而言，不管作出了怎样的澄清，问题学性质的回答都是并维持某

种不曾表述的语言形态，因为并非通过言说和断定他们的问题人们就已经
获得了回答，最终应该通过叩问程序获得这种回答。这大概就是问题学差
异的根源：提问只有在与回答不同时才是有用的，而只有当人们知道什么
样的回答是与问题不同的有效回答时，这种情况才是可能的。解决柏拉图
的《梅农篇》悖论的方案就是这种差异。为了使提问与回答显然不同——
在许多情况下，形式不足以完成这一任务——对回答的显性化和对叩问的
排斥将实现这种差异。当语言活动的目的就是回答时，除了必要情况外，
人们不必把问题显性化。为什么人们要表达自然而然的东西，不提出任何
问题的东西，因为这不是人们所寻求的东西吗？人们可以这样做，可以通
过在第一个问题的基础上提出第二个问题而把问题显性化来回答。以此类
推。问题学差异迫使一个问题不能任由人们把它同化于一个表达它的回
答。人们大概稍嫌轻易地从中演绎出下述看法，即回答与提问长期处于不
融洽，处于长期的时间差状态、长久的不睦状态，某种所指躲过了它自身
意指的无穷运动之中。这样人们就可能有两种选择：通过差异而不表述叩
问，或者被各种回答所压缩的叩问，这些回答通过把它改造成回答而把它
变成非它；因而也通过扼杀它的独特性而摧毁它。如果我们仔细观照的
话，问题学差异恰恰为我们节省了这种古老的二元对立。回答本身即包含
了问题学差异，包括在它对自己非批评性的排斥中。这一点上面已经强调
过了。当回答围绕一个提问而进行时，它维持了后者的提问形态，因为它
在它们之间建立的问题学差异的原因；这样一种回答远没有吃掉它或者变
掉它，而是让它保持原样，并因此而恰当地捕捉了它。动词"是"恰恰把
形成问题的东西与不再作为问题的东西关联起来：回答在毁灭自己的回答
身份时就是这种形态，创立了在命题主义里人们称作主语与谓语的二重
性。事实上，一个命题里作为问题的东西被当作问题外来处理，而这种回
答建立在把问题性插入回答的基础上，后者在取消问题的同时，也取消了
自己作为回答的支撑。它言说自己实际表述的东西，而没有明确表示自
己之所是。一个回答把自己以其他风貌展示的差异耦合起来；把言说的
分量转移到说出的话语上，表面上让人们忘记了它所落实的东西，进入
静默状态的某种表象，让位于这种作为逻各斯而活动的现象化之结果。
之所以有主语和谓语——自从命题主义诞生以来，这种互补性就成为神
话——那是因为命题的某种承担既超越了它又维持着它，某种消逝可以从
表述内容中或者从言说本身中找到问题之所在。这样，主语和谓语概念就

是命题理论中被否定的问题学现实,命题理论却既不能没有这些现实,又不能真正解释它们。

非批评性的和问题学性质的回答必然处理某种问题,因为它是回答,但是它不申明自己是回答的事实,因为它被自己的差异所遮蔽。是问题的东西没有被表述,一点也没有超过回答未被表述的情形。这样的结果是,回答没有参照问题,也没有参照它自身,它排斥这样做,但是它参照其他东西,参照不像是问题的问题,因为其形式是回答。参照就这样被放置在形成某种问题的东西的表象中,经过某种解决问题的动力,这种动力把叩问之是实证在外部性中。参照系之表象出现在回答的程序中。参照物不是真实给出的资料,它是出现在对叩问性排斥的时间化中的东西,在那里,处于问题中的东西变成了人们回答的东西,似乎不再是问题了。语言可以达至真实,就像它可以通过某种没有对象、没有参照物的参照性给人以真实的幻觉一样,这种真实性仅仅是由问题之所在是参照性地由回答来指示的简单事实来决定的,尽管这种提问"本身"与任何事情都不吻合。构成问题的东西在回答中被展示为不再构成问题,这个问题同时又从回答中找到参照物。从提问程序中浮现出来的东西可以显身为纯粹的表象。这样,从句法上说,像"拿破仑是奥斯泰尔利茨的胜利者"这个命题就可以用同样的句子"拿破仑是在奥斯泰尔利茨战胜了对手的人"来变得更显性一些,在后边这句话里,"拿破仑"一词的意思由某种疑问形式来具体化,这种疑问形式以非批评的、断定的形式来指示他,同时又可以把他指示为参照物。疑问形式就这样让"世界"浮现出来,后者从回答构成的问题中重新找到了自己的固定性;固定性、身份源自回答中对所有提及问题的东西的排斥,仅仅让人们参照先前处于问题中但没有产生叩问的东西。这样排斥自己的回答仅向我们提供了它的外部性,因而它是表意程序,意思是说,它仅仅是通过其他东西来表意的。在某种静止参照的理论里,人们仅把语言与它意指的东西关联起来,似乎关系的两个语词各自独立存在,当一切游戏都在种种结果的唯一时刻完成时,这种理论获得了认识真实的动力,但是并没有真正理解,对于理解参照系的逻各斯而言,它仅是独立存在的。如果人们忘记参照行为的动态层面,那么上面这个公式就是悖论的。

两千年来一直如此设置的判断,今后不再维持原来的词义。视判断为一个主语与一个谓语的组合,人们就失去了它的独特性,这就是作为回答的独特性，这种回答仅相对于形成问题但并没有提出问题的东西而存在。疑问消失了，而拿破仑仅仅被表述为奥斯泰尔利茨的胜利者。事实上，判断的语词（各个项）相当于被当作不再提出的种种问题；它们相对于某种疑问性而呈现，在拒绝和回答这种疑问性的同时表达了它，同时严禁自己与它在任何方面相对应。形成问题的东西至少有权拥有一个项，话语的主语项，这里指的是回答的主语项，这个项要求取消其问题身份的这种东西本身。您知道谁是拿破仑吗？他是……把这个问题搁置一旁，假设它为人们所知，假设它已经解决，那么就只剩下了拿破仑是奥斯泰尔利茨的胜利者这个回答（作为若干可能的回答之一）。奥斯泰尔利茨的胜利者回答构成问题并维持其问题实质即拿破仑的东西。

当确实存在某种事情的问题时，一个回答就是问题学性质的，当它判断这个不再构成问题的事情，不再是它的问题时，它就是非批评性质的。回答自立为判断并从它的问题中解放出来，仅仅成为至少两个项之间的某种互补关系。驻足于判断中的逻各斯，凝聚并转移问题学差异，即把其参照性耦合在某种被取消的疑问性上面。谓语范畴反馈到问题的主体，尽管问题可以以谓语范畴本身为对象（归根结底，什么是奥斯泰尔利茨呢？），于是我们又重新发现了某种判断结构，后者类似于主语（主体）构成问题的判断句。

回答的独立性超越看着它诞生的环境，赋予它某种独特的有效性。逻各斯有能力显示为语言的彼岸，显示为"参照系"，因为对这种在什么之外的感知落入它的内部。新近设置为等同于从逻各斯问题中浮现出来的那种逻各斯的理性思维，设置了它自身产品的独立性。"客观世界"不可避免地从中脱颖而出，而逻各斯被担保可以接触到它。但是，应该对"客观世界"这个概念持最大的保留态度：它呼唤某种若非荒谬但肯定过时的传统，因为没有任何事情比世界之存在更具问题性了。这是被否定的反问关系的固定化和构成。万事万物的整体反馈到某种外在的视点，这种视点才可以言说它们：而在一切之外，如果不是虚无，那还有什么呢？具化为把世界作为人类真实某种表语而非某种不可能的整体的解决方案，不是一种解决方案，因为没有任何东西证明，这样定义的世界与独立于人类真实的世界相吻合，或至少能够相吻合。至于说世界是客观的，这种说法预设了这种人类真实是主观的：这种界限是不可能得到确认的，且提出了不可解决的困难。如果说主观性的东西仅此而已，那么（客观）接触主观怎么可能呢？如果不处于客观之中如何谈论它们呢？另外为什么要搞出这样一种不成立的切割呢，况且从历史的角度也是不可理解的？

逻各斯是可以接触它的彼岸的，而种种"逻辑"结果的有效性是逻各斯的一种事实，可以使它参照它自身以外的另一种现实。这样一种现实的构成观，对于以提问者之身作为逻各斯之囚徒的我们这些人而言，与任何经验主义以及任何唯心主义不同。经验主义的偏见从事实和事情开始，哲学调查伊始就宣告了它们的独立性。当建立哲学调查的理由被抹掉时，它的意义就变得神秘莫测了。至于唯心主义，它把思想的产品变成了主观性的某种赘物，毫无理由地设定该产品的独立性。归根结底，这难道不是证明，一个结果作为结果从本质上是独立于它所产生的环境同时又依赖它的吗？这样一种显现在唯心主义那里是缺失的，即使在其最精心建构，源于"哥白尼革命"的版本里亦如此。客体仅仅对主体这样存在，而超越客体的东西是不可知的。各种物质的固体存在只能来自单纯的主观投射，以至于要证明种种现象的独立性，应该到达自身的种种回应，我们自身的物性，它们与这些物质相对应。然而，只有当哥白尼的视点被抛弃时，设置这些回应才是可能的：即哲学家置身于外部性和鸟瞰状态，因为对主体而言，没有物质可以处于非现象状态。一旦人们一开始就设定，只有出自主体的认识才是可能的，那么哲学家所设定的事物本身就自我摧毁了。天狼星（Sirius）的视点是站不住脚的，其有效性也是不可能的。它不是"哥白尼式的革命"，因为它设置了主体不可企及的某种现实，而只有主体才有可能认识事物。精神的主观产品的客观性，它们的客观性独立的获得，以抛弃主体的视点为代价：这大概是某种同义重复，但是它反映了某种不可避免的路径。如果以"我"这个主体为基础，那么如果不此时或彼时背离自己最初的"哥白尼式"态度，人们就无法接触那些独立的现实。问题学的路径是彻底不同的：我们这里努力建立的叩问哲学，关注于展示下述内容，即反映性（反思性）内在于任何叩问程序之中。倾注于某种回答的对话者或读者，从他自身的某种叩问程序开始就这样做了，他的这种叩问程序从某种意义上说是第二位的。这样他就可以从外部回答某个程序或关于第一叩问的某个程序，从某种第二程序内部反映第一叩问的轮廓和进展，而不违反叩问的"各种规律"，这仅仅意味着尊重问题学的差异。"自我"不是提问者自身还能是什么呢？归根结底，因为有提问才有自我：人是唯一能够提出人之问题的生物，而此后也是唯一能回答"我如何"的生物，正是因为这个原因，他永远不同于最复杂的遥控性机器。"自我"如果不是人自身的问题还能是什么呢？正是因为怀疑是一种叩问的方式，那么对我在的肯定才来自怀疑。然而，笛卡尔把我设置为根本性的第一现实，归根结底他的论据是不足的，他没有把他从自我身上演绎而出的提问作为第一现实。笛卡尔的叩问并不像它的始作俑者所宣称的那么彻底，因为他的推论——自我来自这种推论——从他作为未经叩问之预设而实践的某种程序中吸取了它的有效性。

根据问题学的路径，自我在充任提问者的范围内，是可以"走出自身"的：例如他可以接触各种独立的现实，因为这种接触就是叩问程序，即对于这种程序而言，作为结果的各种结果是独立的。于是，"自我"就变成了哥白尼式唯心主义所抨击的"他"。因为他是提问者，自我才可以变成他者，并因此而承担唯心主义集中在自我身上的不可能的外部性。人文现实的恰当观念蕴涵着自我的去核心化。

我们提醒大家，这个自我只有反过来对自己的每个行为、每个举措、每个思想进行反问反思时，才是他者：他在这里处于问题之中，因为要言说、行动和思考，每次头脑里都应该有一个问题，我们才能被蕴涵在这一切之中。我们永无休止地被所有这些问题所重新质疑，它们促使我们解决这个或那个具体问题，我们倘若不是身处一极，与我们被引导着提出的所有问题比肩而立的问题本身，又能是什么呢？

第三沉思：论作为蕴涵他者的辩证法和修辞学

我们上面展示了下述情况，即我们对逻各斯的反问实践了逻各斯，并因此而从根本上揭示了它的实质。那么，以它之言语为一般言语之媒介的这种反问到底告诫我们什么呢？首先，反问与有关反问言语的二分法耦合了某种问题学差异，并把它保持在讨论这种反问的各种回答中。非批评性质与问题学性质的二重性符合回答层面常性的这种要求。任何回答，即使我们知道它是对哪个问题的回答，都要提起它所回答事物的问题（问题学效应），对于这个问题，它是非批评性质的。这样一种回答并不声称自己是回答，因而也不参照某种确定的问题，即使有时这个问题是众所周知的问题。回答通过不反馈到某个特殊的问题而实现自己的非批评性，但是把它设想为判断则是错误的，因为回答即使脱离了它的根源，其逻各斯的性质却无法把它与之所体现的反问性相隔离。回答的非批评性—问题学性的双重身份体现在它自身，是它的双重属性，一直以来，人们就把真实思想与这种自足结合在一起。然而真理不能源自自身，通过迷狂也不行，似乎它是某种揭示的成果；今天人们把这种情况叫作"去蔽"。其实，真实只能来自预先的探索，且仅对促使它出现的问题或为其重新定位的问题有意义。

因为回答兼具非批评性和问题学性质。当人们以这种方式说，它以叩问的方式期望它作为解决方案的问题时，人们以隐性方式把某个提问者置于游戏之中，他或者熟悉这个问题，或者相反，继期望之后正在探寻它。如果他熟悉这个问题，那么回答就确立为回答，而且在这方面不再具有问题学性质，但是这种情况很明显反馈到某种期望，反馈到先前的某种呼唤，认识现象就是这种期望、这种呼唤的标记。提问者的在场是隐性的，受回答之非批评性—问题学性真实的制约。事实上，由于问题学差异所代表的命令性质，回答只有相对于同一叩问程序，才能拥有非批评性—问题学性的双重性质。这种情况的后果是，另一叩问程序应该蕴涵进来，这或者意味着另一个提问者，或者意味着另一个问题，这时回答扮演解决方案或解决阶段的角色，或者还意味着另一问题和另一个提问者。这样，回答的本质就不仅仅是与某些关注相会，而是通过上述做法拥有辩证性。因为两个提问者或者所获回答的某种新的问题化，形成了一种对话。逻各斯的本质就是面对某人，哪怕是被动地面对，并因而拥有一个回答者，这个回答者可以是他自身。一个提问者可以承担两种角色，这种情况大概不止一次地让人想起《瑟俄忒托斯篇》（*Théétète*）的著名片段，在这个片段里，柏拉图把思想定义为灵魂与自己围绕某问题进行的对话（189 E）。对于我们的提问者而言，一个程序的各种回答依次变成了提问的对象，这就使得一次新的提问可以丰富一次老提问，后者可以得到补充，或被宣布无效，或者还可以用于其他目的；认识的进展同时变得可能了。当柏拉图把辩证法等同于知识的构成时，我以为这就是柏拉图应当看到的东西。这种方法与演员们扮演双重角色没有什么不同。如果说提问者之间存在着实际的对话，那么他们通过角色的语境化，相继成为回答者和提问者，以这种方式保证了问题学的差异。

截至现在，我们演绎出了我们关于下述事实本身的沉思的内容，即我们通过对作为逻各斯的我们自身提问的反思，或者更恰当地说对作为叩问的逻各斯的反问，而维持了这种事实。我们能够更进一步界定对话的运行吗？毋庸置疑，因为要使两个对话者之间拥有实际的对话，需要提出一个问题并围绕它展开讨论。那么可能发生什么事，而人们又可以从这种形势本身推论出什么呢？首先，假如说话者的回答获得对话者的同意，即回答了他自身的各种问题，那么就不会发生辩论。这预设了下述情况，即对话者向自己提出了相同的问题，或者先于回答时刻，或者因为回答这件事实。对话者把人们向他提供的回答置于问题之中，他从问题学的角度去处理它。对于回答所引发的问题，给予什么样的回答呢，具体言之，如果不是支撑说话者言语的问题又会是什么呢？因而在对话中有着意向性的某种重构，而对话对于意向性的重构是必要的：因此出现了众所周知的诚恳性和其他格言的假设。对话者回答说话者的回答，因为对于他者，它是问题学性质的。因此，他就这一回答发表自己的意见，如果我们站在对话者一侧，即他就这一问题发表自己的意见，两种说法实质相同。他检验它的恰当性；人们通常更简单地说检验它的真实性，因为实际上是在验证回答的真谛，与回答在听众中引起的问题相关的真谛。当说话者向自我提出之问题提供一种回答时，听众回答这个相同的问题，验证上述回答确实是对所提问题的回答；因此，这里有一个相反的路径。我们还可以假设，说话者向对方提出了问题，而不是仅仅给他以回答；或者还有，他以问题的形式提供了某种回答。这个问题从形式本身来说可称之为修辞性的，但是如果我们好好思考一下，辩证法整个都是修辞性质的，意思是说，说话者向对方的提问提供了他首先认为是解决方案的东西。逻各斯的修辞维度来自对他者问题的关注并给予它们以回答。如果我们的回答构成对某人自身问题的解决方案，那么我们就将说服他。我们能说对话是论据化的反面，因为前者预设了不同意见，而后者则驻足于相同意见吗？然而对话的目的难道不是要达到说服听众吗？

　　无论如何，现在需要指出的重要事情是，问题学差异在对话中标记的方式及其甚至完全决定对话基本结构的方式。角色的轮换是保证形成问题和回答的因素；另外我们还可以从中演绎出，说话者的回答对于听众而言是问题，甚至还可以演绎出，听众通过对原初提出问题的"发现"可以落入相同的回答。当话语使问题学的差异得以实现时，形式在问题学差异化的命令式语词中获得种种程度的自由。面向某人的简单事实就超越任何可能的形式，把他带入问题之中。这大概就是人们普遍使用种种礼貌形式的原因。在某种对话关系中，一方的回答构成另一方的问题，理由是，任何回答本质上都可以转换为问题，反之亦然。构成对话对象、形成问题的断定形式本身不分问题和回答，由对话的双方去建立问题与回答之间的差异。语境就是实际提问者们之间的这种关系，它把记录在回答中的问题学性质改造为某人眼中的问题性。因此，语境是问题学的差异因，它构成哪些因素形成问题和哪些问题已经解决（各种预设和社会文化的变化因素）方面的知识和关于对话方知识的知识。它把各个提问者置于相互关系之中。它把问题学差异的不同方面关联起来。在这方面，形式和语境以相反的方式变化。一个更贫乏、更模糊、更无差异的语境意味着某种更弱势的对话主义，意味着某种形式化更强烈的回答行为，意味着以这种或那种名讳的某种问题外现象。形式构成语境不提供的信息；因为说话者与听众之间的社会和心理距离是很大的，因为这种听众是未加区分的，数量很大、还是匿名的，因而说话者无法具体知道听众之所知，或者不知道听众想讨论的问题。

回答行为的非批评性和问题学的双重性质，使人们得以理解对话形式下问题学差异的语境化。他者的在场昭明了语言的另一维度，昭明了它的修辞和论据化风貌。在对话中，每个人相继进入他者的位置，每个人都是他者，既是自己的他者，也是他人的他者：因此，每个人都应该对他者之所知有最低程度的了解——即他们所分享的老生常谈——但是还应该知道他知道这一点。每个人都知道，并知道对方也知道，或至少以为他知道，这可以使他以中肯的方式面对他。中肯性具化为以自己的问题与对方的问题打交道而不质疑它们的解决方案。由此产生了非中肯与不中肯之间的关联。能够承担听众之视点并回答他们的事实可以预期调整和各种操作技巧。这与微妙有着同样的名讳，理由是，呼唤他者的简单事实就把他置于问题之中。在回答中拒斥疑问性的形式不再呈现为回答，可以使对方不必回答，因为它仅仅呈现为显性的问题形式。在把他者置于问题中时，他者只能意识到问题，意识到他应该在论证其回答的同时，通过对某问题发表意见而进行自我论证。如果让对方来作结论，而不是一下子就把答案和盘托出，我们可能更多地说服对方，后一种做法实际上给对方的选择余地很小。概念的模糊化可以收到同样的效果，而最笼统的回答（使用例如"自由"、"正义"等所有人都可以投身其中的语词）期望听众给出个性化的回答。

第四沉思：意义问题或作为问题的意义

对话者是一个潜在的显性提问者，读者大概也是，但是他很少能够直接向作者提问。不管听众是否同意，他们都从自己的角度出发，让回答与孕育回答的问题相符合，人们把这种方法称作理解，或者想表达得更细腻一些，叫做解释学程序。一个回答不言说自己的意义，因为它不会说"这是我解决的问题"之类的话，它也不会标示自己的回答身份。它参照自己所表述的东西，但并不申明自己这样做了，它指示出自己的意义但不明言。这是某种隐性，回应它的是理解力的隐性。一言语的意指不是别的，而是它作为回答所处理的问题性。例如，当人们提到一句话的意义时，其实是让读者知道这句话的问题所在。为了更好地看清楚理解程序是如何发生的，让我们假设某言语的可理解性发生了问题。那么，至于使回答成为回答的东西，它把回答变成了听众眼中的问题。对于听众而言，它是问题学意义上的回答，正如对其作者而言，它是非批评性的回答一样。正是因为回答既是问题学性质的，也是非批评性质的，它才有意义。在我们假设"语义断裂"中对话者对意义的探索里，那么就有着回答充任对某问题之回答的问题。对于解释学方法而言，前一个问题是非批评性的回答。如果它一下子被说话者显性化了，那么从他的视点看，它将是问题学的回答。如果我们现在从这些视点里给出抽象，那么在理解程序里，我们就只能看到从某种问题学回答向另一回答的过渡。替代随后由某种纯粹的非批评性结果所终结。赋予或获取意义，具化为用某种言说断定语中发生了什么问题的回答，展示它何以成为回答之回答来代替形成问题的断定。于是我们就在最初的断定与语义调查的回答之间取得了某种等值。它们应该表述同样的事情：这种同一性在于对话者发现或接受的问题是说话者—作者的问题。由此有移情之说，它长期以来就被用来演示对他者的理解现象，尽管这只是问题学重构的一个特殊情况。倘若作者不能回答我们关于其言语的问题，而该言语形成了问题，从文本本身出发对意义的重建归根结底是多重的和问题性的，如果终极性存在的话。事实上，如果我们整体性地观照回答行为，理解具化为通过某种问题学的等值，把它引向它所解决的东西，而非必然为其找到某种内容自身的等值。

第五章

从理论到实践:论据化与语言的问题学观念

我们从逻各斯的叩问性出发,演绎了它的三重耦合:解释学与语义学的耦合,修辞学与论据化的耦合以及辩证法与对话的耦合。我们远离经典的、语义的、句法的、语用学的范式,说它体现了命题主义是永远不会言过其实的,而命题主义揭示了语言的其他真实,它竭力把它们压缩到它的统一范式中去。像乔姆斯基(Chomsky)和杜克罗(Ducrot)这样如此重要的语言学家们或弗雷格(Frege)这样如此重要的逻辑学家们还是在这种基础上活动。例如弗雷格,他从命题、从孤立的句子出发,以期到达语言中某种他所奢望的普遍意指观念。如同大家知道的那样,这种观念很难长久地抵制分析[①]。因为句子并不存在于我们对语言的实际使用中,那里永远有某种陈述语境为句子定位,或者更具体地说,为许多句子定位,因为把一个句子隔离起来已经是言语内部一种特殊的活动。我们还要补充说,对一言语的理解并不能压缩为逐字逐句地与个人的真实条件相同化。对堂吉诃德的理解并不是某种分解句子的分析活动。杜克罗是另一个例子,他很清楚与古老三分模式的种种断裂和语境对意义的种种效果(语用学与语义学变得不可分割)。但是他保留了命题主义的理论预设。例如我们可以在其著作的很多地方找到不断给予再肯定的句子(les *phrases*)与陈述句(les *énoncés*,陈述文,陈述段)之间的对立。"我刚才说过,这里所捍卫的论点关涉句子而非陈述句。这种情况既给予语言学家以某种方便,又给他强加了某种约束。首先是约束。描述应该能够应用于我所谈论

---

① 关于这一点,我们稍后还会谈及,读者可参阅 M. Meyer, *Logique, langage et argumentation*, Hachette, Paris, 1982[1], 1985[2]; et M. Meyer, *Meaning and Reading* (chap. I), Benjamins, Amsterdam, 1983。

的疑问句的任何陈述，而我不可能希望各种例外确认规则。期望句子包含探索对其陈述句这类或那类论据化使用类型的教益，这并不蕴涵着在实践中它的所有陈述句实际以这种方式而使用。"① 人们的感觉是，这种区分的目的在于解释意指的语境性，它根据各种陈述形式而变化的变化性，这种变化性后来被称作论据性价值。那么为什么人们要告诉我们，这些陈述句并非必然拥有论据性，因为那是区分句子与陈述句的理由本身吗？事实上，杜克罗认同命题主义思想，后者分离从句子中诞生的意指的意义，亦可称之为它的语义描述与在一定陈述语境中与这个句子的陈述句相关联的意义。这就是命题主义吗？让我们阅读下面这段话吧："我们说，一个陈述句表达一个或若干个命题，我们这里所说的并非一个语法从句……而是一个纯粹的语义单位"（*Les Mots du discours*, p. 193, Editions de Minuit, Paris, 1980）。意指扎根于句子的语法之中，并呈现为"赋予那些需要阐释句子之陈述句的人士的一整套说明，这些说明具体告诉人们，需要完成哪些步骤才能把一种意义与这些陈述句组合起来……当人们像安斯孔布尔（Anscombre）和我系统性地所做的那样，把各种各样的论据引入其中，意指的说明性质就昭然若揭"②。这种思想建立在意义与意指，亦即陈述句与句子相区分的基础上。句子是绝好的命题单位，它是"一个抽象的、纯粹理论意义上的语言单位，在这里即按照句法规则由语词组合起来的某种整体，脱离任何言语实际而拿来的整体"③。人们真的有权赋予自己一种从来不曾陈述过、从来不曾说过的语言吗，要知道句子本身显然是不曾存在的？"我把自己的著述建立在其基础之上的意义观，本质上不是一种可验证或可伪造的假设，它更多地来自某种决定，只有它赋予其可能性的著述才能论证这种决定。"（*Le dire et le dit*, p. 182, Editions de Minuit, Paris, 1984）权且是吧，但是为什么又要以非批评的方式承载某种专门的语言观呢？为什么要拒绝把如此漂亮的个人分析系统化，然而又为其中引入某种不成立的歪分析呢？由此产生了弄清什么东西联系杜克罗搞得很好的种种案例研究并揭开它们语言性质的展示问题。它们难道没有演示语言的问题学观念吗？

---

① O. Ducrot, "La valeur argumentative de la phrase interrogative", p. 81, in *Logique*, *argumentation*, *conversation*, ed. Par A. Berrendonner, Peter Lang, Berne, 1983.

② O. Ducrot, *Le dire et le dit*, p. 181 (Minuit, Paris, 1985).

③ O. Ducrot et al., *Les mots du discours*, p. 7 (Minuit, Paris, 1984).

　　让我们从理论路径开始来研究它的后果。我们上面已经看过，说话就是提出问题，至少提及一个问题，哪怕是以解决的名义或以解决的方式。至于语言的交际性质，人们远离任何预想的思想，例如我们可以重新找到杜克罗一个陈旧的肯定，即"任何可以被言说的东西，都可能被反驳。以至于人们在宣布一种意见或一种愿望时，不可能不同时指出对话者可能对它们的反对意见。正像人们经常指出的那样，一个思想的形成是它进入问题状态的第一步和关键的一步"①。因为有潜在的提问，有辩论，即有论据化，而这种置于隐性问题包含在言说之中，作为言说的一种意指；那么在这种言说中构成问题的东西，我们不妨重申一遍，即应该理解为言语中的意义或意指。因而，论据化和意指是关联的，我们可以这样解释，即杜克罗能够提出这样的思想：他用来界定意义之决定的说明其实是面向听众的一种要求，面向听众的一种提问，"要求他们在言语的情境中寻找这种或那种信息类型并以这种或那种方式使用它，以便重构说话者所瞄准的意义"（*Les mots du discours*, p. 12）。

　　如果不认同问题学的观念，那么呈现为回答的一个陈述句形成问题，似乎是令人吃惊的。试举例如下：

　　1. 这个城市有一些优秀的警察。

　　这是肯定类型中最平庸的肯定之一。但是，它喻示着其他一些警察不是很优秀。这样一种交替性是如何诞生的？很简单，当呈现为对一个问题的回答时，交替性的另一方应运而出，与问题同样隐性地出现了。

　　2. 一位父亲对他的儿子说："妈妈说得对，去学校之前一定要吃好"。

　　"妈妈说得对"显然使人们想到了反面，先前可能因为某种性质的拒绝或某种冲突性争执大概发生过对立。无论如何，我提起了一个儿子可能没有提出的问题，并由此而戳破了妈妈的面纱，指出她有可能提出过这个问题。

　　3. 我听过您前任的课程。他讲得很棒。

　　有一天我在向我以前的老师之一、如今变成同事作上述宣示时，我立即就被下述回答重新置于我原来的位置："谢谢。您的意思是说，我的课讲得不好？"难道这真的是我的本意吗？当然不是了。于是我立即表示反对。然而，仔细想来，我的对话者的反应再正常不过了。因为在单独面对

---

　　① *Dire et ne pas dire*, p. 6 (Hermann, Paris, 2ᵉ ed. , 1980) .

他时，我实际上设定我所提问题这一事实也关涉到他：谁在这个领域确保了自己教学的质量呢？在提到一个人而没有提到另一个人，我的对话者就是另一个人，他自己回答我以断定语气实际提出的问题，而通过这种肯定语气，我给出的回答排除了他。

4. 他肯定明天来。他明天来。

副词"肯定"与断语"大概"一样，引入了不肯定性和怀疑，因为它们提起了一个不曾提出的问题，而这种情况是通过对它们所展示东西的取消本身来完成的。"他肯定明天来"这种表达比另一种表达"他明天来"显示了某种更大的问题性。"他似乎很聪明"告诉我们他可能并不聪明，与"他很聪明"相反，后者的语气很肯定，并没有质疑它自身的内容。

5. 他并非不诚实吗？

提出这个问题本身喻示着问题所涉及的人物确实是不诚实的。这种提问确立了交替性，并通过否定游戏本身而删除了交替性的对立项之一。剩下的交替项就只有未被划去的项了。在这种策略中，说话者拒绝承担某种断定的责任，因为断定有诬陷之嫌。因此他请求他的听众自己就说话者未敢明确以定论展示的一个问题作出结论和回答。说话者并不预先就他质疑的问题作出决断，他通过自己的问题创造了这种决断，他提出了这个问题。主体询问 X 是否不诚实，关于他不诚实的问题是否不成立，亦即是否一切都不标志着 X 是不诚实的人？假如我们的主体询问 X 诚实吗，不采用否定的反问形式，那么他就毫无疑义地质疑 X 的诚实性，即他不是这样的人，但是他的做法没有给回答留有任何形式的选择的余地。然而这只是程度的变化而已：我们对这位美国总统候选人所说的话还记忆犹新："我肯定，我的竞争者是正派的。"他之所以这样说，那是因为提出了这样的问题，而没有诚信的污点就这样巧妙地泼在这位问题中的竞争者身上。这样，问某人"您正派吗"比问某人"您不会不诚实吧"或者"您不诚实吗"令人恼怒的程度几乎稍有逊色，因为，如果这样的问题不提出，方法自然失去了它的意义。

这样，一个说话者可以或多或少断然地质疑另一位说话者，就像他从策略上可以处于后者的位置一样（多声部现象）。

6. 弗洛伊德（Freud）的否定方式。

它所服从的原则与上面所有例子中使用的原则相同。我们假设某人说

"我没有任何反对您的地方",或者"您很清楚,我不想对您有任何伤害",或者这种类型的另外一种格式,我们有权对他的诚意保持最大的怀疑。为什么呢?

例如,在说"我没有任何反对您的地方"时,我回答弄清我是否在某种事情上反对您的问题。回答中的否定形式在这里也具有通过取消有可能导致问题产生的因素而取消问题的效果。说话者本可以例如补充说,这个问题甚至不成立:这个说话者通过其回答提起了一个问题,以期说明这个问题没有意义。这样一种回答当然是矛盾的,因为我们看不清楚人们何以能够既回答提出的一个问题,同时又喻示说这个问题是荒诞的,它并不成立,因为人们已经提出了这个问题! 因此,回答提起了一个问题,后者的和谐性要求我们设想它不是回答。于是它仍然是问题,然而也还是另一种可能的回答,即我在某事情上反对您。

7. 如今谁在支持某种绝对空间的存在?

回答是:没有任何人。问题不在于寻找是否有人捍卫这种思想,反之,而在于指出,这个问题已经不再提出,而提出这样的问题意在昭明这种不可能性。条件式用于把问题的陈述形式本身变成假设:"谁敢斗胆提出这里提到的问题?"问题的可能性既然已经被质疑,那么它就变成了不可能的问题,那么对于回答而言,就只剩下了提出这样一个问题的不可能性,这里面蕴涵着不存在这样一位敢于冒险的提问者。

8. 我们还可以举著名的 p 但是 q 为例。

"天气很好,但不够热",在这个例句里,人们在 R 与非 R 的问题上争辩。"我们去散步吗?"其中的 p 支持 R,但是 q 在作出决定时排除了 p 所支持的 R。

这里重要的事情远非重构已经存在的各种卓越的分析,而是在某种普遍语言观的哲学范围内重新定位它们,并由此借助出于其他关注的独立的案例化来演示上述语言观。

9. 夸张与句子。

众所周知,一些表面上一致的句子,倘若重心不同,它们的意义也不同。差异其实在于支撑陈述行为的问题身上。我可以说"昨天,皮埃尔是开车来的"和"皮埃尔昨天是开车来的",并通过重心的变化指出两个不同的事情,两个取决于问题之所在的意义。在第一个例句中,问题之所在在于提出的方案是什么时候,而在第二个例句里,提出的方案则是谁。因为这些问题不同，我们不能用同样的语义体现去代替这些判断的每一个。我们可以通过彰显交替性的提问对立来验证它："皮埃尔（而不是让）昨天是开车来的"，或者另一句"昨天（而不是另外一天），皮埃尔是开车来的"。通过我们提到的对立，人们排除了相反的回答，即坚持最初的问题性。判断的非批评性与其意义同时建立，隐性被传达。"正是皮埃尔昨天来的"显然与"皮埃尔是昨天来的"意义不同。我们从唐兰（Donellan）对表语使用与参照使用的对比（"Référence and Definite Description"，*Philosophical Review*，1966，281—304）中再次发现了细腻的同样的问题学分析。例如，如果我说"让的凶手疯了"，我至少可以表述两种事情：1）杀害让这个人犯下了一种疯狂，2）被指控犯下这次凶杀罪的人疯了。在后一情况中，即使在庭审中律师为其作无罪辩护，这个人仍然落在这种判断名下，因为我所参照的是一个人，即使我搞错了他的犯罪情况。而在前一例句中，用法是表语型用法，意思是说，我修饰的是行为，并通过后果渠道而修饰了行为者，但是，如果审讯显示，嫌犯是无罪的，问题中的个人同时也就逃脱了我关于其精神状态的判断。这样，如果让的凶手是雅克，用第二例句的阅读法，即使雅克无罪，他在我眼里也是疯子，而用第一例句的阅读法，因为他犯下了这种凶杀行为之罪，他才是疯狂的。倘若我们仔细观照，这里还有两个隐性问题，即谁和什么的问题；而正是这两个问题使两种阅读亦即两种阐释成为可能。

上述分析对于预设概念也是有效的。否定和提问保持了某种类型的预设，至于其他蕴涵形式则经不起这种双重检测。用杜克罗的术语来表示，"言下之义"也是陈述句里设定的东西。像"让不再殴打他的妻子了"这样一个陈述句预设了他以前是殴打她的，如果我们反问或否定陈述句（让不再殴打他妻子了吗？让并没有停止殴打他妻子），在上述两种情况中，人们仍然预设他是殴打她的。很简单，这种检测的有效性来自下述情况，即在这个陈述句里，问题不在于让是否殴打他的妻子，因为问题提出时已经解决。因此，原初陈述句所面对的提问活动（通过交替或交替中的否定）对于包含在被考察陈述句中的先前的结论没有任何效果，无论如何这是很正常的。另外，我们还可以补充说，预设是提问的条件本身，更是肯定式回答或否定式回答的条件本身；由此产生了对预设性进行这样一种检测的可能性。但是，昭示这一点的弗雷格却无法描述这种中间关系，理由是，他的数学命题主义和他的真理价值以及他的"客观思想"阻止他用叩问性把这些现象关联起来。其实,在任何作为问题学回答的问题里,我们找到了同样名讳的差异;标示为已知与未知之古老对立的一种对立,笛卡尔在他的《规则》(*Regulae*)里已经谈到了这种对立。为了能够提问并能够回答,人们应该知道需要知道的东西。"先验"(*a priori*,先天的)概念之所以具有某种有效性,其有效性就是这样来论证的。显然,某些语境性蕴涵也被预设了,取这个术语的一定意义,但是它们并不服从预设的检测,其原因很简单。如果我说"雅克并不很狡黠",我蕴涵着下述思想,我的隐性意思是说,雅克很笨。这是这个回答中的问题所在,而假如我把这个回答置于问题之中,那么我同时也就把被认为已经解决的问题这种隐性置于问题之中。假如我问"雅克难道不很狡黠吗?"我远没有预设他很笨,而是通过质疑肯定他可能不是很狡黠来喻示相反的看法。预设的检测建立在对问题的分离基础上。在应用该检测的情况里,我们有两个不同的问题,一个已经解决,一个有待解决。

10. 让与玛丽不一般高。

说这话时,人们提起了弄清让比玛丽高还是矮的问题,某种交替隐性地被让比玛丽矮的回答(因为问题是隐性的,所以应该说论据化)所决断。尽管如此,我们依然可以得出这样的结论,即让与玛丽不一般高,他也有可能比她更高,因为唯一被排除的是同样高。事实上,为了理解论据化亦即问题学的机制,重要的是用下述相反的句子与这个例句相对立:让不像玛丽那么矮。在第一个例句里,被质疑的是让是否具有同样的高度,这就蕴涵着人们质疑的是高度的等同性的结论;并非因为更高让才与玛丽的身高不相等,那么剩下的推论就是因为矮。这里所设置的,没有任何其他规律,唯有问题学观念的规律。另外,如果我说:"让与玛丽不一般矮",我是通过矮来质疑身高不一的,这就蕴涵着让更高的结论。形容词"矮"与刚才的反义词"高",指示着问题的设置本身,即处于被怀疑状态并通过交替性排除而决定剩下的可能性的这种语素本身。

11. 即使让比玛丽更高。

这个语词本身强化了所处理问题的形态和定位:在这里,它确实指示一个可以在对话者头脑中提出,但没有任何继续存在理由的问题:人们本应该相信其反面,即矮个让应该比玛丽矮,人们还应该坚持提出这样的问题,即玛丽真的像人们想象的那么矮吗,而这个问题今后不应该再提出了;因而语词"即使"提到了不应该或不再提出的问题。假如我说"他很聪明，甚至很客气"，我用"甚至"这个副词强调，由于这个支持最初回答或假定为初始回答的补充论据，任何有关其正面性格的问题，都被视为一劳永逸地解决了。

我们不妨重温一下下述事实，谓项由于引入对问题中的某事的参照而具有论据价值，这里的问题是不曾言明的，但是人们通过肯定"X 即 Y"而判断它是问题。人们排除了下述可能性，即 X 通过回答他是 Y，有可能不再是先前的身份了，假如说开始时他是问题的对象，那么以 Y 这种身份，他就不再构成任何问题了。倘若我们把"X 即 Y"视为某种回答 A，那么我们就可以想象得出，作为对另一问题的回答，A 就造成问题了，于是我们就得出一个新的结构"A 即 B"，这是一种推论联系、一种阐释联系，在那里，言说 A 等于言说 B，那么说"X 即 Y"事实上意味着其他事情，即 B。人们可以想象得出在 A 里关于 X 的争论情况。

我们在这一章里重新拿来的这些例子可以演示语言的问题学观念，并确认该观念所支持的属于论据性和语用性构成的东西。我们不可能向实证主义的幻觉让步，后者具化为进行从哲理性向单纯语言性的某种衍变，这种转移很难遮蔽耦合在众多语言游戏和案例研究背后的系统理论的缺失。从事实出发，假如这些事实自身能够存在的话，整合出一套所谓的修辞学，其实只是调整了某种概念范围，后者似乎很难得到论证，恰恰因为它属于事实范畴。方法论上的这样一种经验主义，在观察语言的名义下，使人们误以为可以免除某种语言观，且更可以免除论据化的理论；从科学接受而来的这样一种观念是科学性的某种简化思想，需要重申的是，科学性并不能简化为储备各种例句，哪怕它们已经从自身出发被理论化了。

相反，这里对于我们重要的是，让经验与独立于经验而建立起来的逻各斯的耦合相遇。每次我们都能看到，论据化确实具化为通过种种陈述句来讨论一个问题——这些陈述句既讨论问题，又不能自诩一劳永逸地终结它——它亦具化为通过某种经常隐性的推论而让对话者直面这个问题，对话者自身作为一个提问者来完成上述推论。因为回答可以是其他东西，它无法确立，而隐性可以取消说话者对回答所承担的责任，他只能建议某种回答，却无法把它强加给众人。

显性与隐性的关系界定语言的论据性，并进而界定它所引发的推论。在对话中，从问题向回答的过渡分配为交替说话，推论当然拥有某种自身的特性。对话性推论通过语境的中介把问题与回答关联起来，我们提醒大家，语境既包括共同场域、形势自身拥有的各种间接性预设，也包括各种主观性，这些主观性真切地蕴涵在角色的交替之中。语境是某种基本的问题学的运作者，因为它保证问题学差异的实际实现。那么对话是某种推论吗？这种情况将解释，甚至将建立例如我们在格赖斯（Grice）那里找到的会话规则。据他所说，某些讨论原则是无法回避的：参加会话时要给出需要的信息，不多也不少；角色的分配应该是真实的、中肯的，并且理解起来是清晰的。这一切归根结底是相当平庸的，然而如果我们观察得更细致一些，就会在这些要求中发现对话性回答的种种条件。对话应该回答提起的问题（中肯性），且作为对这个问题的回答应该是可以理解的，而不蕴涵其他问题。人们可以把推而广之继续下去并接触各种语言行为，语言行为是语言回答活动的另一局部理论。这些行为各自非常清楚地表达了推动说话者的问题并让听众认识它，以期达到例如让听众行动的目的。如果我们问它们的作者这些语言行为的意义是什么，他们永远坚持意义的生成性断定意见，以至于例如"关上门吧"意味着"我命令您把门关上"，人们还可以用加上"我说"的某种预构形式表达它，在这里维持作为命令的行为的问题学力量，但是本来这可以是某种许诺、某种请求或者其他东西。

这种情况引导我们发挥我们关于意指的问题学观念。

第六章

关于意义的整合观念:从字面意义到文学意义

真理的意指与条件

如果我们相信意义的传统思想，一个命题的意义——因为问题确实就是这个——是由它的真理条件赋予的，这就落脚于这个命题的某种等值构成。让我们更近距离地检视刚刚说过的话，并举一个简单的例子，它能让我们很好地抓住语言中意义的这种传统思想、命题主义思想。如果我说"下雨了"，那么如果我知道准确地发生了什么事，当命题是真实的即实际下雨的时候，我就理解这种断定。"如果"反馈到一个当作已经解决的问题，甚至当作一个不存在的问题。于是我们说，这个陈述句的意义是由它的真理条件赋予我们的。我想象着事件，想象着被描述的事实，而在这种状态中，我肯定自己抓住了句子的意义。远不止这些，如果有人问我"下雨了"意味着什么，那么我可以生产一个新的陈述句，具体关涉下雨时所发生的情景，以这种形式报告它的真实条件。如果"下雨了"是真实的，那么"这种和那种现象发生了"也是一个真实的陈述句。如果雨来了，对雨的描述就将界定语词"雨"的意义。弗雷格用意义和参照物（参照系）的双重概念来表达意指规定性中的同一性。一个与另一命题有着相同意指的命题，规定这另一句子之意指的命题，参照相同的事物，表述相同的事物，然而方式不同。发生变化的表达，从深层而言，是事物、参照物展现的方式，而弗雷格把参照物的表达称作它的意义。例如，"苏格拉底的学生"与"亚里士多德的老师"拥有同样的意指，因为这两种表达参照的是同一个人，但是意义的展现方式不同，因为两种表述是从另一角度展示柏拉图的。重心放在与苏格拉底的关系，当与亚里士多德的关系处于首要地位时，柏拉图被展示的方式就不同。如果 A 给出 B 的意指，那是因为两者根据两种意义参照相同的现实：柏拉图是亚里士多德的老师，而亚里士多德的老师是苏格拉底的学生。人们以不同的方式表述同样的事情，人们用 A 来表意 B。意义是对参照物的昭明，而一个与另一个的关联表意，即给出意指。

所有这一切都是很清楚的，甚至在经验上也是成立的。我们大家都知道，如果有人问我们，我们刚说过的话的意指是什么；我们将会以另一种方式重复它。我们还知道，例如当一位老师在大庭广众中说"让，请到黑板前来！"因为有好几个人都用的这个名字，只有当大家准确知道说话者以这个名字参照的是哪个让时，这句话才是可理解的。大家都清醒地意识到，句子有某种意义，但是，当唯一一个叫让的人被指定为确实是说话者所说的人之前，它的意指是不具体的。

命题性意指理论的局限性及批判

弗雷格本人很快就发现，不能因为两个命题参照同一现实，它们就可以简单地互换。因为不管这些命题中每一个命题自身的内容是什么，它们都是真理的支撑，并且按照弗雷格的说法，最终都要回到所支撑的对象来。两个表述真实的命题仅仅拥有相同的意指和不同的意义这一个事实，因为它们所说的是它们以不同方式表述的东西，然而意指是相同的。例如，"让很高"的意指可以是例如"这张桌子是长方形的"，假设它们两个都参照同样的真实，那么就同时拥有真实性。

面对这个困难，弗雷格是怎么做的呢？他引入了组合原则。一个命题的意指取决于它的各个成分的意指。要使两个命题具有相同的意指，并从此可以互换，那么需要它们的主语和谓语分别可以互换，亦即它们拥有相同的参照系，当然表述不同。例如，"让尚未结婚"与"让是单身"有相同的意指，因为"让 =让"，而"单身" = "未婚"。语词"让"参照的是同一个人；另外，意思也是同一的；而"单身"概念与"未婚"概念参照的是相同的形态，这就使所有用谓语"单身"来指示的个性都同时落到了谓语"未婚"的麾下；这里的意义不同，因为表达的方式不同。因此，从语义角度，我们不能把语句"让很高"等同于"这张桌子是长方形的"，因为不管是它们的主语还是谓语，都没有共同的参照系，因而也是不能互换的。拥有它们的两个命题都徒然拥有了它们的真实性，因为它们的互换性不取决于这个总的参照系（言说真实的东西），而是像一种功能与其论据的关系一样，仅建立在其成分的参照系相等的基础上。

这样，弗雷格在避免最坏结果的同时，就找到了一条出路，后者大大地缩小了他的意指观。首先，它是纯粹分析性的：人们甚至不是从句子本身出发，而是从它们的元素出发去理解它们的。这就蕴涵着下述思想，即要理解一段言语的意指，需要把它一句一句地分解开，并继续分解句子，以到达主语和谓语层面。

我们甚至不用谈论文学作品了，它们因为是虚构的，没有参照系，也没有真实性的条件；我们就更不用谈论那些非宣示句子了，它们出于其他原因，也没有真理价值，因为它们什么也不肯定。总之，因为缺少由世界确定的某种忠实意义，如在日常语言或科学语言中所参照的那种意义，意指失去了任何意指。如果我们更好地观照它，这样一种局限性仅意味着下述情况：作为真实支撑的命题是唯一的表意单位。

意义的一统论原则

如果说我们同意弗雷格的意见，即理解日常语言的言辞具化为捕捉它们所指称的东西，这样做，我们就拥有种种替换的可能性，但是我们不能追随他的这种所谓整体观念，后者宣称切断意义、参照系和意指各自的统一性而解构一切。一个命题的主语也许有一个参照系，然而从哪里去找表语的参照系呢？应该接受观念作为参照系而存在，与真理价值具有相同的名讳，如像柏拉图那里这类命题的相关价值那样的思想吗？如果我们在这一点上追随弗雷格的思想，那么就无法避免各方面都具有浓厚中世纪色彩的经院主义与现实主义之间的争论，另外这一争论继弗雷格之后又被例如奎因（Quine）或普特南（Putnam）所激活。

我们仅限于提出在语词层面和孤立考察的命题层面作为意义标准的解释参照性的原理要求。但是我们同时发现，各种命题永远仅存在于言语或语境之中，而把它们孤立起来已经是某种结果、某种实践，而非某种资料。呜呼，在关于语言和语义学的各种教材里，人们把命题当作逻辑上自立的实体来学习，这是显而易见的事实。正如我们上面已经看过的那样，完全相对的自立本身也是某种动力的一种产品和果实。自此，我们就不能在言语思想之外，为了全面起见，甚至也不能在所谓的虚构类言语之外，触及意义问题。对于验证某种试图成为整体性的语言理论，有什么测试能够比文学更好呢？也许我们将在文学的理论家们那里找到我们所寻找的普遍意义的观念呢？遗憾的是，回答是否定的，这是因为一个绝好的理由。那些进行文学研究的学者们经常以科学的名义，自然也以尊重经验的名义，从分析而切入，就像我们上一节提到的那些语言学家们一样。他们孤立地研究作品或作家。进行这样的活动，不是一点也不需要某种哲学的语言观吗？而在这方面，人们还预设某种方法论，然而不给予澄清，更不给予论证了。作品不谈论它们自身吗？事情似乎发生了一些变化，恰恰是因为我们在更早已经谈到的文学的自我参照化而发生了变化。愈来愈把自身作为自己对象的文学把自己的语言推到了文学批评的前台。而这里又出现了另一暗礁：以虚构类语言为模式的某种语言理论的暗礁。如同弗雷格谈论逻各斯时头脑里只有实验数学语言的单义性和客观性，例如德里达（Derrida），他也只有建立在语言之非参照性，建立在其非单义性、修辞性、比喻性，一言以蔽之，建立在其形象性基础之上的某种文学的逻各斯观念。然而，这是某种非论据性的修辞学：符号之间无限反馈，而没有以突出的即忠实的方式意指某种参照系；这里的无意指不属于争论，不属于某种隐性的因而无人承担的冲突范畴，而是属于某种无法忠实于字面意义的不可能性，倘若不能以派生的，或者如索绪尔所言之任意的，几乎约定俗成地表达意义的话。在这种理论中，似乎没有任何参照系，这种理论经常与"另类"理论，即由佩雷尔曼（Perelman）所激活的亚里士多德的理论相对立，远离例如巴特（Barthes）的理论，后者从虚构作品的逻各斯出发，更多地看到了某种"新修辞学"。

于是产生了文本包括文学文本意指的另一问题，即所谓的解释学问题，而不再是语义问题。

文学理论中的意义

我们刚刚抛弃了弗雷格在对意义问题回答中的逻辑主义，因为我们不能把言语视为句子的分析性堆加，尤其因为言语对外部现实的参照设定它应该拥有这种功能。面对字面意义，面对参照系，文学言语、虚构言语是对日常言语所界定之规范的种种偏离。修辞将是第二位的、派生的、添加的形象语言。让·科昂（Jean Cohen）提醒我们："自古以来，修辞学就把辞格界定为远离自然的和日常的说话方式的方式，亦即与语言的种种差距。"① 他补充说："当大海被称作家（屋顶）而轮船被称作鸽子时，自那时开始，诗性现象就开始了。那里有对语言规约的违背，对语言的某种差距，古代修辞学把它称作辞格，唯有辞格向诗性提供了它的真正的对象。"② "差距"一词的放出说明，存在着第一的字面意义和引申义，引申义是在本义的基础上运作的。现在的文学修辞学诞生于尼采，它抨击这种优先秩序，因为在尼采看来，在这种修辞学看来，隐喻性是首要的，而参照性的确定是专断的，这种确定性嫁接在模糊性之上而排除了模糊性。人首先是艺术家、诗人，然后才成为世界上的商人。"那么什么是真实呢？它是隐喻和换喻等的某种多重动态……这些隐喻和换喻等从诗学和修辞学的角度被提升，被改变，被装点，它们在经过长期的使用之后，对于一个民族来说，已经显得很坚实、经典并具有约束力。真实其实就是种种幻觉，然而人们忘记了它们乃是幻觉的实质。"（*Le livre du philosophe*, III, pp. 182—183, Aubier – Flammarion, Tr. Kremer – Marietti, Paris, 1969）稍远一点又说："逻辑学只是语言纽带中的奴隶。然而语言自身却有一种非逻辑成分，即隐喻。它是对非同一性进行同一化的第一力量，因而也是想象的某种效果。概念、形式的存在正是基于想象。"（p. 207）因此，真实、参照系是第二位的，它们是由某种意志行为强加的。"我们谈论一条蛇：意指仅达到扭曲运动并因而与虫相吻合。何等任意的划定啊！"（p. 177）总之，"仅仅通过对种种隐喻这种原始世界的遗忘，仅仅通过对最初以人类原初想象能力之热情奔涌呈现为一堆形象的僵化，仅仅通过不可克服地相信这个太阳、这个窗户、这张桌子等本身就是某种真实……人才生活得有些安宁，带有某种安全感和某种后果"（pp. 187—189）。

人们为自己制造了逻各斯的思想旨在展示，因为理解力把复调言语字面确指化了，它事实上被真实、被正确阐释的注意力弄糊涂了，正确阐释被设定为原则。但是，努力寻找隐喻痕迹的解构主义拒绝参照系的力量冲击。

---

① 　J. Cohen, *Structure du langage poétique*, p. 43（Flammarion, Paris, 1966）.

② 　Ibid.

现代视野的重大特征恰恰是理解并触及文本意义之能力本身的风化。如果我们相信解构主义的说法，语言的虚构性、非参照性使它拒绝这样一种可能性。倘若不是作品通过文本性而解构任何信息、任何意指，那么这种理论究竟想表述什么呢？文学文本不可能忠实于字面意义，唯有复调阅读才是它的唯一阅读：意义的统一性变成了意义的破碎性，它的形象性必然反映为无法言说它所表述的内容究竟是此抑或彼。于是，阐释都是多重的，而正是这种多重性被解构论意指为文本。这种形态解释了下述现象，许多文学文本，例如新小说、乔伊斯（Joyce）或卡夫卡（Kafka）的文学文本，通过一再重复的破碎现象，打破了诗的统一性，这些一再重复的破碎现象，随着阅读的继续，禁止某种独一无二的意指的任何思想。

即使当代文学确实比任何其他文学都更多地倾向于意义的丧失思想和向多重阅读开放的思想，这种多重阅读从语言的角度扎根于言语的形象性，但是后者不能作为逻各斯的模式，并因而作为普遍规范。更有甚者，人们可以怀疑这种反参照性的意义观的有效性，其充足的理由就是人们继续阐释作品，继续赋予它们某种意义，即使人们知道若干竞争性的阅读是可能的。更糟糕的是，反参照主义过分相信它的对立面；它事实上假设后者是真实的。当虚构把意指等同于某种参照系的旨归，并相应的把无意指等同于非参照性时，它就必然回避了意义问题。由此引出的后果是，虚构作品的言语再也不能表述某种特别的事情，带着这样一种假设，支持文学不再让人理解的思想就没有意义，文学让人误解。然而有谁说过，意指是参照性的或不是参照性的呢？

我们非常明显地看到，关于语言的两种态度针锋相对，带着固有的偏见或带着被质疑的先入之见。一方面是仅仅依赖日常语言或科学语言的参照主义，后者还带着句子—命题是孤立存在的，它们自身在内在分析的基础上是可以理解的思想；另一方面是某种反参照主义，它远非反对上述意义路径，更多地从言语，甚至从虚构出发，从引申义而非从字面意义出发。但是，否定意义是徒劳的，它永远从阅读中喷涌而出，然而这种阅读就只能是对文本的误解，错误的理解，因为它迫使文本做自己不可能做的事。字面意义与引申义的对立在这里分道扬镳：反参照主义把语言首先视为引申义，而把字面意义视为相对于某种基础隐喻的一种差距，这种差距来自需要任意地（专断地）指归某种意义以便使日常的人和事运转，以便使科学的象征性约定俗成地运转。

忠实义与引申义

我们可以提出谁是第一的问题：是字面义还是引申义，而命题主义是无法决断的，因为真实的情况是，没有第一的元素，即没有相对于字面义或引申义的差距语言。当出现双重意义时，我们就会发现某种呼唤，由陈述活动引发的某种要求，后者有时记录在陈述句或若干陈述句之中。如果我说"已经1点了"以此告诉对方现在该吃饭了，那说明我想表述我实际说的以外的其他意思，有点像某人说"天气很好但还不够热"并非为了回答一个关于天气的问题，而是为了回答有关是否可以去散步的一个提问。在这两个例子里，引申性随着另一回答而浮现，原因是显性揭示为问题学性质的回答。在"已经1点了"这个例句里，回答因为它所解决的问题以及后者不能是它肯定是其解决方案的忠实意义上的问题而形成问题。因为人家并没有问你几点了，那么你为什么要明确宣示一个时间点呢？为什么要提起一个没有提出的问题并仍然要提出它呢？自此，这个时间问题已经不是回答里的问题了，而是另一问题，它是它的间接回答，但并没有说明，正如它并没有宣示是它的问题一样。那么这个问题的问题提给了对话者，后者通过语境化，通过推论得出它的回答，一个说明"已经1点了"回答什么的回答。在其他可能的意指之中，问题可能是去吃饭。毫无疑问，语境允许进行好的推论。这里需要说明的是，这里很难说"已经1点了"就是初始句子"到吃饭时间了"的引申性表述形式，或者相反，"我们去吃饭吧"是"已经1点了"的引申意义。在这里，哪个是忠实意义哪个是引申义呢？清楚的是，忠实义与引申义都是作为问题学差异的被命题化的类型而运作，问题学差异因而隐匿起来了，理由是，人们被引导到从所言中寻找被表述之外的其他东西，而这种寻找只能通过所言而落到实处。我们上文在第四沉思里已经看过，破解意义具化为叩问这样的回答，即具体描述一段言语回答什么东西，这就反馈到它作为回答所针对的问题。这里有代替现象，意思是说，人们用一个回答来替换一个陈述句，这个回答既是对意义问题的回答，也是对陈述句的回答性质的澄清。提问者兼阐释者就陈述句提问，找到了这个陈述句回答的问题，简言之，把陈述句重复为回答，他复制了后者的内容，但是把它与他所解决的东西关联起来，并以此行动，阐释者回答他自己的解释学问题。总之，他逆向重走了说话者一作者走过的路。阐释行为只是澄清它所考察话语的隐性问题;当说话者从问题出发朝着回答走去时,阐释行为从回答出发,上溯到问题那里去,后者可以使他看清楚回答何以是回答。

拥有自身可理解性的回答,在这方面,与不包含自身可理解性的回答没有什么差异,而是向它的读者要求某种重构路径,因为它没有说出自己的意义。在两种情况里,都有一种替代性阅读,后者用解决性的言辞来定位问题言语。人们每次都是从言语过渡到陈述前一言语之非批评性的言语。尽管如此,还是有某种基本的区别需要指出。在忠实于字面意义的阅读中,回答中的问题之所在是由回答给出的。字面意义没有惊奇之处:回答不形成问题,并以不形成问题的方式表述了问题之所在。按照最经典的观念习惯,它是纯粹命题性的。那么在它那里寻找叩问性是徒劳的,在它那里后者已经被抹掉了。一切在那里都是清楚的,由此产生了弗雷格的构成原则所滋养的语义自立思想。反之,在意义的双重化那里,回答形成问题,却并没有由此说明它解决的什么问题。它通过其问题学特性诉求另一种回答,它激活了提问者兼阐释者,后者因而需要发挥某种构成性作用,这种作用甚至因字面义和引申义双重意义的事实而记录在文本本身。这种双重意义像某种相互的双重性一样运转,犹如一种不可避免的呼唤,当人们不理解某命题时,它就提醒你发生了什么事。这就使得意义的双重化完全像某种对理解的呼唤、像意义的某种抵制、像有待覆盖的某种理解力一样活动。倘若一种阐释永远是一种回答对所谓第一回答的代替,但是它们之间有着某种差异,忠实于字面意义而别无他物这种类型维持了给出的内容,而双重意义的效果是把人们引到某种问题性,后者迫使人们重构回答。那么引申性代替就是以陈述句外观为基础而进行的某种建构的成果,由该成果出发,某种注定成为问题的陈述句,且只有经过重构才能成为回答。相反,某种忠实的意指是纯粹复制性质的,即使提问者兼阐释者质疑了回答。

由于一般而言言语性的问题学性质,意义的双重性是语言内部的一种可能性。因此,一个提问者或听者(或说话者)永远可以从说给他的话语中看出某种双重意义,甚至可以永远想象某种意向的增生(即另一问题性),这将使他不可避免地落到双重常态的和病态的存在主义态度,例如妄想狂就很好地演示了这种情况。在一段对话中,意义可以被提问所规定:倘若取消了提问,那么人们最终就会重新掉入字面意义、掉入已经这样理解和接受的东西。言语永远任凭直接提问的澄清。如果人们直接回答对话者的问题，就没有推论了，而这正是这种对话形式的目的。一位说话者通过修辞邀请其听众进行推论，由于明确要求的种种具体化，推论将找到解决方法。然而我们不能给予文本和书写文字同样的评价，它们通常让这样的提问处于没有下文的状态，因为作者们与读者们之间不是对话的关系，有悖于某种传播相当广泛的类似现象。

为了结束关于字面义和引申义这一节，我们不妨这样说，用等级言辞即用差距言辞来感知它们之间的关系是徒劳的。那里有某种修辞结构，某种要求，因而在回答之外还有某种回答，问题不再是复制，而是以另一种形式生产一种回答，后者是不可压缩的，有待于通过替代去发现。但是产品本身是不能互换的。人们关注某种问题性，后者并非反映某种言说结果，而是反映某种言说行为，反映蕴涵其中的某种未言之词。引申义是某种推论性的呼唤，而文本性、书写文字不可能一劳永逸地满足源自去字面意义而诞生的问题。诚然，某些文本比其他文本更具有引申义，因而也更具问题性。逻各斯的问题学性质是双重意义现象的根基。言说内容通过对叩问性的某种落实反馈到言说行为或反馈到某种回答行为，提出了它的问题的问题。换言之，没有忠实于字面意义的言说内容，如果不参照言说行为，就无法让人理解，这里的言说行为应该理解为回答行为，因为所说内容被质疑，从其提问性中揭示了言说行为，让人们意识到，说话就是某种间接的提问。意义的双重性把人们的关注中心从言说内容转移到人们说过这个话的事实，转移到言说行为，对内容的某种质疑把言说行为设定为恰恰与上述内容相关的某种叩问性，对于这种内容，言说行为相应的被感知为某种回答行为；后者以这种名讳回应内容的呼唤。

人们可能会问，我们是否可以把意义的双重化与简单的理解程序区分开来，两者归根结底都建立在问题学元素之问题化的基础上。在我们平常的所谓忠实于字面意义的理解中，回答中的问题之所在在意义的回应中清晰地显现。我们将在下一节里看到这种情况具体会产生什么后果。相反，在某种去字面义的意义中，发生的事情更特殊一些：问题中的东西显示出来的却不是问题——在我们上边选择的例子中，"已经 1 点了"并不回答"几点了"这个问题，那么我们就要知道肯定语式回答的其他问题是什么，这个其他问题也是其他回答，尽管作为回答它还是可以替换的（然而不是作为断定、作为内容："我想"不等于"我是"，倘若不是作为与原初问题性一致的回答）。在意指的双重化中，回答与问题元素之间的差距重新提出了它们之间的吻合问题，因为从人们有了某种引申性回答时刻起，他们却没有给出意义的问题。它所涵盖的问题应该引向另一回答，这一回答由第一回答像第二回答一样所回答的实际问题间接得出。"已经1点了"和"到吃饭的时间了"（像"天气很好但不够热"与"我们不去散步了"一样）这种形态是同样的回答行为，因为它们两者都回答"还不到吃饭时间吗"的问题（以及决定是否去散步的问题）。作为忠实于字面意义的断定形式，独立于需要通过语境来具化的某种具体问题，它们是不能互相替换的。然而作为回答，却是可以互换的。不忠实于字面意义的阅读不仅激发意义问题，它把意义问题作为行为、作为语言行为转移到言语中去，通过它所说非所说、未说却依稀所说，而产生了它自身意义的问题。它禁止人们仅仅从它身上找到它所解决的问题，找到问题元素，这样就给读者增加了压力，读者不能在某种给出的、几乎自动的、不形成问题的理解力范围内被动地接受回答及其问题，而假如这种理解力还是提出了某种问题，那么就从已经构成义的同等语义中去寻找答案。

忠实义与引申义的关系是推论关系，如果推论不能由听众完成的话，那么在与作者进行的某种澄清性对话中，它确实被取消了。我想，这种情况解释了任何引申性的论据风貌、修辞风貌，这种风貌从语言行为扩展到象征，从隐喻延伸到各种文学寓意。自此，人们就不再把某种经典的推论与阐释性派生现象相对立，与"仅仅"分离出意义的程序相对立，也不再有理由把文学修辞与日常语言中的论据化相对立。

语句和文本意义的问题学观念

正如我们上文已经强调的那样，命题的意义和虚构言语或非虚构言语的意义属于某种唯一的程序，某种同一的智识活动：理解活动，导向或不导向多元阐释的理解活动。呜呼，全部传统都旨在让我们相信相反的东西，即语句所拥有的意义建立在弗雷格的真理条件的基础上，在维特根斯坦、奥斯汀（Austin）和塞尔（Searle）等人那里则建立在更语境化和更模糊的种种机制的基础上。还有，言语的意义还有另外的意义，然而似乎更逼真的是，意义是一个没有意义的问题，而种种阐释的竞争更多地指示了不可回避的多元性，指示了任意删削、误解但不理解的解释学力量的冲击；总之，只有进行象征分析了，别试图超越它，因为没有到达这种境界的希望。那么理解就等于理解人们不再可能理解这种性质，这就导致批评集中于比喻、集中于文本的不可超越的修辞。巴特（Barthes）如是说："阐释一部文本，不是赋予它某种意义（或多或少成立的、或多或少自由的意义），相反，而是鉴赏它是由何种多元现象构成的。"（S/Z，p. 11）面对解释学的多元现象，我们真的就如此束手就擒吗？

我已经说过，预设是继承而来的方程式，按照这个方程式，参照系＝意指。那么提出的问题就是什么时候参照性实际提供意指并出于何种理由。当人们在一个句子里给出某语词的意指时，人们参照的是这个语词所指示的东西，那么人们就拥有一个等值的句子。假如我问"谁是拿破仑？"因为我不理解例如"拿破仑是奥斯泰尔利茨的战胜者"这句话，回答具化为说出谁是拿破仑，并规定这个姓名的参照系：拿破仑是曾经做过这件或那件事的人。然而人们继续明确他所做过的事，他是怎样的人，直到我们的听者落在他所熟悉的某种意指上，这个意指不再形成问题，可以使他把人们向他描述的这个人与人们开始向他解释的句子里的问题对象拿破仑等同起来。另外，人们还可以以同样的方式对另一个词奥斯泰尔利茨进行推论，例如它是……的地方等。总之，我们的读者将发现，每当人们具体给出某个参照系时，人们都使用一个疑问句来指示、外延、引入参照系，同时用疑问句具体说明了问题之所在。

自此，像"拿破仑是奥斯泰尔利茨的战胜者"这样一个命题就与"拿破仑是在奥斯泰尔利茨战胜敌人的人"同义。如果我们假设说给听众的一句话被理解了，那么就省去了种种疑问句，倘若我们弄错了对话者的理解层次，还要不断地澄清、恢复上述疑问。这就等于说，句子里疑问形式的缺失相当于说话者及其对象完全分享了同一理解的思想。说话者把激发他说话的问题当作已经解决的问题来处理，因而仅通过其言语来展示这种解决情况。一句话的忠实义等于这个句子语义的这种自立性，它一任人们自它开始去理解它，它不再在这种问题元素里形成问题。由此，回答也自然不表述为回答，因为没有问题。句子里疑问形式的缺失说明从说话者角度设想，理解性的程度是完全的。这丝毫也不蕴涵下述现象，即断定式的句法结构可能来自提问结构（因为说话永远是以某种方式回答），这意味着人们把精神上的疑问性设想为某种语法的类型化，实际情况并不是这样。不使用疑问词（或疑问句式）仅仅意味着人们把问题当作已经解决的来对待,并进而当作不应该再出现,但必要时也会重新出现并整合在一起。另外,当说话者使用疑问形式以确定他所使用的语词究竟想表示什么的时候,其方法也可以是对所要求的具体化的预期,而不必等到它们真的出现。因为有了明显的疑问形式,说话者就更认为他的话语是有问题的:他从自己的角度接过了其听众可能或者本应该向自己提出的各种问题。意义被这样一种程序所澄清,但没有被改变。

回答并不自诩为回答,即并不宣示自己的意义;它肯定自己的意义却不说明它肯定这种意义。这样,通常意义就是隐性的,如果人们规定回答中的问题是什么,并因此而把开始考察的陈述句变成了回答时,他们实际上把隐性意义变成了显性意义。从所讨论问题的层面看,什么都没有变化,这就解释了"拿破仑是奥斯泰尔利茨的战胜者"与"拿破仑是在奥斯泰尔利茨战胜敌人的人"同义的原因。意指把话语与其原初的叩问性关联起来,而给出这种意指,把它明朗化,仅仅具化为表述这种叩问性,具化为解释话语何以是回答的原因,并由此出发而参照一个具体问题。通过这种参照,我们也拥有了弗雷格所谓的参照系,因为,如果问题并没有被明示为问题,回答在意义的操作中也并没有享受超越问题的厚爱而被明示,参照系仍然作为曾经的问题而出现,这就明显地显示出关联款式的疑问—参照性使用。

显然,心有灵犀一点通的对话者们不说"意义是……",他们自有自己表述的话题;简言之,问题—回答的关系尽管是内在的,仍然保持隐性形式;回答言说其他东西,它之外的其他东西,因为一叩问程序的目的并非自诩,而是表述其他东西。作为这种表述之结果的回答,因而就没有要反馈到孕育它的各种问题的任务,没有说明自己是回答,亦即这种反馈的任务,而是要表述其他事物。在回答中,回答的回答特征被排斥,它自身拥有参照并处理一个问题即问题元素的能力,因此,它的实际参照系在别处,而不在它自身。它只能指示这一点。回答言说它所言说的东西,而不说明它这样做了,而不自诩为回答。一个回答固有的特征就是不自诩(为回答),而是表述某种事物,后者也不是任意事物:它表述问题之所在,并因为有回答,把它表述为不再形成问题的东西。后者表现为言语展现的必要缺失。例如,假若我的问题是弄清您明天干什么,"我进城"的断定形式就回答了它。我不要求您告诉我"'我进城'的断定形式回答了您的问题",因为这种断定展示为回答并保持了回答的意义的事实,丝毫也不蕴涵着您进城的意思。我要求您就一项行动而非就一次断定回答我。

从回答并不以自诩为回答为目的的事实，衍生出语言符号反馈到其他东西而非它们自身的基本特性。这是一条古老的定义。另外我们知道，一旦人们执迷于系统性地自我参照一系列命题，许多悖论就会应运而生。但这不影响一个回答可以言说另一回答，正如它可以表达一个问题的可能性：这样就分别有了种种非批评性回答和种种问题学回答。我已经足以强调过，这种区分原封不动地保留了问题学的差异，理由是，这些回答把问题学差异包容在它们的回答存在之中。

具体言之，在语言的使用中，人们知道问题之所在，但是不应该去提及它。回答并不自诩。意义的发现来自语境和语境对听众所包含的信息。听者以隐性的提问者之身运作：他把言说或书写文字视为回答，其中被处理的问题以这种或那种名讳阐释它，哪怕显露出不屑一顾的标志。他们就是这样的提问者，因为某种回答建议给他们。回答什么，因何而回答，关涉什么？

一个回答的意义在于它与某种确定问题的关联。如果意义对于回答的目标者形成问题，那么就应该解决这个问题，解决的方法是提供一种复制初始回答的回答，因为后者彰显了初始回答的回答性质。对说话者的问题的反馈在对意义的明确要求中是显性的。能指性回答与所指性回答肯定是等值的，理由是，两者都回答同样的问题。例如"让是单身"等于"让是未婚的"，假如第一个陈述句在 C 语境里回答 Q 问题，那么我们可以设定第二个陈述句也回答这个问题。这并非自然而然的事，因为问题假如是"用三个词造一句话"，那么两个陈述句就不能互换了。第一个陈述句的意义不是第二句，因为问题是用三个词造成一个整体。总之，一个陈述句的意义并非仅取决于它自身，还取决于它所对应的问题。一个陈述句的意义在于它的回答性质，这就预设了这个陈述句所依据的某种具体问题：一个相等的回答设定了相对于这个同一问题的等同性。自此，很可能"让是单身"拥有与"阿尔贝个矮"同样的意义，因为第一个句子是一个由三个词组成的陈述句。但是一个赋予意义的回答不同于一个拥有意义并规定意义的回答，哪怕是由它们实际回答的东西相区分。事实上，一个拥有意义的回答是通过它与某问题的关联而拥有的，而它把这个问题排斥在未言之中。它解决了这个问题，而不再提出的问题在回答中显现为已经被它所解决。回答并不自诩为回答，这等于还把问题指示为在场，而后者实际上是缺失的，因此回答并不自诩但是表达它之外的其他事物。但是，它还是通过它所说的话处理某个确定的问题，但是不说："这是……所引起的问题"，它更不说："我是它的回答"这样的话。作为回答所献身之言说的某种隐性的某问题的在场，使得它以内在的方式拥有某种意义。这种意义当然可以避开人们向其呈现回答的提问者。他所寻找的回答无疑将复制他不理解的回答，然而他之所以不理解这个回答，那是因为他不知道它是对什么东西的回答。他没有抓住问题，而对他的解释学提问之回答的目的就是发现这个问题，在他看来，这个问题的深藏不露是因为显性的过分缺失。因为意义是问题与回答之间的纽带，那么就没有语言交往行为中不投入某种意指的，后者因为问题言语没有说话者而可能呈现问题性之外，它还是内在的。只有在语词之意义的解释，甚或拥有意义的预设自身，从语词方面、从叩问的对象方面可以理解的范围内，语词的意指才有参照性。对于名词、对于谓语也一样，都应该有某种事物回应它们，而这种回应赋予它们以意义。回答行为当然可以从某个并不关涉回答之语词意义的提问中出现——因为并非任何提问都以此为内容——然而假如某种必要性不存在的话——取消形成问题之因素的必要性，回答问题元素同时又把它展现为不构成问题的必要性等——那么就丝毫不会有判断。

所有这一切都引导我们意识到，参照系＝意指的方程式归根结底是一个跛脚的方程式，依靠叩问的支撑才是有效的。因此，当人们没有参照性言语时，通过言语所维持的与叩问关系的显性化，仍然可以有意指。很显然，就其定义而言，命题主义处于不可能统一言语场的状态。因为不能把叩问思考为叩问，它只看到了叩问的某些局部效果，并把它们作为意义的整体。正如我们上边的分析所展示的那样，这就是为什么当意指处于句子层面、忠实于字面意义并具有逻辑性时，它便与参照系结合在一起，并因为该事实而与真理条件结合在一起，条件当然是具有真理时。命题主义只能看到意义（或意指，因为它把两者相区分）与参照系的关联却无法解释它，因为它不以某种方式把叩问压缩到它自身的类型，就无法就叩问本身思考叩问。这种类型恰恰只有局限为从命题自身、通过命题自身和只以命题自身为考察对象的命题时，才能苟延残喘。如果人们改变了言语路径，那么或者人们应该放弃意义，或者人们应该改变意义的意义，这就成了双重失败，如果人们并不是毋宁放弃这种超越千年的人类思想运行的观念，那么上述双重失败就是不可避免的。

　　一般而论，理解一段言语，就是把它设想为回答，即回答它回答什么的问题，回答在其言说中它是什么之问题的问题。人们当然可以投靠反参照主义的思想并牺牲捕捉文本意义的任何希望，因为它们是文本。一个允许用这种学说与问题学相对立的很好例子，就是卡夫卡这段著名的叙事，即我们前边谈论过的叙事（第3节，§2），名叫《考试》。解构只能得出荒诞性的结论，它似乎就是卡夫卡作品的终极意义，在那里，恰恰相反，问题学却可以向意义的和谐开放，然而这是一种重新设想的意义，不可能压缩到那些不恰当的和过时的古老类型中去。卡夫卡如此卓越体现的价值危机更进一步凸显了这一点。

　　让我们回忆这个叙事的情节吧。故事讲的是一个仆人找不着工作很失望。一天，在酒吧的一个空间，他与一个有可能向他提供他所渴望的工作的人相对而坐。经过简短的交谈之后，我们的仆人承认他无法回答对方向他提出的问题，因为他不理解这些问题本身。在这种情况下，雇主把职位给了他，并特意说明刚才这实际上是一场考试，谁回答不了考官提出的那些问题，就成功了①。

　　人们一下子就会说，这是卡夫卡式荒诞的一个绝好例子。事实上，在阅读这个短故事时，人们震惊于它的更具悖论性的结尾。一个人怎么可能在回答不了考官问题的情况下而赢得一场考试呢，更糟的是，他向他坦承他甚至不明白他想要什么？其实，家仆象征着文学的仆人，他面对刚刚读过的文本，与面对想去城堡工作的仆人，有着相同的处境。读者不可能不碰到自己的角色，一般而言，不可能碰到与文本的关系，理由是既由家仆表现出来的不理解，也由他自己阅读这个奇怪短篇后表现出来的不理解，后者与前者相会合。这里所蕴涵的是，人们不再可以提出意义问题，而对这个问题的抛弃乃是唯一可能的回答。对意义问题的回答就是这个问题本身不再有（或没有）意义。作为文本的仆人，如果读者像《考试》中的家仆那样，承认无法抓住这个意义问题的意义，他就将赢得读者考试的成功。一种思想很好地演示了另一种更广泛的思想，后者把现代性——不管绘画、音乐或这里的文学——与种种破碎并缺少意指统一性的方法结合在一起。在这种视野里，《考试》应该被感知为"当代"文学的某种寓意，

---

　　① F. Kafka, *L'examen* (*Oeuvres*, t. II, pp. 587—588; NRF, La Pléiade, Paris, 1980). Voir aussi une analyse plus complète sur Kafka dans les *Annales de l'Institut de Philosophie* (Bruxelles, 1985).

它解构任何单维意指:倘若理解了不再有任何东西需要理解,那么人们就理解了一切,就赢得了文本的考试。然而肯定这些难道不是矛盾的吗? 人们可以坦言一文本的意义恰恰就是对其自身无意义的陈述,而假如无意义不是文本的内容,那么还有可以划定的某种卡夫卡式的荒诞吗? 而这样一种看法在某种不给叩问任何地位的观念里,却是符合逻辑的。因为,如果对于意义问题的回答在这里确实没有出路的话,那么更应该把它理解为没有其他出路,而非对这个问题本身的肯定,即对作为叩问的意义问题的肯定,因为意义问题的出路确实在于作为意义的问题。文本的问题性,它所表达的神秘性,是我们有权从文本中抽取的唯一回答,然而它仍然是一种回答。自从人们不能就问题性的东西作出回答时,后者就被非问题性的第二言语变成悖论了,第二言语摧毁它并如此造成自身的不可能化。荒诞由此而来。对文本疑问性的唯一回答仍然接受了这种疑问性,真正从问题学角度承担了它。从关注问题与回答的差异出发,一个回答就是一个问题的说法,是一种悖论性的、荒诞的事情,在观念世界里是自我毁灭的事情,这种观念在卡夫卡那个时代还是根深蒂固的。

另外卡夫卡忠实投放进作品的,乃是普遍方式意义上的文学现象,但同时也是任何言语的现象,而这是根据某种变化的和可界定的问题性的命题。我们不妨这样说,卡夫卡赋予它以参照系,而文学确实是问题性可以或多或少被间接表述的唯一领域,因为事实上,问题性尽管可以被感知,却很难以这样之身被思考。它需要虚构化。

如果我们止步于意指—参照系,后者落脚于意指—等值句,我们就只能把博尔赫斯(Borgès)① 变成梅纳尔(Ménard),博尔赫斯近似到逗号般地重写了堂吉诃德,以便不失去原作的任何东西。倘若一个句子的意义就是一个等值句,那么我们能肯定一部作品的意义就是重写这部作品的能力吗? 我把这种情况叫做"堂·塞罗克斯的悖论"(le *paradoxe de Don Xerox*)②。命题与言语之间的这种断裂是矫揉造作的,就像参照性揭示为与叩问的(被否定的)关系一样;在文本的情况里,叩问的显性化一点也不属于某种任意的字面义:理解一部文本,还是要把它带回它所解决和处理的东西;这里边没有任何东西蕴涵着问题元素(忠实地)包含在回答之

---

① J. L. Borgès, *Fictions* (Gallimard, Paris, 1957).

② Dans *Meaning and Reading* (Benjamins, Amsterdam, 1983).

中，犹如后者的一个成分的意思。在文本里，与疑问性的关系必然是以更全面的方式存在的，因为文本是一个整体，而不是人们可能对接着放入文本中的独立句（和被分析为这样的句子）的简单堆积。

这就要区分一个回答中的问题之所在与它所处理所谈论的问题，区分它所谈论的问题，后者可能不同于在它那里以派生方式所解决的问题。读者可能会在这种特征化中辨别出字面义与引申义的对立。让我们再捡起我们的老例子"已经1点了"：这里当然也是时间问题，但是它不是这个陈述句所处理的东西，它所处理的是另外的事情，即到了停止会谈而去吃午饭的时间了。在文本的情况里，我们面临的是同样的二重化现象。一方面是每个句子之所言，然后是一个整体，后者不能压缩为一个一个拿来的种种问题的简单相加。文本性，或者人们更偏爱说言语性，具有把它放入作品中的语言变成引申义的效果。事实上，一部文本的意义取决于它的成分但是并不回归到成分那里去：文本的每个句子反馈到文本，一如反馈到它的深层意义一样。这等于说，人们不能脱离共同文本而阐释这些句子，尤其是，文本像问题学的差异器一样运作，因为句子是问题学的回答，而文本的意义是非批评性的回答，相对于它，文本的问题性，或者说它的文本性，得以解决，后者一旦被了解，就赋予了整体意义的和谐性，这就是整体所"意味"的东西。理解一部文本具化为把它的成分与它们置入作品中的问题性关联起来，而这将是一种探索，这种探索的宗旨就是分析什么被解决了，如何被解决的，相对于什么被解决的。为了更好地观照在作品诗学里一如在作品的阐释性重建中发生了什么事，应该引入互补性规律，后者来自我们对逻各斯的沉思。

在观照虚构意义的特殊性之前，我们先就意义的统一性做个结论吧。赋予某种意指永远等于陈述问题之所在，等于把所考察的言语与它所回答的东西关联起来，即把它视为回答，这个概念蕴涵着问题学的耦合。字面义是不再形成问题或不形成问题的回答，但是它的意指也需要通过叩问式条款来规定。至于文本，它被作为一个整体而拿来，而理解文本要求读者从某种互动中分离出某种问题性来，在互动中再次提出文本问题的问题。这种方法具化为把这些文本问题作为体现在言语中的某种引申性的字面问题，具体言之，文本的字面意义愈具有神秘性，上述引申性就更具问题性。

作为文学修辞学基本原则的互补规律

　　这里指的是形式与语境的耦合，例如在对话中，语境有助于寻找不同于解决方式本身的有待于解决的各种问题。在没有由对话者与他所设定之各种程式的关系所界定的这种语境，形式应该把问题学的差异化系于自己身上。

　　文学的特性在于把其他语言形式留在隐性状态的东西融入共同文本一体，因为有语境存在。文本本身中大概安排了问题学的差异化，以去字面义的风貌、文本化的风貌存在，人们可以预先界定它。显然，人们可以找到很贴近真实的文本，它们模仿真实并因而激起某种似真性的印象；例如，我们可以想到那些爱情故事或者侦探小说。故事开始时提出一个问题，这个问题在结尾时得以解决。问题学的差异融化在故事之中，这就使叙事变成了一套情节，另外这一点体现在这个术语的所有意义上。如果我们考察与真实的关系，它必然是模仿性的，理由是，某种现实主义从很大程度上忠实于字面意义的实践中浮现出来，而对字面意义的忠实又是文本本身凸显某种问题学差异的结果。文本把它所描写的真实问题化，并把它展现为"已经解决"，犹如天经地义的是事情只能这样而不能呈现为其他形态。巨大的忠实性其实就是某种巨大的参照性：读者和叙述者共同认可的真实是在场的，或者被再现。除了界定情节并在叙述的进展中把情节推向尾声的问题本身，没有出现任何其他问题性。然而，即使在文学作品的最大忠实性的情况下，也存在着某种引申性，自然是最小的引申性，它因为文本统一为文本而得到界定：问题学差异本身没有明示，但是被忠实地置于作品中。因为文本不说"这是什么什么问题"以及"这是什么什么的解决方案"，它把两者都置于虚构之中，并使它们的差异化变成隐性的，不求助语境，而仅仅借助于共同文本。通过阅读把一部文本统一起来，那就要为它找到它作为解决方案的某种问题性，它或多或少忠实指示过的某种问题性。

　　与之相反的是，问题被忠实标志的程度越低，形式指示问题的功能便愈强。这里的形式应该同时理解为文本的安排和风格。因为文本应该以这种或那种方式实现作为逻各斯的问题学差异。问题被忠实表述的越少，它应该被引申性表述的分量便愈多，问题性就是作为言语形式的文本自身的可能性就愈大。文本与字面意义愈远，与真实之关系的问题性便愈多，一回答中给出的形式的问题性越多，该回答就更具有问题学性质和逻辑性。问题越格式化，字面义与引申义之间的鸿沟越大，文本的解决分量愈少，非批评性的分量愈少：它无疑仍然是回答，但是是问题学性质的回答，高神秘性的文本对这种意义的肯定愈少，它对读者的要求便愈多（辩证地确定意义）。玄奥增加了，形式上的断裂也增加了，走向完成解决的时间进展被中断，作为引导读者从问题走向其解决之维度的时间本身也变得问题化了。更大的读者分量和角色，时间线性的破碎，作为统一虚构作品的视点的作者的死亡，所有这一切都与形式所增加的问题化并行不悖。读者应该检视自己走过的道路，以便回答向他提出更多问题的文本性，这就使文本并不结束于它的物质性结尾，而是应该通过第二次阅读使自己整体化，第二次阅读记载在读者逐渐发现的神秘性之中。文本自身的意义愈少，它对意义的要求愈多，该读者的作用便愈大，沃尔夫刚·伊泽尔（Wolf-gang）在《阅读行为》（*L' acte de lecture*）一书中很好地总结了读者的理论；当叙述的统一性因为某种叙述视点的缺失，因为唯一叙述者的缺失而中断时，当读者被形式本身从问题学角度置入文本的非批评性中时，文本对意义的要求就尤其增加。作为问题学的纯粹解决方案，文本忠实地呼唤其读者的引申性，呼唤读者的想象，尤其因为通过更大的问题化，共同真实的问题性更大，读者和叙述者可以共同参照的参照性较少。文本的模仿性较少，虚构性更多。形式的问题性与去参照化、与某种外部真实的问题性是相辅相成的；人们理解，统一文本各种因素的主体的死亡，关于应该理解为现是和应是的共同价值的危机，将是形式断裂的原因，而形式断裂自世纪初以来就是文学的特征。现实主义行将死亡，但是且莫忘记，即使在现实主义里边，也有假设的东西，因为对某种真实的描写从来都不曾是纯洁的，人们通过他们带来的各种回答本身已经质疑的东西为证。正是描写向我们提问，而后更多的是格式化，格式化更加抽象。

自从虚构言语被问题学化以来，回答行为将以彰显问题性为核心，即使并非明显如此，某种不可能性只能通过虚构言语来表述。言语承载的问题越多，作为解决方案的言语，它因而被问题化的程度越高，它愈益成为提出问题的解决方案，这就自我参照了言语的问题性。文本越是忠实地宣示为问题，那么它的阐释将较少单维性，倘若不是肯定这种复调的话，这种问题学性质的肯定不能这样表述，即相对于命题主义认为不可言说的问题学的某种忠实性，上述问题学性质的肯定只能是虚构。但是，文本越是具有问题性，它就较少可以接受其他阐释，更多地接受从修辞方面发现这种问题性的阐释。卡夫卡的《考试》不是一个孤立的例子。解构是对问题学差异化某个时刻的命题性质的理论化，这个时刻把言语看得比以往任何时刻都更神秘化，这就把言语的定位本身也问题化了。事实上，这样一种演进记录在问题学差异化的要求中，问题学的差异化通过面对真实之明证性的强势的问题化而确立；归根结底，这只是某种特殊时刻，只是落实问题学差异的某种效果，没有被感知（并以此名义而分离）为普遍的解决方案。

文本越是变成问题性，表达文本的解决方案就越具化为表述这种问题性，后者开辟了多元阐释的可能性，而多元阐释相当于异彩纷呈的可能的回答。这说明，同一文本可以拥有某种更大的阐释的竞争性，然而也说明理论上的折扣可以导致对阐释的拒绝。人们称作某种最大的象征化不是任何别的东西，而是这种日益增长的神秘化现象。需要说明的是，叙事通过其开放性的和出人意料的种种曲折和交替，继续把问题和解决方案搬上舞台，这为它增添了诱惑力和某种永恒性。当然，还有具化为肯定文本之问题性的解决方案，后者尤其具化为规定文本的问题性。陷阱是：假如任何文本都解构自己的意指，且人们把这种意指压缩为自身内容以外的某种彼岸，所有的神秘文本将必然拥有唯一的意指，即这种问题性本身。对于命题主义而言，这是一种痕迹，问题性躲过了命题主义，后者把这种造作之物视为不可再现的在场，视为文本多样性的不可能的统一性。对于解构而言，每部文本都表述同样的事情，后者既不是一种事物，也不是某种同一性。

还有一点需要具体说明：虚构言语与具有参照意义的言语之间、侦探小说与侦察报告之间、似真性与真实之间的差异问题。在两种情况里，人们不是都拥有某种文本性、某种修辞学和某种情节吗？一个巨大的差异在于自行语境化方面：人们很容易想象得出，侦察报告不需要昭明语境材料，它可以预设并认为听众已经获得了这些材料。自此，解决方法在侦察报告中就不会展现为结论，另外甚至也不会展现为情节，因为语境本身的原因。

文学修辞学可以昭明阅读和阐释程序的推论性，这样一种推论本质上与双重意义的语境性阅读没有差异，与完全普遍意义上所观照的论据化没有差异。

我们以此结束了对逻各斯的调查。

第七章

从知识到科学

对逻各斯的研究之后，为什么要倾心于知识的获取和延伸呢，为什么要努力理解科学是如何构成的呢？

人们对以逻辑经验主义和虚无主义为对立双方的辩论尚记忆犹新。对于虚无主义而言，任何言语都变得不可能了，而它只能这样说。"我们关于逻各斯的沉思"使我们能够解决这个问题并从某种统一的意义观、对话观、阐释观出发耦合语言现象而理解并反映它们，包含文学方法在内。在否定性的形而上学看来，科学是一般言语性的构成部分，显然与其他东西一起被拒绝。逻辑经验主义对否定性形而上学的回答是，唯有科学还可以解决向人们提出的各种问题，并由此而赋予言语以意义。带着人们承认的科学的各种准则，逻辑数学化和经验。

在揭发把理性当作终极避难所之幻觉与保证享受这样一种垄断之间，科学本身被错误地理解了。

然而，需要提出的问题是明确的：为了叩问科学理性的定位和意义，重要的是要捕捉奠定在科学理性中得到特别落实的经验理性和原因理性的东西，尤为重要的是能够把它们与作为叩问程序的总体理性关联起来。问题不再是分离，而是特别规定和统一。虚无主义和逻辑经验主义的失败确实让人们看到了下述原因，即把哲学、语言和科学耦合在一起的不可能性在于支撑它们的某种共同的叩问性被漠视。

认识阶的古典观念

诞生于文艺复兴末期的现代科学从笛卡尔和洛克的思想里找到了它的表达。笛卡尔提出的关于知识性质的思想其实来自柏拉图，他分享后者的数理理想。命题的毋庸置疑性来自对问题性的排除，因为问题性意味着绝好的非认识性。分析性可以获得可靠性，而命题性分析并不要求从问题性向非问题性的不可能的跳跃。它位于这种类型化之外，这是它抛弃任何问题性的方式，亦即成为解决性的方式，因为解决一个问题就使它消失了。还有什么方法能比不谈论它、阻止思考它更好地让问题消失呢？因为不谈论它、阻止思考它等于以某种方式承担了它的消失。很显然，这种态度是悖论性的，因此梅农式的两难窘境一再出现。因为分析虽然不承认，却确实作为解决而运作，一种自柏拉图、亚里士多德起就一再被断定的解决而运作。我们还记得，亚里士多德把它与任何辩证法的根源相割裂，而柏拉图并没有真正消除辩证法，未能因此而赋予辩证法其他根基，除了作为捍卫命题秩序的这种分裂的不可避免性。笛卡尔努力专注于这种秩序的明证性，把它建立在某种正面的方法论中，以此证明肯定的某种必要性。尽管如此，自柏拉图起，可以不向问题性作任何反馈而断定言语和理性的预设，是对逻各斯的本体化。通过这种本体化，另一种秩序、另一种层面被确定，后者把人们的思想从任何可能用这种秩序参照其他事物的路径中解放出来。回答是对问题性的超越，而回答行为的决定可以通过纯粹而又简单的排除问题而实现，这种排除将被本体论所保证。使柏拉图离开苏格拉底的本体论衍变具化为把提问和回答同时与本是联系起来，这样相对于本质，就使它们的差异变成非本质性的差异，本质从此不再与它们两者发生任何关系。从深层把辩证法与科学的分裂彻底化的亚里士多德，不得不更多地进入某种整体的本体论。他的做法同时也把本体论与认识论之间的论辩极端化了，后者很快呈现为不可能进行下去。

事实上，知识究竟归属什么呢，本体论的准则抑或认识方法的条件本身？按照从希腊人那里继承来的知识的性质来看，这个问题是没有答案的。科学、知识不是别的，而是苏格拉底用他的非拒绝性实践所拒绝的回答行为，然而这种回答出于下述事实，即叩问某事等于询问它是什么，一如回答等于表述它一样。知识就是这种表述，而这种表述是本体论式的，两个概念相互反馈。问题性缺失于这种关系，并作为这种关系的理由，因为，作为消除了任何交替性的知识概念，作为建立了对项目之一的排除的知识概念由此而得到了验证，这就实现了命题的真理性，命题应该是答案，应该是某种必然性，这种必然性当然在于交替性、可能性，一句话，在于问题被排除的事实。真理不能不确立：它拥有明证性和必然性的品德，它们是笛卡尔酷爱的品德。建立和论证为唯一的必然性，两者是一致的，而这种一致性将同时决定知识的范围和性质。知识诞生于对回答的关注，然而回答不能自诩为这样，科学变得屈从于本体论，后者使它成为可能，因为当人们就 X 提问时，正是按照人们提问 X 是什么的事实，人们才知道回答表述了什么是 X；它的本质既存在于问题之中，也存在于回答之中，这种本质就是科学追寻的目的。本体论可以使言语突然发生，不再永远处于某种不即不离的形态之中，后者预先就宣判了它无法前进，甚至于无法存在的命运。但是，本体论的优越地位并非比认识论的优越地位更堪接受，正是在这一点上上述问题是无解的，因为两者都是根据对方而诞生的。事实上，人们可以让任何可能的言语性、一般的理性和思想服从于本是，只有深刻了解才可以谈论，而接触本是确实应该属于某种言语，因而应该能够反映它，这就反馈到认识论问题那里去。于是人们提到了某种直觉、某种突出的关系方式、某种最终无法陈述它自称可以表述之内容的不可能的言语、某种不循环的循环性，等而言之。困难依然存在。人们宣称某种言语既是非认识性的又使人们认识种种事物，既是循环的又是没有缺陷的，它的命题性网络既躲过了命题主义的规律又把这些规律付诸实践，如何来论证这种言语呢？另一方面，自以为优越的某种认识论亦将同样处于困难之中。它应用着某些真理概念，与本是像符合的概念和某些论证概念，后者使它的话语变得必要，但不能同时把它们的问题学性质与它们的内容耦合起来，任何叩问性都从它们的内容中被驱逐出去。诞生于对叩问性持沉默态度的科学——这种沉默等同于无须自诩为这样的某种解决，因为那仍然将把逻各斯扎根于不可超越的叩问之中——无法反映它自身，因为它不能承认自己出自精神上的疑问性并置于种种注定根除疑问性而不必昭明它的机制之中。因此它需要本体论，为它寻找真实、谈论真实，按照大自然和社会的种种规律言说后者是什么，这是它的必由之路的事实正名。由此出现了数理化以期从真理角度破解“大自然这部大作”。然而，一般而言，科学的理想揭示为毋庸置疑的断定性，它在笛卡尔的方法论中体现为比柏拉图理念中的神秘的辩证法更实用。分析方法通过排除创立了论证，后者使人们接触到真实的命题，并且仅提供这种性质的命题，根据论证的秩序把它们捆绑在一起。相当明显的是，决断交替性，甚至按照真实—虚假语汇为它们定位的程序，其实反馈到最好称作某种问题的东西。但是，这种情况不能感知为这样：这种方法只留下了论证的风貌及其结果。自此，人们便把科学视为已建立真理的持续的和不可逆反的（某种进步）堆积。上文里我们已经领略过了，在笛卡尔那里，对知识的分析只能诞生于"我思故我在"的解决性力量，后者不仅是任何可能的回答的榜样——因此与方法论有紧密的关联——然而它还是所有回答中毋庸置疑的第一回答。它像某种修辞建制一样运转，后者以某种先验的肯定性总结言语，这种肯定性恰恰把某种毋庸置疑性赋予分析，分析因此而具有了完全的命题性。对自我的意识是任何回答的先决条件，从分析的角度讲，是某种最终通向自己的回答行为的先决条件。如果"我思故我在"不作为支撑点，实际上大概不会有分析能够通向真理。另外，我们还可以叩问这种先决主义（先验主义）的意义：倘若"我思故我在"是对任何回答的回答，所有的解决方法在被找到以前都存在于意识之中。这是彻底的天生观念。"对于弄清我们的头脑中是否可以有任何东西作为会思考的某种物质的问题，它自身现在并没有认识，我觉得它很容易解决……：我们的头脑里不可能有它的任何思想，当它在我们心中的同时，我们没有某种现实的认识。"[1] 可与《第三回答》（ les *Troisièmes réponses*, objection dizième）里的这段相比照："当我说某种思想与我们一起诞生，或者它很自然地在我们的灵魂里留下印痕，我的意思不是说它永远在场于我们的思想中，因为这样就没有任何思想了；而仅仅是说，我们自身拥有生产它的资质"。两者的不同可解释为下面的两难窘境。或者人们已经了解了所有的回答，因为精神衡量先前存在的知识，精神通过把先前存在的某种知识变成任意修辞问题而产生回答行为。或者外部提供了知识的可能性，而精神仅是形式上的准则；在康德那里，用来把综合变成可能的材料—形式的对立，在笛卡尔那里则表达为资质与行为知识之间的亚里士多德式对立。无论如何，问题化都应该被"我思故我在"、被自我意识压缩为先决性排除问题性的分析标准。然而，"我思故我在"作为某种只能处于强势之知识的形式权利，也是很难接受的，笛卡尔对这一点很敏感。对任何问题性的先决性排除意味着预先已经有了回答，而不仅仅是获得回答的权利和资质。由此产生了先天主义。假如人们因"我思故我在"而拥有了所有回答，学习就变得不可能了，由此产生了对任何思想和任何解决方法之意识的同时抛弃。但是，这样一种抛弃迫使哲学家接受下述事实，即某些问题

---

① Descartes, *Quatrièmes réponses* (p. 461, éd. Pléiade).

只能从形式上、从修辞角度被清除，从物质的视点看，解决办法并非分析性地存在于我们的精神之中，而是要求例如经验。那么"我思故我在"将不再是任何可能之回答的标准和源泉本身了？需要到意识之皱褶以外的其他地方去寻找人们一直在探索的知识吗？在这种情况下，"我思故我在"还是支撑任何问题并进而支撑其回答的毋庸置疑的回答吗？形式与材料的分离为"我思故我在"保留了它的普遍功能，同时又允许它在另一层面失去它：回答在精神之外获得的层面，即使精神从回答的结构方面构成了回答行为。康德的先验主义出现在地平线上：因为在笛卡尔那里，双重位置是矛盾的，即使它的目的是要面对梅农的悖论。意识已经知道了，但是从物质层面却不知道。这意味着彻底的理性主义是无所承担的，因为理应考虑到物质风貌，这蕴涵着最低的经验主义。当康德把综合看作形式与材料的整合，把批判主义视为对理性主义和经验主义的超越，他很清醒地理解了上述一点。让我们好好思考思考吧："我思故我在"是某种分析原则；它从分析中浮现又主导着分析。然而，分析永远预设某种已知材料，那就是有待分析的内容。这种已知材料的在场先于任何解构活动和解决程序。这种已知材料是从哪里来的呢？假如它是精神的自由产品，那么精神就不是分析性的，而是综合性的，另外它也不再需要一丝一毫的分析；这些游戏一下子都做了。这就是为什么笛卡尔大概不能全神贯注于彻底的先天主义，他不得不把先决主义压缩为某种分析性资质。即使从另一方面，从几何学家们所钟爱的分析与综合的对等性方面，他看不出同时设定内容的某种先验主义有任何矛盾之处。这并不影响分析对某种已知事物即已经存在于那儿、外在于它的事物的反馈；那么假如知识应该是分析性的或不是分析性的，那么也应该接受某种经验关系的思想，接受与材料的某种关系，恰恰是为了分析它。

　　因为分析不能生产它所解决的东西否则它就不是分析了，而这种分析的原则本身是从分析中发现的，是内在于"我思故我在"的意识，因而经验主义是可能的。即使如此，在彻底的先天主义被摧毁的条件下——因为它捍卫回答行为和各种回答自行生产的思想——它只是更多地把意识变成了某种简单的分析原则，它相当矛盾地超越了作为分析的精神。之所以矛盾，因为分析精神是在分析中发现的。然而，它是否同时也是物质（*res*）呢？人们走不出这个圈子。可以肯定的是，洛克的《人类理智论》（l'*Essai sur l'entendement humain*）开卷即批判先天主义，这是完全合乎逻辑的路径。因为分析原则（即意识）必然反馈到精神正在思考的某种内容，精神正全神贯注于这个内容以便论证、以便证明哪些东西已经假设解决了，哪些东西构成问题。因而人们是逆向假设和进行推论的。自此，彻底的先天主义是不可能的，然而这种先天主义源自从作为任何回答（不管问题是什么）之回答的意识开始的回答行为之绝对修辞化的要求。

洛克拒绝这种彻底的先天主义，后者与笛卡尔本人所建立的意识哲学是完全吻合的，我们刚刚看过，这种哲学处于张力之中。

在洛克看来，经验是精神的一种必要性，因为如果不借助于经验，精神是不可能思考或认识的。这里不是要重新找到人们已经知道但并不知道这种状态的东西，洛克提醒我们，因为这是矛盾的（1，I，5），而是要学习人们真正无知的东西（1，I，23）。这样，"没有思维不是探索"（1，I，10），而仅仅是对已知内容的建立，某种因为这种建立就悖论性地同时被生产或者被覆盖的已知内容。对分析的考察促使笛卡尔把分析作为某种先天性的东西，先于人们对它的意识。洛克在这一点上更严谨，他否认人们可以得出先天性真实的结论来，因为没有任何东西迫使你在分析一已知内容的过程中把它等同于精神中因而预先存在的某种事物。相反，倘若人们以为意识能够意识到自己，那么我们就看不出意识中还有什么事情它不能认识的：具化为获得知识的意识运动不能是模糊回忆，因为后者意味着意识中有很多思想，它对这些思想并没有意识。自此，人们获得认识的思想就有了它们的根源，它们的根源不在我们，而在于外部。"如果存在某些先天性的真理的话，某种先天性的真理不可能不为人知……因为假如精神从来不曾想过某种真实，人们就不可能设想它存在于精神之中。"（1，I，26）由于精神整体都是意识，它不可能拥有事后发现的先天原则；如果它获得知识，这证明它先前不知道后来学来的东西本身，因而这个东西当时并不存在于精神中。"说某种概念存在于精神之中，同时又支持精神对它无知且从来不曾发现过它，不啻于把这种印象变成纯粹的虚无。倘若精神从来不曾知道且甚至从来不曾意识到某个命题，那么任何命题都不能从精神上给予肯定（……）以至于支持一事情在知性之中或者它并未被如此知晓、它在精神之中但精神并没有发现它等，等于说该事情在或不在精神或知性之中。"（1，I，5；voir aussi 2，I，11）这里，从和谐的维度观照，洛克比笛卡尔本人更像真正的笛卡尔。然而，这种和谐将对经验主义，然后对西方思想的命运本身产生巨大的后果。意识的反射性使得精神永远只能认识理念：伯克利（Berkeley）的唯心主义于是就变成了某种不可避免的结论，与休谟（Hume）的怀疑主义一样。另一方面，我们不妨这样说，向世界开放分析，让分析从属于赋予科学以材料的感性经验，那么必然按照认识阶的命题主义模式之逻辑提出的问题，就是经验知识的必然性、毋庸置疑性的问题。即康德称之为先验性的综合判断。其实，如果说人们看得很清楚，演绎通过同时取消它所带来的种种对立而产生了种种必要的非问题性的命题，那么他们就很难看出经验的必要性，因为事物永远可能是它们以外的其他事物，即使它们同时也可以是它们自己而非其他事物。这样，本体论就应该补充源自经验主义的认识论缺陷，尽管经验主义也是一种本体论；如同柏拉图以来的任何认识理论一样。于是人们谈论事物的必然性以指示它们是不可避免的；世界是可认识的，因为人们能够认识它，而如果人们能够认识它，这就是它可以认识的证据。无论如何，经验主义开辟了对毋庸置疑性之断裂的认识，而它只能发现这种断裂。于是道路把人们从洛克引向伯克利，但也引向休谟和康德。人们何以能够通过经验而知道呢？难道不是更多参照心理渊源而较少参照命题之论证及有效性的某种发现概念吗？我们知道，直到 20 世纪，已经变成逻辑实证主义的经验主义不停地碰到这些问题却毫无收效①。然而，所有这些问题只有相对于命题主义模式的逻辑才明确拥有意义，而命题主义模式的逻辑以论证、作为明证性范例的真实的自我论证和以单维方式构成"虚假"（错误）一方的对立方的清除为核心。这样的经验主义没有任何必然性，而这正是源自某种纯粹先验主义的更具数学特色而非物理特色的笛卡尔主义之断裂的现代科学的全部困难。

对于洛克而言，理念与感知是混淆在一起的，理由是，理念是分析性实体，这些实体的全部都建立在某种已知的基础上，后者从分析和原子结构角度都是种种感觉的源泉（2，II，3 et 4）。这样，洛克就谈论内在意义（*sens interne*），远早于康德，用以界定反映性，后者全部是经验性的，一如某种深刻理解之分析的各种约束所要求的那样。还是这些约束制约着首要品质与次要品质的著名区分，这是洛克从笛卡尔那里继承来的概念（Troisième Méditation），他超越了它们与当时的实验科学（例如波伊尔/

---

① Voir, à ce sujet, M. Meyer, *Découverte et justification en science*（Klincksieck, Paris, 1979）et le numéro que la *Revue Internationale de Philosophie* a consacré à l'*empirisme logique*（No. 144—145, 1983）.

Boyle）不相符合的数学特色。因为分析意味着对感性材料的分解，那么在洛克看来，人们重新找到了知识的毋庸置疑性，即纯粹意义上的知识，倘若想象到事物会以别样的形态发生，某些品质依然保留了下来，即那些后来变成科学对象的品质本身。因为理念是由感性的冲击造成的，由此得出的结论是，通过这些所谓的首要品质，人们有了对真实的某种认识，它们与次要品质不同，后者全都是主观性的，因而缺乏必然性，因为不符合对象的某种真实，不符合主体的某种真实性，真实的主体应该是抵制交替性的。主体可以是 A 和非 A，然而如果 A 可以是它自身以外的其他事物，那么它就不是主体，而是对象。"我们以一棵麦粒为例，把它分成两部分：每个部分一直拥有延伸性、固体性、某种形象和某种活动性。继续分裂它时，它永远保持着同样的品质，倘若最后您把它分裂到这些部分已经感觉不到的程度，所有这些品质依然存在于每个部分之中（……）。形体的这些不可能与之相分离的形体品质，我把它们称之曰原初的和首要的品质，例如固体性、延伸性、形象、数、动或静，它们在我们头脑中产生简单概念，以我之见，每个人自己都可以肯定这一点。在第二层面，物体中还有一些品质，它们其实只是通过它们的首要品质的手段在我们头脑里产生各种感觉的能量。"（2，VIII，9 et 10）例如，颜色就是一种主观感觉，因为根据光照的不同，同一物品可以显得更亮一些或者更暗一些，等等。诞生于形象和运动的身材也一样，如果我们远离对象人物，他就显得小一些，如果我们离他很近，他就显得高大。这就是为什么次要品质不像首要品质那样，它们与物质不像（2，VIII，5），但是，我们以其主观行动的名义，以它们在我们身上产生效果的名义，把这些品质分配给物质。例如，我们重拾洛克的例子，我们很清楚，把我们灼烧得睁不开眼睛的雪是白色的，而痛苦与白色不同，它不存在于这样的雪体之中，独立于它给我们带来感觉的能力。"在火或雪中，确实存在着具有一定大小的各个部分、形象、数量和运动，我们的感官感觉到或未感觉到它们。因此品质可以称作真实的，因为它们真实地存在于这些物体之中。然而，物体中的光、热或冷，它们并不比吗哪中的软弱或苦痛更真实。"（2，VIII，17）①

---

① 吗哪，希腊语 manna 的音译，源出于希伯来语 mānhu，意为"这是什么"。犹太教、基督教《圣经》中的"天赐食物"。据《圣经·出埃及记》记载，摩西率以色列人出埃及时，在旷野绝粮，得天降食物，色白而粒细，形如芫荽菜子，滋味如蜜糕，犹太人不识为何物，彼此对问"吗哪"，因而得名。——译注

　　在阅读这些文本时，需要确实捕捉到的，是从意识的某种分析性向某种思考真实之原子性的过渡，即向分析的本体论化的过渡。它完全合乎逻辑地来自对分析的经验化，这种经验化发生在发现某种建立在彻底天生主义基础上的分析毁灭了分析的性质本身之后。在这些条件下，分析一定把客体的必然性引向本质性的首要品质，即抵制交替性并在真实本身中阻止交替的东西。毋庸置疑性获救了，然而仅仅对于一段时间而言。因为很快，伯克利就指出，首要品质与次要品质的区分似乎是站不住脚的，即使以洛克在论及意识和理念时引为自己的种种预设的名义本身言之。一种意识与种种理念发生关系而非与真实本身相关联。因而所有的理念都处于同一平面，因为它们作为意识的唯一对象在意识里是没有差别的。因为意识作为思考性的自我的意识，不可能拥有其他对象，只能拥有理念。事实上，伯克利把洛克的经验主义绝对化了，把它推到了其终极结果的地步。"假如我们只能获得直接经验的东西是我们的理念，且如果我们永远不可能观看这些理念的背后以便看到引发理念的客观物体，那么我们一直以来怎么能知道这些物体的任何品质呢，甚至于我们怎能知道它们单纯存在这一点呢。"[1] 自此，意识何以能够区分属于首要品质的理念与其他品质的理念呢？这难道不是某种诞生于必然性、诞生于被本体化的毋庸置疑性、符合依然被历史所标记的知识之性质的某种本体论式的差异吗？由于分析显示，感知就是对我们理念的凝神反思，而这些理念又与真实相关联，因为分析反馈到外部性，那么感知与存在就是吻合的、一致的：存在等于感知（*esse = percipi*）。让我们看看文本吧。意识永远只关联它自己，因为正如洛克所支持的那样，它不包含"物质材料"，而仅仅包含理念。"当我们尽最大可能设想外部物体的存在时，在整个这个过程中，我们只是凝视我们自己的理念而已。"（*Principes* I, 23; tr. fr. sous la direction de G. Brykman, PUF, Paris, 1985）这是因为我们不关注我们自己，当我们感知时，当我们幻觉倘若不是处于潜意识状态，至少全神贯注于客体时，而意识的生活却毫无断裂地继续着。伯克利在"存在等于感知"中所否定的不是事物的存在，因为我们有事物的理念，他所抛弃的仅仅是它们能够存在，但是我们不能对此有所感知的理念，因为这样一种理念，作为理念，意味着精神乃是它们的意识。"我亲眼看到亲手摸到的事物是存在的，这

---

① 　D. J. O'Conner, *John Locke*, p. 65 (Dover, New York, 1967) /.

是我在世上最不怀疑的东西。我们唯一否定其存在的东西，就是哲学家们所谓的‘物质材料’或‘物质实体’。”（*Principes* I, 35）理念对其自身是自足的，也足以使我们认识本是，而没有必要让我们赋予它们某种基质，即首要品质的处所。“因此很明显，外部物体的假设对于我们理念的产生并非必不可少：因为人们承认它们有时是生产的，但是它们有可能永远如此，在与没有它们的帮助我们现在看见它们的范畴相同的范畴内。”（*Principes*, I, 18）“简言之，即使存在着种种外部物体，我们永远不可能达到知其如此的境界；而即使它们不存在，我们仍然准确拥有与我们现在以为它们存在的同样的理由。”（*Principes*, I, 19）其实，“即使种种可以给人以塑形和变化的固体物质能够在精神之外存在并符合我们对物体的理念，我们何以可能知道这一点呢？”（*Principes*, I, 18）我们何以能够走出我们自身，大言不惭地说物质是存在的，而它们实际上是绝对不可知的，恰恰因为它们是可以独立于我们，在我们的知识和言语之外而存在的这种东西；但是这并不影响我们谈论它们。

这种稍嫌极端、永远吸引英国人的唯心主义的根源就是界定物质材料、界定外部物体的首要品质与次要品质的差异，后者是内在器官的情感并因此而没有客观的对应物。在伯克利看来，这样一种区分属于某种非经验主义的知识观，某种禁止毋庸置疑性的经验主义，毋庸置疑性以此名义迫使进行这样一种纯粹笛卡尔式的区分。“有这样一些人，他们把首要品质与次要品质相区分，用前者指称空间的延伸、形象、运动、静态、固体性或不可渗透性和数量；而用后者指示所有其他感性品质，例如颜色、声音、滋味等。他们承认，我们对后一类品质的理念不像某种在精神之外可能存在的非感知性事物；但是，他们希望我们对首要品质的理念成为精神之外存在的事物的范式或意象。”（*Principes*, I, 9）呜呼，这种情况本身就是不可能的：一种理念就是一种理念，而一种理念的任何理念依然是一种理念（*Principes*, I, 9）。它们让人们认识的东西毫无区别地一致，人们不能把首要品质的理念与其他品质的理念相对立。那样做就意味着赋予精神超越其自身能力的权利，这是矛盾的。理念确实来自感官，因此不可能有对某种未被感知的材料的理念。伯克利的论据甚至建立在矛盾律的基础上：与人们支持次要品质之理念精神的内在性一样，在关涉首要品质方面，人们可以生产出在所有点上都相似的某种思维。因为，倘若一种颜色只是精神的一种情感，例如对于运动其实也一样，后者属于首要品质。

"与存在于物质材料中的品质不同，这后一类品质不是模式，因为在同样的眼光中，在不同的形势下，或者在同一地点观照的不同眼光里，这些品质显得是不同的。"（*Principes*，I，14）一种运动对这个或那个人显得更慢一些或者更快一些，一种图像更圆一些，一种坚固性更相对一些等。精神不仅只认识理念而不认识物质，这些属于感性而不属于某种非感性的基质的理念；因此，没有不可能出现的交替性，没有不可能不变苦的糖，没有晦暗无法抑制自己的变得明亮，如此等等。

很明显，伯克利的唯心主义是对经验主义的某种极端化。这一点不应该弄错。客体—品质—理念的因果关系被打断：只剩下了理念，它们就是我们感知的"事物"本身，而它们每次都可以以不同的方式呈现于我们，这就使事物的必要性不再存在了。这样科学就成了一种建构，它不表述真实，而洛克的感知的因果理论还可以支持科学表述真实的观点。我们已经看过，洛克的和谐就是伯克利。因为伯克利只是把洛克所反映出来的笛卡尔主义推向了极端，这种笛卡尔主义的特殊性在于分析的经验：先验之物是存在的，因而只有我的理念和感觉是存在的。伯克利把科学从经验主义中驱逐出去。而伯克利的后果就必然是休谟及其对因果理性的著名批判。因果理性具化为把因果组合的规律性变成主观习惯的某种产品，而失去了其他规律性。休谟比伯克利更强烈地意识到，科学躲过了最严谨的经验主义的要求，因为它建立在某种因果关系的原则上，而因果关系扎根于主观的规律性，这些规律性从根基上全都受归纳悖论的冲击：没有任何理由使先于 B 并似乎一直与 B 组合在一起的 A 和不停地追随 A 的 B 两者因此而必然关联在一起。例如，每天早晨，我一起床就看到太阳从东方升起。这足以证明它将永远如此吗？这种形态本身构成对问题现象的某种解释理由吗？然而，作为此类性质的一种关系，因果关系归根结底却是建立在纯粹主观组合的基础上，后者很可能不发生；无论如何，它们的产生从逻辑上并不排除相反情况；这似乎喻示着，绝对科学的理性关联是非理性的，因为没有绕不过去的基础。我们很可以怀疑一个人自己是无法在天空飞行的，人们从来没有看到过这种现象，他的身体构成也禁绝他这样做，然而从逻辑上这并不是不可能的；构成这样一种思想不是自相矛盾的。那么这种似乎没有多大必然性的因果必然性的性质是什么呢，假如从经验言之，其反面并非是不可想象的，但它是不曾观察到的甚至见不到的？总之，规律性是得出从原因到效果之结论的一条好理由，但它并不因此而是一种证明、一种证据、一种必然的关系。我们看得很清楚，经验主义一定是某种主观主义，这种主观主义从洛克到休谟中经伯克利随着其纯粹程度的提升而极端化。而向经验开放的主体立即投入了某种知识，后者的性质不再具有任何毋庸置疑性，而是由于亘古以来，知识的性质就是排除相反的命题以及由于命题性推论的秩序先验性地可以达到上述境界，经验主义将落脚于科学的怀疑主义和非理性主义。在洛克那里是可能的，另外它在伯克利那里只不过是符号的约定俗成：交相谈论我们的理念，带来多重观点，借助于远离共感的语言符号表达同一的方式。所有不是理念—事物的东西，一如物质材料，倘若不是某种虚构，难道不是某种建构吗，对它的使用只能服从于工具主义和常规主义吗？

我们感觉到休谟赋予想象的作用正在浮出地面，那是支撑经验的主观性的组合游戏。因为从本体论的角度观照，经验永远可以是其他东西：它不是知识，而是知识的延伸，是革新。而在主体中与此相对应的是想象，它可以把一个在场的物质想象成缺席，而把一个缺席的物质想象成在场。它是用来思考经验之交替性的资质本身。更有甚者，通过想象，人们还可以预料到尚未发生的同一事物的重复。带着可能的交替性，对它的排除也是偶然性的。然而倘若某个这种情况可以不发生，那是因为人们预料它将回来，即使它的机遇里没有任何东西是必然的，这种机遇也可以实际显现为非机遇。交替物其实预设了连续性，它恰恰就是这种连续性的"他者"。我们知道想象在康德那里发生了什么事：在《纯粹理性批判》（la Critique de la raison pure）的第一版，想象支配着知性，在第二版里，想象服从于知性，它并未因此而较少占据知性的某种核心角色，即使休谟保证精神中或者精神的综合作用"被超验化了"。其实，康德的出现重新把经验整合进知识场，并把主体从经验中拖出来，使之变成了先验主体。另外，这难道不是唯一恰当的主体观吗？面对某种纯粹分析性的本体论，主体仅成了某种原子束，某种感知网；甚至还是事物之中的一种事物，理念之中的一种理念。我们还要补充说，随着经验主义的确立而得以肯定的分析性的、微粒性的本体论，我们甚至可以说分析性的迸裂，将促生作为综合问题的有关经验之因果必然性的叩问的颠覆。分析被认为不适合重拾其连接的多样性，因为它仅理解它们中在它身上比较浓厚的东西。因为，自伯克利起，人们抛弃了资质思想，因为从经验的角度视之，主体们仅拥有感觉所唤起的理念，而超越感觉所唤起的理念，便没有任何东西，除非滥用语言。于是主体被投放给了他的各种印象和他随着激情和自己的想象而强加给这些印象的种种连接。

但是存在先验性的综合判断吗？如今，答案显然是否定的，尽管回到孕育了新实证主义的康德。那么连接 B 与 A 而无交替可能性，既不处于 A 也不处于 B 的某种因果关系可以是什么样子呢？应该想到知识之毋庸置疑的、可验证和可论证的命题模式中的必然性，因为正是它界定认识论的判断。另一方面，不管人们是否愿意，经验主义已经很好地展示了这一点，即各种事物永远可以以别样的方式发生，即使因果关系的功能是从精神上和本体论角度阻止交替。因此，某种综合判断不可能是先验的，因为关涉经验、关涉永远可能的交替时，它可能被揭穿其虚假性；假如它是知识的真实判断，按照这种模式并作为知识的概念本身，它应该能够是先验的。钳子就这样重新在命题主义那里合上，后者被迫在那些自伯克利以来我们看到必然性应该缺失的地方找到去问题化的必然性。但是，康德提起了弄清如何论证我们的"直觉"或者我们的必然观和因果观的根本问题。因为有种种解释，种种推论的链条以及被排除的代替物。并非因为被考察物质的性质；我们把这个看法赋予经验主义吧。但是，我们也接受这种看法，即并非主体使物体中不能成为必然性的东西变成必然性，这与康德的看法是相反的。否则人们就必然在种种现象之多重矛盾可能性的背后设定某种自成一体的事物。显然，建立必然性是任何判断理论所及之外的事情，即使它是先验理论。于是后者借助于本体论，借助于人们所说的"性质决定论"，如同奉行先验决断是主体的职责所在一样。具化为把必然性强加给各种经验的判断——这些判断如果到其他地方寻找并带来某种真实的经验知识就应该拥有这种必然性——的方案一定是跛足的，理由是它最后总是把这些判断本质上不拥有的东西指示给它们，但是还是要解释"某种程度的必然性"。

应该思考的，正是这种必然性，这种因果性和它与经验的关系。然而，为了这件事，应该放弃知识的这种经典模式。让我们概述这个模式吧：它到底具化为什么呢？具化为一种简单的思想，我们可以将其综合如下：从个人知识到科学，没有任何继续的方案。科学是从个人知识开始建构的，但是被落实的知识之类型的性质本身甚至没有发生根本性的改变。人们以金字塔的方式，从感觉过渡到思考，从简单思想过渡到复杂思想，过渡到本身以复杂方式盘根错节的判断关系。这种视野就是经验主义对古典的和命题性质的知识模式的具体说明，从柏拉图到例如笛卡尔、休谟，在他们那里都可以找到这种模式，洛克在这一点上继承了这一模式：在洛克那里，有感觉和思考（2，I，4）；在休谟那里，有印象和简单及复杂思想（*Traité* I，1，1）。概而言之，这是同一种建构，都是从个体出发，最后落脚到各种科学的复杂的概念化。休谟发现了什么，不是过渡是不可能的吗？因为这正是归纳问题和因果关系之非理性的深层意义。为什么因果关系是无法论证的呢？因为人们堆积个人的观察是徒劳的，这样做并不能构成一般意义上的某种原因。这就证实了断裂。因为它是内在的和本质的，所以是不可修复的。各种不同的成分推不出作为成分它们并不具备的统一性，哪怕这些成分是连续的和毗连的。如果一开始我们不以个人及其独特的感知为基础——这些个人感知应该分类并组合起来，使得个人的知识成为科学——那么就不会有归纳问题。它的出现是因为不能从个别出发论证非个别性。出自一个主体的观察永远不足以因此而成为科学。倘若我们不把个体的感知预设为起点，不以这种方式建构科学，会有这样的困难吗？其实，归纳的悖论难道不是更多地喻示着应该归咎于这种理论预设吗？假如我们迫使自己从个人知识的基础去解释科学，科学就只能是非理性的；毕竟个人的知识仅提供一个一个建立起来的带有某种分析意识的个人的种种判断。归根结底，不是科学避开了思维场，而是经验主义，经验主义通过堕入经验的不可避免的反毋庸置疑性，一下子就把自己置于它所界定的认识阶的可论证性之外。与某种表面阅读可能让人们相信的相反，经验主义并非处于认识阶之古典模式的边缘，因为它远离毋庸置疑性。正如伯克利或者休谟尤其以其归纳问题所指出的那样，经验主义把认识阶预设为某种规范。之所以有困难，那是因为人们追求论证和验证即使一再重复的经验也无法提供的东西。尽管如此，经验主义还是强化了人们传统上所持的有关科学的思想：科学是一种真实的知识，因为它扎根于"我思故我在"的可靠性之中，从分析的维度言之，后者不可能不覆盖感性经验。康德确认了经验主义的这种征服。命题性秩序的严格建立同时就通过实验报告——其必要性得以传达下去，确实是按照康德的方式传达的——从"我思"过渡到作为我所思内容的"我所思考的东西"。经验主义与康德主义一样，代表着命题主义不可避免的扩展。康德的战利品，至少在方案层面，就是知识的毋庸置疑性与经验的调和。这是否意味着经验知识就不是知识呢？在自我意识包含经验性的范围内，经验性即是认识性质的，但

是，经验主义不可能思考可靠性的这种转让，思考这种本体论的先验主
义，正如洛克的继承者们所显示的洛克的失败让人们看到的那样。经验主
义确实关注经验，但是并不关注经验中确立为认识能力的东西。它看不到
主体，却从主体开始运作，这两者并不是一回事。经验拥有经验主义无法
思考的知识的明证性，因为这种明证性本身不是经验性质的。这样，经验
自然就具有教导作用，而探寻它为什么会这样则是无用的。在休谟那里，
界限自然被设定了，而按照我们的理解，康德重新唤醒了这些东西。为什
么经验具有教诲作用？这一问题的答案不在经验之中，甚至也不能从经验
中演绎出来。康德从来不否认经验的作用，他甚至比经验主义者更多地设
定了这种作用，经验主义者教条地对待经验，以为一切都是自然而然的事
情，而实际上经验中的任何东西都不足以迫使思维得出它的结论。那么就
只剩下了感知性的个人知识，而康德试图重建这类知识与总体科学之间的
桥梁。诚然，经验的必要性确实存在，但是，它不是一种事实，它本身并
不是可实验的，同时又作为任何可能的经验的基础。究其实，康德可以指
责经验主义者的，正是没有思考他们在认识阶这种古典模式中的地位这一
点，在那里，命题的必要性制约着它的真实性，因为它使错误不可能发
生，它通过上述制约本身排除了错误。康德比经验主义更想成为经验的思
想家，后者无法胜任这一重任，因为它无法把主体所确立而纯粹的经验主
义永远无法拥有的某种必然性概念化。经验主义错误地设想了它自身的财
富：从洛克到休谟，它在一瞬间挥霍了自己的财富，未能达到思考它的境
界，这本来要求超越财富，但是一切都阻止走得那么远。

　　经验与因果性一样，在经验主义里拥有这种独特的东西，即它们履行
着某种明显的本体论功能。"这是"意味着："这是"可以通过观察和实
验来验证。诚然，事物的一种形态可以展现为其他样子或者一点也不展
现，但是不可回避的是，一旦它发生了，人们无法不考虑到它，很简单，
它是。因而应该把理念之间的简单形式关系的现状搁置一旁。这并不是说
休谟在这里已经预期了康德关于分析与综合的区分，因为综合性也可以是
必然的，另外它也可以不是必然的。事情更多的是把某种约束分配给了各
种事实，后者不是一种逻辑上的约束，因为相反的情况也可以想象且不产
生矛盾。想象一个人以自己的双臂当鸟翼在空中飞行，这种想象是不矛盾
的，然而从经验的角度视之，这是不可能的，考虑到限制他的各种体质约
束（而非逻辑约束）。

不管怎样，经验还是被人们感知为可以解决问题，但并非必然要通过它来重新思考解决性。经验所引入的问题性只是徒然具有逻辑性，它并不因此而使其真实性逊色；这就是为什么洛克本来会像笛卡尔一样对于命题主义不可或缺。但是经验的力量还是被接受了：它决定，甚至决断，倘若不是以不可置疑的方式，它通过一下子置于明证性面前而避免了假设（牛顿所说的非虚构性假设），而是事实的假设。它源自这些事实，而非源自意识（先验意识），因为本是徒然具有其他形态，它并非因为它们而减少了自己本是的程度。

经验的恐怖主义使人们把经验接受为唯一标准，这种恐怖主义既在于某种未主题化的意识的分析性，也在于把对世界的开放吸收为显然是由事实所保证之决定中的交替物的意愿。于是经验本身就作为某种无法再次苏格拉底化的分析性的本体化本身而存在。问题不在于检查它的本体构成（"世界是由什么构成的？"），而是感知到即使纯粹逻辑必然性的缺席，它仍然拥有某种本体论的作用。自身作为普遍准则的经验，它的绝对化源自这里描述的路径的循环性。经验确立为不可避免的东西，因为事实就是事实，人们不能就事实而讨论。相反，它们徒然被人们所想象，事实就是事实，且这种情况本身是不能置疑的。经验不是规律，徒具规律的力量——由此出现了怀疑主义，怀疑主义就是从这种现象引出的并且碰到了理性，因为应该接受或拒绝，尽管不可能真正能做到——我们就这样变成了经验中之人。而这种情况是同样不可讨论的，一如经验的必然性似乎是可以讨论的那样。

于是，理应称为科学之哲学的装饰就此落成，其问题的范围也已划定。问题在于把它的注意力投向科学的判断，且为了证实其性质，验证它与经验和观察的关系，观照科学判断中哪些东西更具理论色彩而非观察结果，这有可能拒绝它或确认它，衡量它的必然性即它成为规律性之可能，并划定相对于某种对立的判断它在认识论方面（即理论方面）可能的高明之处。至于科学理论本身，它们把自己累加的这些判断聚合在一起，并不从根本上改变它们的价值和它们的科学有效性。所有这些问题因为处于哲学内部的某个特殊场域而尤为紧迫，该场域大概是因为冲击康德先验综合论的信任度的断裂之后浮现的。从语词上被认为是矛盾的先验综合论重新开启了对科学规律的叩问，对于它们的必然性和综合性亦即革新性的叩问。新实证主义确实从康德主义那里受到了启发，但是没有抓住它的因果观。后者应该属于经验，因为它是经验的特征。应该排除到精神的内在性的和非观察性的任意精神结构中去寻找仅属于实验场的东西。康德的解决方案崩溃了，这意味着不再毋庸置疑的因果性对于知识的古典主义观念，重新构成了问题。于是演绎法则模式应运而生，我们不管是在亨普尔（Hempel）还是在波珀（Popper）那儿，都重新发现了这种模式。实证主义意义上的科学哲学诞生于康德主义的这种危机，且从一开始，它的构成就是为了面对下述挑战，即弄清为什么事物应该像科学所说的那样，这就提出了解释和预言的核心问题。在最终分析中，我们还是在实证主义的雄心背后再次发现了论证性的优越地位，正如人们在休谟对归纳之批评的薄弱处已经找到这种论证性一样。还以潜在的方式找到了作为知识之基础的感知不是一种被必然性所标示的逻辑关系的思想。面对论证，实证主义行将创造某种稻草人，某种发明，实皆接纳像归纳这样如此非理性的知识的某种程序。我们从中看到了对于被否认的问题学差异的命题主义的转移，转移和否定，因为发明对问题的覆盖并不比论证对回答的覆盖多，尽管两者通常是出双入对的。归纳显然被新实证主义以其演绎主义的名义所抛弃，后者是言语中和为了言语的必然性的唯一源泉。

独立于那些全都以古典模式的恒久化所决定的科学判断为核心的各种哲学问题，这种模式还碰到了困难，我在拙著《科学中的发现和论证》（*Découverte et justification en science*）中谈到了其时所碰到的困难。

当人们把经验和经验的进步作为科学性的准则本身的时候，应该非常明确地展示与经验的这种关系是如何联结起来的。人们设定了种种事实，设定了可观察到的某种已知材料；在其他地方自身已经存在的理论性每次都应该能够与它们关联起来。比较清楚的是，普遍规律无法达到这样的程度，因为应该能够无穷尽地验证每个可能的案例，然后才能把普遍性的命题接受为科学。"人固有一死"这样一个如此基础的断定，为了保证它的有效性，都意味着人们要关注包括过去、现在和未来的每一个人。这是不可能的。于是还有波珀的拒绝标准，它仅调动一个相反的案例就排除被质疑的规律。一个如此简单的测试太不够了，尤其当我们知道人们永远可以重新阐释经验，为了让它丢掉其"表面的"矛盾性，甚至通过专门为此而增加一些假设，为的是把经验整合进"掺假的"理论之中。这就反馈到弄清何以、何时以及如何推展一种不好的理论得以保留或被抛弃的各种问题。只有社会学性质的准则能够保留下来，它们是根据环境对新的理论精英的抵制情况来评估的，这些理论或处于上升阶段，或者根据其建构能力的各种形式在这种能力的结构层面处于停滞状态。于是我们就从波珀过渡到库恩（Kuhn）。

根基上的原因，在于科学言语内部理论性与可观察性之间的二元对立。科学的可参照性建立在人们可以原貌观察到的种种事实之存在的设定。个人从那里进入理论的更复杂的层面；这个层面在洛克那里是人的思考的修订版，按照休谟的说法，则是思想的修订版。无论如何，都有经验的和证明的两个层面，而经验层面是偶然的；这种偶然性仅仅是逻辑的一个薄弱环节，但对于只能相信自己感觉之明证性的个人不是这样的环节。无论如何，随着经验主义的出现，在知识领域，重新出现了观察与源自观察的概念化的对立。须知，这样的二元对立不让人们提出那些无法解决的问题，何况不仅仅因为观察和经验的物化原因。科学的独特性消失在压缩为孤立的个人知识以及由之而出的孤立的判断中，它们当然都是认识性质的。似乎科学就是从先于理论化而存在的某种"已知材料"的天真的观察开始的。那么不只是问题的类型被预先决定了，然而无法真正回答它们的这种不可能性也预先决定了。我们不能不发现，许多科学判断与真实并没有直接关系，而仅拥有理论内的意指。人们无以自禁地落入影响确认性质本身的种种悖论之中，而它们是纯粹逻辑的[1]。人们无以自禁地想，科学远非通过堆积被论证为成果的结果而进步，而是通过它所提出的各种问题而演进；无疑这是波珀的一种思想，然而我们在巴什拉尔（Bachelard）那里已经发现了这种思想："科学精神禁止我们就我们不理解的各种问题、我们无法清楚构成的种种问题表述某种意见。在科学生活中，不管人们说什么，各种问题并不自己提出。而正是这种问题意识赋予真正科学精神以标志。对于某种科学精神而言，任何知识都是对某种问题的回答。如果没有问题，就不可能有科学知识"[2]。于是人们就无以自禁地叩问经验的理论与资料之间的总体关联，作为固定的、反历史的关系，作为两个独立构成的本体论范畴之间的关系。一如人们无以自禁地沉思必然性和实验言语，亦即思考因果关系一样。

假如经验理论确实独立地投入各种问题，也许人们可以不追随巴什拉

---

[1] Voir *Découverte et justification en science*, pp. 207 et suiv. (Klincksieck, Paris, 1979).

[2] G. Bachelard, *La formation de l'esprit scientifique*, p. 14 (Vrin, Paris, 1969).

尔和波珀，毋宁放弃从问题开始而偏爱某种经验理论吗？很大的诱惑是投身于科学并止于科学史。科学家们经常邀请我们这样做。

这样一种历史学的方法论反馈到它自身的可能性问题，这个问题从来不曾提出，且永远以某种真实性的名义而获得解决。没有某种科学史的解读能够向我们省略对何谓科学方法的表述，能够作为这样一种提问的替代物。这蕴涵着下列思想，即科学史永远不是一种中性的解读，作为人类的感知，它只能是辅助性的而非动力。很少有科学家们理解这一点并接受他们因此而不是哲学家的观点。如果他们在科学上很杰出，为什么他们会相信他们并非同时是自己的科学的哲学家呢？我们同意关注科学史，但是不接受某种特别杰出的偶然性，不接受一种必然遮蔽了多样性和其他类型之探索的学科史，不同意相信人们可以从这样给出的历史中阅读到某种历史的真实性，不相信这样的科学史可能是对一般科学之叩问的精髓，这种叩问是严重缺失的。

于是我们谈论过的所有问题都依然存在，而它们恰恰不让我们从个人的判断、从逻辑演绎、从与观察结果的具体关系出发，而是从真实性问题、从经验的叩问性问题出发，并分离出使它变为科学的东西，即分离出理论来。

经验、因果关系与叩问：超越先验综合论

在弄清各种事实是否存在于它们的阐释以外之前，重要的是要反问经验是什么。从经验主义开始，它是一种本体论：存在着把经验真正物化为某种自成一体的东西，这就没有看到它首先是什么，即一种解决问题的方法，但肯定不是唯一的方法。经验归根结底只有参照种种问题才有意义。没有任何东西阻止各种回答是它们自身以外的其他东西，但是因为它们解决问题，它们就必然排除替代物。一个替代物就是一个问题，而回答决断它。这就完全反映了必然性，而丝毫没有在这方面产生矛盾。必然性概念是纯粹非批评性的：它把回答行为界定为解决某种问题的回答就必然排除了交替性的另一方。这种情况先验性地对任何回答都适用。可能是其他东西的是回答，而非假如回答是其他东西、任何其他陈述句就不是回答这一事实。相对于一个问题，回答并非是必然的，然而，确立为回答之身的陈述句就必然是把相反的陈述句从成为这种事实本身之回答的权利中排除出

去的回答。如果人们处于问题学的无差异状态，那么就只能落脚于先验综合论的各种困难：以经验为主题时，它具有解决性质，因为具有解决性质，它亦具有先验的必然性；然而当它反馈到某个问题时，它便没有作为该问题解决方法的任何先验必然性。一旦成了回答，非批评性回答就不能不排除对所提问题的任何替代性回答。所有这一切，当然是在我们把基础问题引向一种其答案互相排斥的问题类型。我们后边还会再论述这一点。如果我们把一切都引向命题性，那么就需要先验综合论具有作为这种科学判断的双重性能，而假如人们意识到，在必然性里，存在着某种事情，超越任何经验内容，与回答行为相关联，那么人们就避免了矛盾。

人们物化并通过将其带向事实网络而将其自立化的经验，强化了它不是某种解决方式的思想，而是真实的网络本身，即是这些事物。诚然，人们经常把被动性的观察与主动性的经验相对立，但是并没有清楚地看出，这样人们就强化了经验是在任何提问之外接触可能如此存在的种种事实之途径的设置。其实，被动观察并不比主动的经验多，因为人们通过相继承接和建构程序接触某种可能透明的已知资料的可能性并不比无法阅读它的可能性大。这样一种已知资料是不存在的。真实是实际存在的，而经验是一种可以揭示真实的叩问方法。观察也是叩问性质的，因为没有真实不呈现为回答的形态，而后者以此身份，哪怕是在瞬息之间，无不反馈到某种潜在的问题。

科学方法的特性

考虑到上边刚刚表述过的内容，现在向我们提出的问题，就是弄清科学知识是如何以独特方式构成的。这等于决定经验、因果关系和理论化是如何耦合的。至于观察，它自身是不存在的，因为真实无法授予，它需要探索。考虑到它向我们要求的恒久的问题化，因而它有可能呈现为其他形态。一旦被置入回答，加上此种回答行为的斥力，原来问题中的东西，就显现为它的本是且只能是这样，它呈现为只能是其本是的样子，由此产生了真实的明证性和必然性的印象，某种呈现行为变成了表象，倘若我们看不到它由之而出的叩问程序的话，假如我们投入命题主义传统，事情确实就是这样发生的，命题主义传统由于无法设想叩问，就只能在其效果的基础上理论化。各种事实的实证性，它们被肯定的独立性，加上这种形态所提出的概念化方面的所有困难（伯克利），作为按照这种模式之术语所说的某种不存在的和找不到的程序的静止结果而浮现出来。

这是否意味着问题学抛弃任何真实性？它确实更多地试图再现真实性的浮现痕迹，并解释给出真实自立性印象的原因，而没有把这种自立性视为某种明证性，像经验主义那样视为某种不可知的先验存在，或者视为有待于与种种先验类型关联起来的东西，这些先验类型通过某种纯粹的主观性和分析性，在某种纯粹被动的感性接受层面，建构了这种经验存在的必然性。我们熟悉这样的回答，它们相对于先前处于问题中的东西而自立，以便仅让人们感知先前处于问题中的东西，以此排斥对问题的任何参照，排斥问题学的任何反思性。当后来，收获赋予后来的问题以意义，引起重新问题学化时，我们也熟悉这些情况：相对于以这种或那种目的提及各种事实的问题，这些事实显然被不断地重新阐释，面对各种问题，它们作为独立的、被设置为众所周知的前提而运转。事实的真实性，亦即人们通常所理解的事实自我确立，应该服从它们，它们对于我们形成这样的形态而没有我们的人为干涉的思想，这种真实性应该从某种问题学的关系去理解以免产生冲突。作为并非被主题化为回答之回答，作为诞生于先前某程序和其他程序的回答，事实呈现为独立的，然而它们是自我呈现的：它们所再现的已知资料自然就把它们置于继续存留或新出现的某种提问的内部，且面对这种提问，它们发挥解决性铰接点（point d'ancrage résolutoire）的作用。观察、被观察的事实代表着沉淀的经验，不再形成问题。于是，非批评性和问题学的二重性可以表述并设想如下，即可观察事物既是结果、它不再相对于任何其他东西而仅依据自己作为结果的实证性来分析、它对我们拥有某种意指、是我们把它肯定为结果的、相对于某种接受性肯定它之所以是，这种接受性似乎同时摧毁了它的自立性和它作为自我的独立性。把刚刚表述过的这些东西命题化，那么非批评性—问题学的任何二重性就崩溃于去差异（l'in-différence）之中，使得可观察之物依赖观察而存在（esse est percipi），作为程序的客观关联物又独立于观察。自诩为自立理论的参照主义的静止观，是不能支持的。总而言之，我们深知没有纯粹的参照系，没有纯粹的自成一体，因为我们每日的生活足以确认这一点，事实向我们显示，它们仅仅承担了意指。然而人们仍然接受了参照性与阐释性的二元对立，因为回答本身并不是让它们呈现的目的。形成问题之物从任何方面都未留下与问题本身的区别。例如，假如我就您的到来提出问题，那么您的到来就形成了问题，它就是问题。这样，人们就无法合乎情理地把问题中的事实与问题相区别。问题拥有对对象的某种真实化、现象化功能：这就是及物性。

当我们在上面的例子里说您的到来提出或形成了问题时，人们可以以两种方式来理解这种表达，两种方式既非没有关系亦非任性而为之，理由是，它们澄清了事实的现象化、观察、出现和解释它们的方式。假如我说您的到来提出了问题，我事实上可以表述两件事情：或者您来这件事本身及其可能性构成了问题，您可能来或不来，但是我希望知道；或者相反，您的到来已经是既成的事实，然而它反馈到另一个问题，它提出了某种困难。例如，我完全可以说"您莅临我们的会议问题将在我们的朋友中引发许多尴尬"，或者"您昨天晚上到达的问题在我看来尚未得到澄清"，在这里表示人们希望对某种既成事实给予解释。您到来的事实本身不形成任何问题，因为您已经到了或者您行将启程，如像另一例句中那样，但是围绕这一事件提出了一些问题，到来本身并不是对这些问题的回答，人们希望知道的是其他事情。有点像我说历史的问题在马克思那里没有得到恰当的解决一样：我们并不否认存在着历史，甚至也不否认马克思触及了它的真实性。人们本可以说——这是另一个例子——我邻居家电的问题解决得不好，这意味着他家有电，但是假如我说，算术的完整问题值得我们关注，这很可能意味着我怀疑这种完整性。

总之，我们似乎碰到了两种对立的解读。可以肯定的是，我们远离本体论意义上的问题。"X 是什么"的问题不寻求弄清什么是 X，通过假设 X 是什么，回答给出的 X 之所以是一种本质。某种本质从问题开始就在场，问题把它封闭起来，先验地引导它，并迫使回答因此而具有本体论性质。我们的提问者通过对 X 的双重解读到底想知道什么呢，如果不是摧毁 X、把 X 吸纳进它的"未知性"的 X 之本又是什么呢？

让我们观照这两种情况。假如我反问自己例如您是否来，这里正是事实本身处于问题之中，而回答因为是宣示式的，就肯定是或拒绝肯定，后者仍然是肯定。决定围绕某种肯定：它是或者不是回答呢？"您来"：这是否就是回答呢？在另一种情境里，人们不询问已经接受的事实，而询问其他东西。这里有某种问题外，假设问的是 A，人们实际想知道的是 B 是否如何如何，或者相反，假如问的是非 B，无论如何，人们寻找的是已经给出的 A 不再构成问题的某种 B。A 是一种已知材料，人们围绕这种已知材料进行问询，它自身的真实性并未被否定。说历史问题在马克思那里处于悬而未决的状态，意味着对历史的解释未能满足我们的说话者兼提问者。他寻找一种回答或者一套回答的解决方法，后者论证一种事实，这里指的是人类社会的演进和改造。让我们想象一下下面的问题：知识分子的问题在马克思那里没有得到很好的处理。这意味着他谈论了知识分子而人们没有接受他的回答，或者相反，他没有谈论出什么重要的东西来呢？我可能选择下面的句子："至于历史的进步，问题远未达到清楚的地步"。这里也一样，两种解读是可能的：1）人们并不否认历史的进步，但是不太理解对它的解释；2）人们并未诉求对事实的解释，因为很简单，人们拒绝了历史的进步自身是一个问题外的事实的思想，拒绝了历史进步的思想。

上面的两种解读很明显都是问题的重构，它们自身就拥有双重解读，通常很难弄清楚这种或那种解读更站得住脚。另外在两个例句中我们可以拒绝第一种解读，即接受事实并支持人们寻求其他东西的解读。倘若寻求其他东西，倘若这些事实自身不以某种方式处于问题中，那么为什么不直接询问呢？其实，两种解读要比直至现在所显现的更难分难解。

叩问性是与真实之关系的构成部分：人们只有从叩问性中才能观察到所寻求的东西，才能看到人们努力观看的东西，只有在叩问性中，人们才面对冲击我们的各种问题。Ce 只有参照 que 时才能浮现出来，才能成为我所看到或我所感到的东西。这个东西是对某个问题的回答，该问题消失于这个东西的显现之中，后者曾经处于问题之中后来变成了回答，去问题学的回答仅把它的对象留在在场的形态中。

现在我们假设，我说轨道的椭圆形问题是开普勒（Kepler）提出的。假如我不质疑轨道追随某种椭圆运动的事实本身，我因而接受它，我接受"星球拥有椭圆形轨道"的命题，我不质疑这个命题，但是我围绕它而反问，另一个问题被提出，因为人们已经回答了第一个问题。如果有问题，且不是椭圆形的运行受质疑，那么就应该是另外的问题，因为问题学差异要求问题不同于对它的回答，除非堕入无解的循环性。因为有一个问题变成了两个问题，而它又呼唤对第一个（问题学的）回答的某种回答，于是就有了推论；这里即有了解释。提问者所要求的是一个与星球椭圆形轨道问题相关联的命题，意思是说，既然这个问题被接受，它解释并论证着问题中的事实。确切被质疑的东西，就是指示这种现象何以如此发生而非以其他形态发生的东西。与某种命题相关联并被该命题所解释的事实就这样给出了原因，或者至少是一个解释性的原因。

如果相反，人们确切地质疑轨道拥有某种椭圆形的运行这一事实时，人们则没有要求其他东西，仅要求建立问题中的事实。于是它不再是一宗事实，因为这是人们叩问的东西。这种情况清楚地显示，事实只有当它们未被质疑时才是事实。这种情况还意味着，对事实的这类叩问不能独立于对它们的解释，当它们未能停止其事实身份、置身于这种称号的问题外时，是不能被如此叩问的。事实的思想本身即反馈到论证思想，某种阐释性论证，因为在这个过程中人们把一个被叩问的事实带向某种回答，因而也带向某种问题性，后者赋予它某种理论上的意指。事实、事实问题建立在某种预先的概念化的基础上，后者允许把它们与以它们为主题的某个问题分离开来，但并非与这种叩问完全分割。

然而，人们说，一切似乎都显示，人们可以对事实本身进行叩问，并且在实践中已经这样做了，并由此而可以把事实的阅读与对它们的解释分隔开来。这样一种扎根于共感的经验主义观念只能是循环的，甚至是有害性的循环。它给予自己的回答构成问题；它以为解决了所有问题，其实什么也没有解决。

让我们再以上述例句之一为例。我就您来这个事情提问；它构成了我的问题。这个事情的出现有利于上述问题，它呈现为可能性，但同时也包含着它的非机遇性。另外，这个事情也是应该解决我们问题的事情。由于处于问题中的东西也是回答，人们不仅应该独立于问题事情，面对我们的提问，得出种种事实，尽管是我们的提问让这些事实出现在我们眼前，人们还应该告诉自己他们接受了某事情的明证性，而实际上却在就它而反思，因为他们就它提问了。我承认您来构成一个事情，由于它本身我才反问自己这是否是某种事实。说人们应该把事情与其发生的机遇区别开来，把这种机遇称作事件以回应问题学的差异化要求，这是徒劳的；还应该说服自己，各种事情在它们的机遇之外确实是存在的。在一个独特的问题中，我当然有权把这些事实接受为它们本身，但是，我不应该忘记我并没有质疑于事情本身，而是还质疑并一直质疑其他东西。或者更准确地说，我本人通过这些事件身处其中，后者赋予它们以意义的一个问题叩问这些事件。要谈论事实，应该能够用作叩问标志点，并且自身不会再受到叩问的种种隐性定义来为它们定位。把事实与它们的发生机遇相区分，您等于停止叩问事实；提及一件事实，它便作为不再形成问题的东西而处于问题之中。因为不可能以一件事情为主题、提及该事情的问题并同时相信它以纯粹的方式处于该问题形态而缺失允许将它置身于这种形态的预先回答。人们的共感尽管这样做的事实足以显示它是带着自己浑然不知并拒斥的种种预设进行思考的。因为我们上边谈论的两种阅读永远混淆在一起；由此出现的这种暧昧性才允许这种双重阅读，其一被其二所制约，反之亦然。由于这两种阅读之间的关系是一种疑问性的推论关系，否定了叩问的任何作用，于是人们失去了它们之间的关联，每一种阅读似乎都能够相对于对方而变得自立。于是当人们把真实的真实化完全孤立为独特的东西时，就将再次跌入影响真实之真实化的某种不可避免的循环性。例如，我显然可以一如我希望的那样关注法国大革命，并自称我纯粹从事件的现象学方面研究这件重要的历史事件，但是研究方法躲不开对这场革命的真实性是什么的某种主题化，而后者反馈到某个特别的问题，反馈到某种可能与有待解决的各种问题不同的方法。如果大革命被感知为阶级斗争中的一次决裂，感知为一个新时代的到来，与以前时代没有根本性的关联，作为事件，人们对它的解释将与下述解释截然不同；在后一种情况下，人们可能把它视为国家作用强化的一个阶段，视为不恰当的集权结构遏制精英人物这种循环中的一个阶段。事件本身也将会作完全不同的解释：面对先前的贵族的反动行径，攻占巴士底狱就变得无足轻重了，无论如何也变成一次偶然事件了。事件的开端、建立、它的脉络本身，都与其意指一起发生了变化。假如不知道法国大革命所涉及事件的问题之所在，人们就无法叩问这场大革命并对它进行解释，而厘清这些事件，人们就已经进入了回答，因为人们已经预设了行将解释的东西，人们已经有了有关现象—问题之性质本身的某种隐性定义。倘若我把大革命定义为彻底的决裂，我隐性地解决了与旧政体的连续性问题。我预先从中看到了解决这一问题的可能性，这不啻于通过人们所选择的提问类型赋予自己以答案的一种循环方式。另外，如果大革命的真实性被理解为国家内部一些新人物的上台，我同样隐性地回答了法国大革命的问题；我把它看作是先前存在的某种程序的调节，那么我对它的解释将会不同，因为需要理解的对象呈现为不同的对象。但是，把事情更多地看成这样而非那样，一堆预先的结果都提出来了而没有经过论证。实践中产生种种事件的循环性假如停留在共感固有的经验主义的见解那里，它就将是破坏性的。然而科学不是这样运作的。科学的第一个特征是，把它为"基础事实"设想的解释应用于其他事件，以检验它的真实性。某些事实来自其他的理论化工作并因此而拥有某种相对的自立性，这种自立性源自先前处理过的分离工作。有些事实需要给予解释，因为它们属于同一领域或者那些人们怀疑可以用同一理论解释的事实。简单性的理想就这样回应了事实的整合，人们最初没有想到它们能够得到这样的整合。被统一理论系统化符合起初假设的验证要求。倘若有关基础事实存在着某种问题，那是因为循环方法的再次出现，要求质疑真实性。这样的质疑通过质疑的性质本身，预设了交替物。这就需要支撑基础事实概念化的解释不是专门设立的，亦即不能仅仅理解为针对这些事实而设立。人们解释的事实越多，理论便越具有普遍性。它解释的事情越多，便越增加了战胜某种对立理论的机遇。在这一过程中，存在着回收先前已经解释过的事实和在人们努力取代某理论层面已经熟知之事实的做法，回收已经承认的理论场之外的事实（例如因弗洛伊德而去生物化并且变成"心理化"的性现象），最后决定新事实，它们将相对独立于昭明它们的方法论（例如弗洛伊德提出的落空行为/les actes manqués）。

　　共感与科学之间的最大差异，在于共感通过其循环性，带着所获成果因为多少受到某种区域有效性和实践有效性的分析验证而永远无须构成的明证性运作。而科学则不能省去下述看法，即任何事实观都是假设性的，而为了验证它设定其真实性的假设，它应该把这种假设视为一种要求，后者并非赋予某种实践型的和境遇型的推论以合理性，而是赋予以假设本身为基础的某种推论以合理性，以便使这种假设能够进入答案的定位，共感则一下子就认定这种定位自然而然地给予了。对于科学而言，由于真实化是假设的，它要求设定环境下的回答之外的其他回答，这就必须走向理论。其结果应该从言语层面提取而非从偶然行动中捕捉。初始基础事实以外的其他事实应该被理论所解释。仅限于这种基础的循环性蕴涵着事实的问题化尽管仍然很真实，已经被作为解决方案了。因而不必走得更远。问题化被真实的经验性明显性排斥了。事实谈论它们自身，它们带着自己的全部力量和明证性而存在，尽管显示了这种必然性，它们其实没有任何必然性。在这样一种视野里，没有通过真实的问题化而建立起来的与真实的关系，人们堆积观察和经验，它们作为事实的经验性见证同时累积在理论的复杂性之上。认识论的这种原子论，通过接纳实验性结果和观察结果以及在偶然灵感冲击下，有时是在天才灵感冲击下，无论如何永远从个性开始而获得之真实化结果的并列，而从共感走向科学。人们把事实的阅读当作对某种预先存在的某种简单理解，这是一种本体论意义上的预先存在，但是每个人都可以触及，因为它似乎拥有"客观性"，因为这种预先存在确切地说是科学的基础。通过对没有孤立之事实，它们是从理论化中浮现而出，然后才以某种方式从理论化中解放出来的这种无法理解，人们给予自己的回答必然是从某种叩问程序中得来的，但是未能理解该程序。人们还将拥有归纳的困难，但还有作为命题主义之科学观的认识论方面的原子论必然碰到的所有其他困难，这些困难全都关涉各种假设的验证，这是一个无法从分析角度提出的问题。杜昂（Duhem）说："与我们努力建立的东西相反，人们一般都承认，物理上的每个命题都可以与整体相分离并孤立地接受经验的检验；很自然，从这种错误的原则里人们只能演绎出涉及方法论的错误结果，而物理学应该按照这种方法论教授。人们希望老师把物理学的所有假设按照一定顺序排列出来，希望他从第一个假设开始，给出它的陈述形式，展示它的实验性验证经过，然后，当这些验证被承认足够时，希望他宣布该假设被接受；更好的情况是，人们还希望他在构成这个第一假设时，通过归纳，把它变成一个纯粹实验性质的普遍规律；关涉第二个假设、第三个假设时他重新开始这一套程序，如此下去，直至物理学被全部建构起来（……）。人们提出的任何东西没有不是从事实中得出的，或者不是立即被事实所论证的。"① 如果人们确实是从事实到事实，那么也应该是从真理走向真理，不会出现错误的；人们就不会有更多的假设（非虚设的设想将是真的），更不会有那么多的理论，一个一个命题地被外部的事实关联起来，把任何约定俗成的调整都变得不可能，都变成专设的；人们最终将拥有从个体经验到科学的某种连续性，这种科学只能是个人经验的膨胀。所有这些思想此伏彼起。然而应该抛弃的正是这些没有答案之问题的环境本身，而非不知疲倦地一再重拾这些问题。事实的某种问题化首先要求一种事实的理论，在这种理论中，它们浮现为事实，带着它们的经验的实证性作为结果，因为它们是回答。要成为回答，初始的真实化需要得到理论言语的其他普遍性的命题的论证。只有否认叩问面对这样一些事实的构成作用时，人们才能落脚于首尾相接的孤立事实的突出地位，带着某种发现程序，后者被感知为心理插曲，感知为逻辑—实验验证和论证的此岸。发现引导事实的选择，后者随后被排列起来，它们的排列

---

① P. Duhem, *La théorie physique*, p. 304 (Vrin, Paris, 1981).

依靠经验和逻辑，并赋予这样增加起来的各种命题以科学性。

而科学程序的真相与此完全不同，因为人们不是从个性的分别给予的事实出发的，而是从相互真实化的基础上出发的，它们的网络来自某种综合的问题性。当人们谈论某种部分的、局部的分析思维时——这个思维过程有好几个章节，被当作总体理性却不能以这个名义自诩，否则就会自毁于这种言说之中——人们还提及科学性的另一种风貌，并非它与共感相对立的风貌，而是使它在应用领域受限制的风貌。某种更大的描述性压缩了解释性，然而即使在肯定解释性的收益时，一种科学理论永远是部分的。这并不意味着它是在部分的基础上、从纯粹即时的观察开始、通过相继的积累而建构起来的。因此，我们不要把科学思维的分析性质与它不扎根于个体们的孤立经验的事实相混淆，后者如搞散文汇编那样的学者 M. 茹尔丹（M. Jourdain）一样。

为我们的知性提供真实性的问题化导致某种回答行为、某种推论的发生，后者的目的是把对真实性的阅读有效化为回答，使后者不可压缩的真实性成为人们随后可以在其他理论中使用的某种结果，视为独立于所有其他东西的某种成果，不必再参照使它得以脱颖而出、使其存在有效化的叩问程序。循环性在于把问题改造为答案，别无其他，共感就是这样做的，而科学则应该考察被它所叩问的东西，并以假设的形式断定后者的内容，以期达到某种消除了断定中疑问性的回答。例如，在椭圆形轨道的问题中，人们不仅问到了它们是否确实如此，同样问到了这种椭圆运行而非圆形运动的理由所在。对其中一个问题的回答也是对另一问题的回答，因为第一个问题反馈到另一个问题，况且并不是一旦获得了回答，人们就可以分解各种问题并把它们的结果自立起来。共感的运作像建构起来的科学一样，因为两者都是在问题解决以后才碰到它们；系统化当然形成了差异。另外，亚里士多德在他的科学理论里完全意识到这种关联，他如此写道："例如，'月亮承受某种月蚀吗？'意味着：'月蚀有无某种原因呢？'（……）。在（这个例子里），显然，事物的性质与它何以如此之间存在着同一性。问题：'什么是月蚀呢？'及其回答'月亮的光芒被置于中间的地球剥夺了'与'为什么会有月蚀？'的问题是相同的。（……）因此正如我们说过的那样，认识一个事物是什么，等于了解它为什么如此"①，

① Aristote, *Seconds Analytiques*, II, 1, 2 (Tr. fr. Tricot, Vrin, Paris, 1966, pp. 164—165).

因为事实只能从理论上去界定它，通过某种回答给出它的身份。正是因为人们分裂了两个问题才有某种推论，而亚里士多德从这里仅仅看到了真实的因果化程序，因为他只知道通过逻辑关联连接在一起的种种命题，这种逻辑关联因为符合本体论而变成了因果关系。但是，他开始时把问题看作一个问题是有道理的，它只能根据结果而分开，对亚里士多德而言，即只能根据命题而分开：这个唯一的问题具化为推论出一个回答，后者成为回答后，就把回答变成了某种独立于这个回答的真实。两者之间的关系是推论性关系；一旦各自构成以后，它们就呈现为拥有某种合理的关联。这就导致了下述情况：当人们从预先已经接受为这样、无须再阐释的事实出发时，人们一下子就从因果关系方面使用了它们，它们已经构成，人们无须再保证它们毋庸置疑的实证性。人们说它们已经成立。对真实问题的双重阅读的诞生是完全有理由的，但是，因此而把它们完全分裂开来并不具有合理性。

从深层言之，思维原则不是任何其他东西，只是从拒绝循环化中诞生的问题学差异的产品而已。法国大革命问题意味着事实本身更是这样而非那样，但是问题没有以回答的面貌立足，而是要求某种回答论证所选择的阐释而反对任何其他阐释。大革命于是变成了这种独特阅读中所描写的那种事实。倘若人们想避免有害的循环，就不能忽视的问题学的差异，诞生于所设定的这种即时真实性。我提醒大家，问题性的确定已经是回答了，假如人们看不到这种确定是问题性的，是问题学意义上的回答，就会陷入与非批评性相混淆的陷阱。为了解决关于某事的一个问题，因而需要断定问题性的回答以外的另一回答。而这两者之间的关联是推论。如果人们从事实出发，它甚至是因果性质的。但这不是一种约束，理由是，所要求的回答可以不隶属于经验，它可以是诸如一条规律或者一个方程式，不可以直接真实化。

那么人们到底从这个回答中期待什么呢？如果用某种特别的问题学回答把真实问题孤立起来，问题学意义上的回答以期保持它的假设、问询定位，那么人们就期待第二回答；如果人们把问题真正当作问题，那么就期待简单的回答，因为例如人们无法把真实性分离出来，因为它没有在其他地方被独立地作为自立的回答而确立。

替代物的建构：从因果关系到作为实验性准则的属性

因此应该提防特意为着某种目的的理论化，它使事实符合它们的问题定性。人们不可能简单地找到与人们在基础方法中所设想的真实如出一辙的真实。不要把问题范围的东西与应该表示解决方案的东西相混淆。因此，人们应该把问题中的事实当作问题，由此而要求某种回答——如果它显得"合适"的话——把事实改造为独立的回答；人们通过允许自己进行某种解读，它可以把该解读的事实一分为二，那样人们就回答了这些事实本身。由此产生了作为适合的真理思想。倘若在第一阶段，事实是形成问题的东西，那么它们所要求的回答就毫不逊色地也是真实化方式的论证，亦即通过某种特别的断定而回答事实之方式的论证。对大革命的一种良好解释也是对更多地以这种方式而非那种方式看待这一历史事件的一种论证，看待该事件的方式服务于叩问该事件本身，但是一旦这种解释有效之后，上述方式仍然不停止其问题性质。

然而如何使解释有效化呢？

让我们再次观照星球轨道的椭圆形问题。我要求人们给予解释，这意味着我接受了轨道拥有椭圆形运动的事实。然而我要求这种解释仅仅是为了建立解释所预设的事实。因为问题的实质在于预设这个事实，如同我提起您来的问题是通过它而寻求对它的解释，因为您已经到了。并非您来这件事本身被质疑，而是这次行程所提出的问题，它已经发生了，这里提到了它。

如果不把此后人们视同疑问性的某种真实化分化为两种解读，那么人们似乎就陷入了循环。由此出现了分离，人们不能把它绝对化，但是应该从整体观照的叩问路径内部本身来定位这种分离。正是作为第一个问题，另一个问题才得以提出，人们设定第一个问题已经解决，然而人们只能通过第二个问题去解决它。自此，人们从某种纯粹假设的回答出发，后者说明这些事实是什么，然后人们进入某种推论，推论的目的是论证人们赖以支撑的对事实的第一解读。回答真实性的初始问题等于论证对真实性的理解，然而人们是通过先验地给出这种"论证"来论证对真实性的理解的，尽管这种"论证"是假设的。问题因理论化而保持提出的状态，自此理论化独立地论证自己，在其他地方已经成为回答，才能使基础的假设阅读有效。正是理论化变成了问题，而椭圆形轨道问题的阅读之一的自立化于是得以确立。

因为有种种问题，才有对替代物的考验。我们看看"在相反情况下"将发生什么事。解释起初设定之真实性 A 的理论化 B 将从问题性方面受到检测：是 B 还是非 B？假如我们得到 B，这就使人们接受了 A。假如 B 蕴涵着 A，且 B 被接受时，A 也应该被接受。为了论证问题性的论点 B，人们将以与下述情况同样的方式进行推论，这种情况是：如果人们从 A 开始向 B 运行，以便后边综合性地再走下来。双重运动覆盖着某种柏拉图式的辩证方法，唯一的区别是我们在这里讨论的是问题而非命题，且我们并不局限于整合在一起的一次性往复运动。事实上，人们是从某种真实性 A 出发，提出 B 并用 B 来解释 A。这是一个完美的循环，由此产生了"结果"的问题性。人们实际上告诉自己，B 不可能与 A 的矛盾性兼容，正如 A 既不能导致 B 也不能导致非 B 一样：A 应该与 B 关联起来，正如非 A 应该与非 B 关联起来一样，没有这种关联，人们在最好情况下也只能拥有某种解释的因素而不能得到论证本身。倘若检测显示为积极的，人们将得到假如 A、因而 B 且用 B 来解释 A 并把 A 自立起来的循环结果。要打破这种循环，我们已经说过，应该让 B 在其他地方找到某种有效性，它应该解释其他事物而非 A。假设这个事物是 C：由于 B，人们得到了 C。于是，倘若没有 B，也就没有 C。程序每次都是相同的，根据结构重复。人们努力回答 B 或非 B，同时检验是否可以更多地回答 C 而非非 C，或者相反。假如 C 属于事件范围内，已经在其他地方得到认可的经验，即某种新的或外在的真实化将被提及。倘若 C 被观察，之所以是 B，那是因为 C 允许我们设定 B；而这一切是独立于 A 的。理论随着自己的增强，在扩展自己真实性的同时编织成篇：例如 A、C 然后扩展到 E、G 等。经验的基础以此得以丰富，于是产生了科学的综合性本身所要求的真实性的分析结构，它不能限定在开始时赋予自己的客体区域。

让我们看看泽梅尔魏斯（Semmelweis）的著名案例，他发现了产后热的原因。可能对 1844 年维也纳医院产妇遭受沉重打击的死亡事件作出的解释会是什么呢？当时的解释之一是，牧师去做最后的圣礼时，对未来的妈妈们造成了冲击，她们从窗户看见他走过。泽梅尔魏斯要求牧师改变他的路线，他发现产科病房的死亡率没有变化。直到 1847 年，经过许多假设之后，泽梅尔魏斯通过观察一位同行的死尸，后者在一次尸体解剖中伤及手指并引发了某种"产后热"，才提出了感染可能来自已经感染了血液的死亡组织的假设。于是他要求人们没有用专门研究的化学溶液洗手不得进入产房，于是死亡率大幅下跌。他还发现，那些在街头分娩的妇女们，排除其他因素的影响，不感染产后出血热的机遇比较高。

疾病在这里形成了问题：它是问题事实。了解它等于要弄清该事实的原因。理论化过程即叩问过程。假如事实是某种心理冲击，例如由牧师的经过而引起，那么牧师不经过应该引起事情的不发生。如果牧师改变了路线，两个事实应该有所关联；然而，它们却没有发生这样的关联：人们拥有 B，用以解释 A，B 变成了非 B，但是 A 没有发生异变。B 与 A 之间、非 B 与非 A 之间应该关联起来，解释 B 才能被接受。一个事件 C 发生了，我们不妨说，它是被 D 阐释的。我们发现，非 C 与非 A、C 与 A 由于 D 的中介而结合起来。医生之死与产后出血热拥有的共同点是源自与这里已经坏死的感染组织的某种接触。如果 D 是对 A 的正确解释，产后出血热就变成了某种类型的感染（而不是例如牧师之经过的假设让人们相信的来自心理上的某种冲击）。自此，如果 D 是对事实 A 的论证，这种论证赋予 D 以意义，那么就需要人们发现某种事实 E 以支持上述论点，而"街头分娩"演示了这个叩问过程。这些医院外的母亲们碰到的低死亡率由产科患者们没有碰到的未受细菌感染来解释。街头分娩所代表并确认了给出之解释的经验，解决了由作为假设的解释所引发的问题。与这类分娩相关联的低死亡率问题从解释所提供的回答中找到了它的答案。

这里重要的是，给予不屑于科学之推测定位的某种科学观以正确评价。显然，如果 B 蕴涵 A，且 B 从 C 中找到了确认，那么应该接受 A 是某种真实的特征化（界定）。无疑，人们可以以不同于 B 的方式来阐释 C，并很容易想到作为对同一提问 X 的回答的理论的多元化。这是否把这些关于 X 的理论的每一种都变得具有问题性呢？尽管人们是用理论来回答的，而理论同样卓越地回答了被分析的各种事实。这是不矛盾的。因为人们每次都以理论内部的种种真实化为依托，它们诞生于旨在适应解释模式的经验，人们永远不停地提出各种问题，但回答不当或者很简单表面回答的可能性并没有因此而杜绝。

被经验主义当作实体对待的经验实际上具化为以其他事物为基础而询

问某事物。已知 A，那么 B 是怎么回事呢？B 是什么的问题有待于从 A 的问题开始而得以解决？而 A 的问题的构成停留在某种力量的冲击、某种循环化，确切地讲，它包括种种蕴涵，尤其对后来的问题，这里的 B 就是这种类型的问题。因而人们永远可以重新质疑经验、有关它的阐释、它的结果等，至少是在阅读的前提层面。然而人们在回答事实时把它们耦合起来，对它们给予解释，这等于把它们与事实连接起来，并由此而越过一切困难到达真理境界，到达回答的地步，后者也是对事实的回答，这样就相对于任何叩问建构了它们的独立性本身。经验并不表述真实，它也并不是这种真实，但是它能够让我们回答关于真实的问题，让我们产生对它的某种思想，于是人们把这种思想称作真理，至少在科学领域如此，在那里，人们就这样获得他们的各种回答。各种真实化之和并不能阻止每种真实化是它自身以外的其他东西，但是人们应该能够落入理论所落脚的真实性回答，即使它们不拥有源自它们的独占性回答定位（亦即对立的命题定位，因为它们是回答而非问题）的必然性之外的其他必然性。这就赋予它们以经验的实证性，这里的经验是人们通常设想的经验，而休谟则通过不区分问题学性与非批评性、问题与回答、整一地评估这组概念、不区别分别属于其每个成员的东西，从而使经验概念悖论化。

因果性代表着或多或少表述下述情况的一种原则，即假如 A 是 B 的原因，那么每当人们得到 A 的时候，B 应该随之而来。同样的原因产生同样的效果。没有 A，那么也就没有 B。须知，我们已经考察过，事物之所以这样的原因，从事物的深层言之，是叩问性的。正是因为人们可能没有用 B 来回答 A，当人们用 A 获得非 B（或者用 B 获得非 A）时，人们不能接受 A、B 以外的其他结构。假设人们在某个时段可能获得某回答 B，随后又获得了非 B。B 是什么的问题因为替代物的重复处于未被解决的状态。可是，当人们用 A 获得了 B 和非 B 的结果，而 A 本应该解决 B 是什么的问题，那么人们不得不得出 A 不解释 B 的结论，因为人们用同一 A 同样可以得出相反的结果。这等于说，A 是不适合于解决 B 而提出的问题。

当人们谈论因果时，仅仅想表述下述思想：一个问题的解决导致了另一问题的解决；两个问题都是成立的，或者像人们常说的那样，它们具有属性。人们只能通过另一问题来解决这个问题，因果关系增强了，直至落脚于逻辑学家们称作必然性和足够性身上。叫作什么在这里并不重要。整个问题都在于弄清为什么人们需要一个问题以期解决另一问题。因为这是因果关系的秘密所在。为什么要使用这样一种回答的程序呢？细心的读者已经知道了其中的理由，因为他记起了我们先前已经具体解释过的科学性的种种要求。科学建立在间接质疑和有待于通过并在替代物中得到验证的种种回答的基础上。在那里，人们通过一个问题解决了另一个问题，探索命题，并继而探索来自这些回答的事实，后者以其他事实为依托才能被真实化。总之，如果人们想避免专门在循环尺度上进行的"解释"陷阱，就永远通过一个问题解决另一个问题。你们还记得我们关于法国大革命说的那些话吧，把大革命分为事实问题的可能性建立在其他问题得以解决的基础上，这些问题使我们有可能回过身来触及第一个问题。科学即需要我们刚刚在因果原则名义下描述的这种推论机制。然而还有更多的需要。为了解决科学问题，需要能够检测各种回答，并非一个一个地检测，而是通过例如如果从 A 出发，人们理应决断 B 是什么的问题。为了达到这种程度，需要能够决定如果没有 A 时会发生什么情况，以及同样，如果没有 B 时会发生什么情况。经验不是任何其他东西，就是这种决定的程序。实验归根结底具化为建构它的问题，直至人们最终用替代的方式来决断它。因而经验用来论证某种命题，该命题的相反方有可能是真实的，这很好地显示了休谟的说法，即经验不是必需的。然而它应该是必需的吗？总而言之，如果人们把经验设定为真实本身，并把科学决定亦即因果性设定为符合这种真实，那么尴尬将是不可避免的。反之，如果人们相信，经验像它所显示的那样，只是解决问题的一种方式，因为它把经验置于游戏之中，某种类型的推论使它成为可能，那么休谟的问题就会消失。经验服务于回答行为，而人们以为回答拥有因果结构。回答可以是它以外的其他东西，然而一旦人们拥有了回答，它就不能演变为与之相反的东西，因为那样回答就将停止其回答的身份，而问题不但没有被解决，还将继续保持原貌。因为科学问题要求某种因果处理，经验应该能够带来回答；自此，因果性与经验便关联起来了，但是不像人们直至现在所以为的那样，以本体论的方式关联起来。实验即解决问题，而解决问题是在经验的基础上进行的。真实性的关系实质上以潜在的方式体现了一种叩问关系，而人们从中找到的唯一的必然性属于推论的叩问性结构。

　　科学问题经常不使用替代物等术语来陈述；方法论的全部艺术就在于通过具有决定作用的种种替代性问题找到适合于初始问题的格式化。而一

旦被格式化的替代物导向论证，就使后者成为唯一的追求①。因此就出现
了人们经常把科学性与论证混为一谈的现象：一个结果、一个回答一旦被
论证之后，才真正是科学的。通过论证，人们建议的回答于是可以毫无问
题地被接受。科学论证它的回答以便使它们成为答案。然而，人们还是经
常听说科学是问题性的，它不提供论证，而是为着相同的事实不断地整体
生产相互竞争的种种理论。其实，科学回答各种问题，但从来都不曾免除
对其初始的问题性、对它的观念化的范围本身的再质疑。我们不妨说对其
预设的意义，更有甚者，对其基础的真实化的再质疑，它永远通过间接的
确认，即通过推论而回到这种基础的真实化。被库恩称作"科学革命"的
方法论辩论是对各种问题的回答，也是应该赋予它们的格式化本身。但是
十分清楚的是，人们最终总是落脚于论证；例如，我们在亚里士多德的物
理学里能够找到某种与实际观察"贴合"的某种论证。反之，哲学则生产
它的各种问题，不可能出现后者找到饱和状态的现象，以此不断地重新发
起甚至具有彻底性的哲学叩问，至少初始阶段如此。

　　人们归属于科学的问题性归根结底来自在服务于理论的各种事实的整
合中已经在场的理论预设。人们确实通过其他事实或通过昭明毋庸置疑之
种种连接的逻辑结果来检测对事实的回答，这些"新事实"纵然独立地但
也是通过问题化而被圈定的，这一点并不因为上述检测的真实性而有所
逊色。

　　经验像因果关系一样，都属于广义的叩问性；它们仅仅是广义叩问性
的特殊情况，科学似乎赋予它们某种突出的尊严，以自己的尊严为榜样，
自己从古典主义时代就确立的尊严，这是货真价实的机械主义的时代。但
是，推论并非必然都是因果性质的，也不是可以通过经验或实验而观察到
的。即使在科学领域，人们也不能投入这样一种限制。

　　这里的关键术语是"属性"，因为是它界定问题之间的关系。推论把
某种问题与回答关联起来。因果性呈现为推论性关联中种种回答的经验性
的实证化，人们把这些回答称作事件，称作机械学里的物质（"物体"）、
现象，或者还有事物。属性是决定性的因素，因为没有它，人们将不得不
得出结论说，A 与 B 之间没有任何关系，因为 A 和非 A 可以与 B 和非 B

_____

① 　寻求解释历史进步的历史进步问题接受有这样一种进步的观点，不再围绕它寻求论证的
东西而叩问。自从人们解释事实时，就已经设定了它的真实性。

共存。这样一种独立性阻止把问题（A 是什么？B 是什么？）联系起来。

　　如果物理学家通过经验把问题学回答决断为非批评性回答——另外后者在另一叩问路径内部还可以重新找回它们的问题学性质——时，我们发现，一般意义上的推论性服从于其中包含的叩问性规则，这可能会使数学家吃惊。这种以 X 表述的语言如果不是问题化又是什么呢？倘若人们在数学函数里放入一种原理，实际上等于在其中建立了某种提问的结构。人们把例如 x 和 y 这两种变量联系起来，并假设"其他方面所有的事物都相等"，然后才能勾画出 $y = \mathrm{f}(x)$ 函数。那么，这个制约更多地通过 x 的变化而非通过其他因数了解有关 y 的某种情况的可能性本身的"其他方面所有的事物都相等"担保什么呢？它仅仅意味着 x 之外的其他因数不改变 y 的任何东西，如果 x 变了，那么 y 也发生变化；其实，x 还可以例如根据 z 而变化，但是函数值则不同。取消 x 以外的其他因数，我们就看到了 y 和 x 的关系式，这种关系式在 x 那里决定 y。x 在 y 值里的中肯性是推论的典型，意思是说，问题学可以重新界定它。中肯性或者属性把推论性界定为提问关系。它通过变化游戏、通过连续的替代游戏而得到检测，在替代游戏中人们不断地叩问自己假如如何就可能发生什么样的变化等。在这方面，数理理性服从科学性的问题学模式，它迫使自己进行其他可能性的实验以确定自己的结果。这些结果永远可以在另一层面形成问题性。一如库恩所说的那样，科学革命归根结底是属性和中肯性的危机，而范式的演变在已经接受的推论关系内部发挥作用，但是人们要通过结果的实验继续对它的有效化工作。我曾经说过，这种有效化强化了初始的模式，因为任何问题都试图通过替代性检验来论证它的预设；这样的探索设定人们关注直接来自甚至特别来自初始问题化之结果以外的其他结果。且莫忽视下述一点，即人们需要某种已知材料，例如一个事实以便进行实验，而对于回答，则需要某种问题外（后者因为已经问题化，则以假设的身份成为问题外），因为任何逻各斯都尊重问题学的差异。另外已知材料的思想可以使某些人相信实验是自然而然的事情，甚至康德亦如此，他从完全由接受性形成的某种被动的感性出发。康德的读者们有可能从这样一种已知材料的在场中，从 A、B 因果关联的重复中，以及从必然性中，辨认出领会、再生产以及再认识的综合，这种再认识使我们从我们已经知道应该发生的事物中重新找到结果、效果。但是，康德从（先验）意识的这种三重耦合中仅看到了批判的命令式，而没有看到非批评性的命令式。

　　然而因果性逐渐停止代表科学性的范式；概率论和人文科学出现了。从基本概念层面视之，概率的计算旨在评估中肯性的图解。人文科学使作为解释性的因果关系的僵化性崩解了。人们经常不服从"假如 A、因而（必然）B"类型之单维规律的制约的普遍性。关系是由多重因素组成的，它们的中肯性不再是"必然和足够"范畴的东西，而是更模糊的东西。推论性改变了风貌，这种情况是以反对的形式发生的：解释与理解对立。后者关注人的行动的意义，试图弄清一个人采用这种或那种行为时他可能想什么，而解释则继续先前的因果关系。事实上，没有对有待理解之种种现象的解释，就没有理解；而没有对已经论证之东西的理解，就更没有解释。人们很难想象，例如对希特勒权力上升的理解不服务于对其上升的解释，对牛顿定律的解释无助于理解自然界各种力量的游戏。它们之间并不因此而没有某种差异；这难道无法解释吗，不可理解吗？理解把理论定位在承载替代的层面，而解释则是在替代完成之后观照它。问题化越是确立为应该整合之因素，例如在历史中那样，越有必要把属于问题学差异的东西（非问题学性质地）分离开。

　　让我们更具体地考察这个道理，重读保尔·韦纳（Paul Veyne）关于历史的著名论著："国王发动了战争并且战败了；这是真实发生的事情；让我们更深刻地解释这件事：酷爱荣耀，这是很自然的事情，国王发动了战争，并因为军队数量少而战败了，因为除了例外，面对强大的军队，弱小之师很自然要后退"[1]。格鲁希（Grouchy）本可以按时到达，上述例子中的国王本可以不爱荣耀，不走上战场，另外也不处于劣势。理解具化为在问题性中领悟已经确立的行动或事实。无疑，格鲁希可以按时到达，而我如果理解这一点，我也应该很清楚地理解，相反的情况也是可能的。理解意味着从替代物得出的结果中捕捉替代物。反之，解释则等于把结果与结果更多出自的母体关联起来，而不是与没有发生的相反情况关联起来，即使我们知道它有可能发生。"拿破仑战败了，还有比这更自然的事吗？于是厄运接踵而至，而我们并不抱更多的希望：叙事没有露洞。拿破仑野心太大：每个人都有做人的自由，于是帝国的存在得到了解释。"[2] 保尔·韦纳补充说，我们本可以提及资产阶级的作用，那样就把

---

[1]　Paul Veyne, *Comment on écrit l'histoire*, p. 67（Le Seuil, Paris, 1971）.

[2]　Ibid., p. 71.

问题偏移了。一言既出。自此，"历史学家就让人们去理解种种情节吧"①。同意，但为什么呢？总之，这种说法的原因很简单。相对于相当严谨的因果图式，推论比较灵活。A、B 关系更具问题性：A 和 B 一样，本可以不这样。我已经说过，我们谈论的是理解，不能相对于解释去划定它。二元对立所覆盖的其实是一个更大的应该能够被表述的问题性，但是显然没有被如此表述。韦纳很正确地补充说："历史中的因果关系问题是王权时代认识论的某种残存；人们继续设想历史学家表述了安托万与奥克塔夫之间发生战争的种种原因，犹如物理学家被推想表述物体坠落的原因一样"②。其实，应该确实看到，因果性概念所回应的是如今已经不再流行的某种本体论的根本主义。因果原则应该像经验一样，应该作为叩问的特殊方式从问题学的角度重新思考。历史是某种差动关系，而不是通过某事件或者某种第一动力反馈到某种独特建立的某种因果主义。推论从中寻找种种关联并对它们进行检测，如同在任何其他科学门类中那样，带着同样的基础问题，即真实化。韦纳说："城乡冲突不能像一个事件解释另一事件那样解释 2 世纪的危机；从某种方式上来阐释，它就是这种危机。"③问题在于阐释情节、把它聚合起来的某种方式，然后需要验证对它的恰当理解。这里也一样，偏爱于把某些事件真实化并聚合成一个独立的整体的某种特别的问题化，迫使科学的叩问者验证它们的效果，即在其他事实和其他原理化的基础上验证它们的后果。

至于差动关系的思想，它可以避免原因之原因以至无穷的思想，因为它把事件置于某种演变关系中：a 相对于 b 而定位，作为变化中的差异，例如使 b 浮现而出。a/b 的关系复制了传统因果关系加盟其中的这种组合。另外它蕴涵着经济原则，或者简单化原则，我们上文已经谈过。如果像马克斯·韦伯（Max Weber）那样，把资本主义的出现与新教联系起来，弄清一种意识形态是否可以成为这种生产方式之"原因"的问题是无解的。两件事情有关联。弗朗德勒地区和意大利构成例外，它们经历了资本主义的某种发展但没有接纳新教。它们不需要新教，因为中央的权力在帝国的这些边缘地区很薄弱，不必否定它以促进社会的提升。这蕴涵着新教不是

---

① Paul Veyne, *Comment on écrit l' histoire*, p. 68（Le Seuil, Paris, 1971）.

② Ibid. , p. 70.

③ Ibid. , p. 81.

解释因素，且它本身也发生了偏离的思想。排除了新教的经济原则仅仅具化为下述思想，即科学家应该对此找到另一种解释。否定某种中央集权似乎是决定性的因素，因为这样一种否定意味着某种意识形态，而新教确实发挥了这样的作用，在某些王子那里犹如在"资产者"那里一样，他们因此而得以论证自己在反对国王或皇帝及其僧侣执行官的斗争中所发挥的作用。

这里重要的是要看到，反馈到连续性，排除各种原因自成一体的某种根本主义思想的差动关系，服从我们上文复述过的科学方法论的规则。于是不再有初始原因，而是事件之间的种种关系，这些事件一些相对于另一些而滑动；没有动力源：它不是必要的。自此，人们阅读历史时每次都可以从某种"自由"阅读开始，而并不因此使它具有反科学性。通过差动式阅读，人们可以实际知道例如相对于已经强大的贵族，中央政权是否越强大（或者越衰弱），新教就传播得越广泛；可以实际知道继先前使资产阶级上升而削弱了其他社会阶层的某种极权化之后，已经强大的资产阶级在这样一种环境下是否新教化，是否按照其利益发展，即是否愈来愈资本主义化。差动技术是重新提出问题，而不落入保尔·韦纳非常正确地称作王权认识论时代寻找原因之窠臼的一种方式。重要的是，要能够以"越……越……"的关联方式，把愈益增加的现象关联起来而不带偏见，甚至不提出这些关联是否更提供"真正的原因"、更提供"历史的动力"这样的问题，而是更关注中肯性的关系，唯有它们是重要的，那么就需要拒绝陈旧的本体论式阅读，后者把它们实证化为能动的实体，实证化为所谓深刻的原因。

结　论

还能有某种形而上学吗？

　　主体死了，很显然，这是基础的某种确定观念倒塌了，甚至人的观念也倒塌了。这丝毫也不意味着主体消失了或者人不再引人注意。甚至恰恰相反，因为在失去其独特的本体论定位时，他可以作为自身被研究。而我们于是就会毫不惊奇地看到无处不在的主体，从语言学到精神分析学。然而，如果他变得可以客体化，那么他就不再是开创者，即不再是各种言语和价值的自觉的和自由的源泉，也不再是知识和行为表现的自觉的和自由的源泉，这里的知识意谓种种个人命题日渐增长的复杂化，它们或将如此构成科学。这一切的问题都不再可能发生，因为主体恰恰只能通过问题、通过自我叩问、通过对自身的叩问而构成。

　　人确实是某种不可缩减的叩问，这种叩问独有的回答远没有取消叩问，而是不断地再生产这种永远无法饱和的叩问。人们把这叫作生活。然而为了使各种回答具有回答的某种意义，气韵生动的人被按照意识和潜意识来理解，被遗忘，他甚至遗忘了自己不可减缩之叩问的本性，把它转移为众多可化解的问题（questions），然而无论如何，它们具有人类真实的问题学（problématologiques）性质。人活着就要思考，因为他提出各种问题，并在对他者的无法解除的需求中谈天说地，他要求他者成为我们的回答。他因此而爱。与对话相反，在对话中，我向他人提出一个具体问题，他通过我向他要求的答复来解决这个问题，而他的答复解除了同时提出的问题。我所能说的或做的，归根结底就是，我的叩问和存在否定着问题学的表达。人远未建立叩问，而是被叩问所"界定"，界定为叩问的主体兼主题，这个术语最好按其双重意义来理解。

　　坚持不捕捉对问题学原初的这种关注，因为不再有原初，也不再有先验形而上学，有可能把哲学带入某种彷徨状态，这种状态有可能牺牲其方法的意义（祭祀其方法的无意义），而哲学的方法只能是彻底的叩问。在这种叩问中，还有什么比叩问本身更彻底呢？然而，放弃对基石的追寻，这似乎是某种现代性的特征，即使在最好的情况下，人们不可避免地热衷于投身于一系列纯粹描述性的关注之中，这些关注更是一些"现象学的"关注，很简单，当他们并非主观随意性地著书立说时，有可能违背这种称谓。既然人们可以言说一切而不建立任何东西，建构任何东西这样一种诉求今后可以抛弃，因为很少"后现代"色彩。

对问题学原初的澄清却不可以与任何回归形而上学的传统观念相混淆，尽管问题学事实上确实重新走上属于永恒哲学（*philosophia perennis*）的基本路径。其实，如果我们仔细观照这种形而上学的要求，就会很快发现，它诞生于提供某种非假设性基石的需求，如同柏拉图（Platon）所说的那样，诞生于赋予某种毋庸置疑知识是一种不可动摇的可靠性的需求，这种知识再现了事物的某种秩序，后者本身具有必然性，正如笛卡尔所思考的那样，他以终极性的方式把这种吻合投放在某种基石上帝的身上，然后，超验人才确保它的可能性本身，至少从知识的层面是这样。不管怎样，一直延续的思想是一致的：重要的是始终不渝地把知识建立在、让知识扎根于某种被本体化的或本体论的基础之上，扎根于某种必然的实体的沃土上，知识即是这样，其他东西都脱胎于这个必然实体。

由于这样一种路径在哲学上已经失去了可能性，人们过于仓促地从虚无主义或唯科学主义方面下结论说，哲学应该放弃它自身，它预先已经陷入了不可抑制的分散性和狂热的碎片化之中。然而，问题学试图展示的，正是叩问的扎根既不蕴涵本体论根基，也不蕴涵某种绝对的必然性，甚至也不蕴涵被设想为毋庸置疑的命题组织的知识。说根基即叩问，归根结底是说，唯有各种问题是原初的，它们具有面向回答的多元开放性，这些回答在以多种方式显示自己的原创性的同时，又脱离具体问题的羁绊而把自己解放为一个独特的空间。至于问题学的推论机制，哲学的特性本身，没有任何强制性的演绎，意思是说人们有望由此获得某种必然的毋庸置疑的知识。这种推论究竟具化为什么呢？我们不妨回忆一番。人们从问题开始回答，问题让我们观照和理解，它的构成本身即是综合。与柏拉图以来人们的说法相反，知识可以因为种种问题学回答的存在而与问题性组合在一起。至于从种种问题本身脱胎而出的各种回答，它们没有这种关联以外的其他必然性；那么其他同样必要的而非随意的回答从法理上是可能的。哲学的这种多元性伴随着另一种颠覆。问题学远未论证这种要求、远未强调它的必要性，而是以某种独特的解决方法的思想代替了它，在这种思想里，"论证"概念取另一种意义（它甚至可以强化到严格的因果关系），即问题—回答之关系的意义，一如回答因问题而得到论证，问题可以使回答产生，严格地说，除了展示这种关联的必要性以外，它们之间没有其他必然的联系。但是，这种必要性是指理解问题性的必要性，而非理解解决方法的独占性必要性，这些除了自身以外不参照其他事物、自成一统的各种解决方法源自某种只能使从休谟（Hume）和康德（Kant）直至今天的哲学家们尴尬的必要性。

随着尼采（Nietzsche）等思想家的出现，某种"基石的形而上学"死亡了。那么哲学将成为科学，或者某种简单的游戏例如语言游戏吗？需要放弃两千年的哲学求索并像海德格尔（Heidegger）那样，宣称哲学的终结吗？或者应该把哲学视作对智识危机的唯一回答，且不把这种回答思考为某种隐喻而是字斟句酌地遵循其字面意义吗？那么，唯一的出路就是叩问思想，作为永远勇于回答的思想来叩问，即使思想的全部显示它不是回答而是在判断时，亦如此。问题学就是传统投向自身衰退的这种挑战，或者投向其单纯崇拜过去的这种挑战，两者的意义相同。

知识像任何思想一样，都是通过建构各种有效理论的替代物而前进。于是两种事情可能发生。或者理论解决了替代问题，或者它变成了理论的替代物。替代物的叩问性界定着思想本身，因为种种问题的综合性和创造性迫使这些问题所面向的人们回答，这就通过宛如叩问一样被蕴涵的诉求使精神进入运动状态。各种问题，不管它们出现在科学领域抑或文学文本中，最终都无关紧要，它们通过自身之要求和自己不赋予的东西，使人们思考；这些问题把对我们自身的质疑蕴涵在它们的最深处，通过这种质疑迫使我们捍卫自身、伸张正义、建构某种和谐性，后者将保证我们之所是与我们的最优向往在存在方面的同一性。思考的人就是向自己提出各种问题的人，因为他迫使自己回答，即迫使自己理解，迫使自己把各种材料联系起来，从前人们把这类行为称为"发挥自己的判断力"。

从科学到共同思想，从语言到文学，问题性不断地迫使我们做一个介入型的提问者。

让那个自称没有被叩问、自称不曾叩问它们就已经拥有各种回答的人战栗吧。他是那种时候到了就会服从，甚至签署他自己的死亡通知书的人。他是委曲求全者、欣赏等级制者，是任何权威都喜欢的人。一个注定被操控的人，如果可能时，他还会把提问者变成其嗜好的猎物，这种嗜好后来变得强大起来。他未能成为一个提问者，但承认后者那里以生命攸关方式、以存在性方式质疑他的东西，以此来报复提问者。我最害怕这种人，超过了一切，因为他是文化的敌人，除非他能够不知疲倦地复制文化且卓有建树并最终确立于社会。而如果他再也不可能做到这一点，他将是各种压迫性权力的知识人。那么苏格拉底（Socrate）的审判是不可避免的，我们就是从同一苏格拉底开始哲学思考的，没有他我们就无法作结论，倘若结论在这里还有任何一点意义的话。

附

布鲁塞尔修辞学派:从新修辞学到问题学①

米歇尔·梅耶

（比利时布鲁塞尔大学，比利时布鲁塞尔）

史忠义 译 赵国军 校

（中国社会科学院外国文学研究所，北京　100732）

缘　起

　　1958 年，夏伊姆·佩雷尔曼（Chaïm Perelman）和露西·奥尔布雷希茨—泰特卡（Lucie Olbrechts – Tyteca）发表了他们的名著《论论据化》（*Traité de l' argumentation*），创立了布鲁塞尔的论据化学派。即使欧仁·杜普雷尔（Eugène Dupréel）在布鲁塞尔已经开始为论辩学派（Sophists）②恢复名誉时，法语世界的知识氛围对修辞学仍然不是很有利。许多法国知识分子投入了有关法国共产党对社会问题的智识垄断的意识形态论争。自由讨论肯定不是很切题的。直到 1989 年柏林墙倒塌之后，即佩雷尔曼逝世五年之后，修辞学才开始引起学术界越来越多的关注。他的思想到那时才在法国获得了契机，而那时候其思想已经在美国和意大利立足。修辞学开始愈来愈多地被视为人文学科的新的策源地，取代了在结构主义时代发挥了关键作用的语言学的地位。社会及其价值在 1968 年之后就变得愈来愈成为问题和值得辩论了：先前不成为问题的家庭价值和政治价值开始被质疑了。人应该是什么样的这一话题本身成为一个问题，受到轮番叩问，

---

　　①　原文题为"The Brussels School of Rhetoric：From the New Rhetoric to Problematology"，作者 Michel Meyer，载 *Philosophy and Rhetoric* 第 43 卷，2010 年第 4 期，Pennsylvania State University Press 出版。

　　②　一般译为"智者学派"，也有译为"诡辩学派"，本文译作"论辩学派"。——译注

作为其结果，问题性自身愈来愈成为讨论中的一个问题。修辞学证明就是问题性之语言，这样问题学得以诞生。如今，论据化无处不在：除了社会科学以外，论据化不仅发生在媒体中、电视上、商业、政治中，也发生在日常生活的许多方面。这些科学提出的诉求是论据，而不是证据，这与自然科学提出的假设类型形成了对比，后者利用的是数学证明的方法。人们会给出他们行动和思考的理由。他们心里有一些基本的问题促使他们用相应的形式行动和思考。而他们的回答是可以质疑的，也常常受到别人的质疑。没有什么事情能够长久地不被质疑。

佩雷尔曼的著作问世于那个时代的开端，在那个时代，各种问题及其理论化表达在人文和社会科学各领域广泛增加。就我记忆所及，他一直赞同给予人文学科中的叩问以重要地位。这可以解释他为什么如此支持我自己从博士论文起发展一种叩问自身的哲学所做的努力，我博士论文的副标题有"问题学"。然而他那时（1977 年）主要关注的是哈贝马斯（Habermas）所谓的普遍伦理，以作为普遍化法则的论据化规则为基础，而佩雷尔曼是反对这些普遍化规则的。对佩雷尔曼来说，问题学就是通过给不以康德概念为基础的修辞学奠定基础来抵制那些观点的一种途径。遗憾的是，"和平与友爱"修辞，或一致修辞，作为哈贝马斯率先发展，后由阿姆斯特丹学派继承的修辞学已经在修辞学领域获得了更加广泛的影响。它们的目标以及表述既规范又纯洁，这种形式的修辞学把修辞学的许多方面都留给某一方，比如文学。可是佩雷尔曼感兴趣的既非激情，也非文学修辞学。在佩雷尔曼看来，如果问题反映了对立、选择——也就是冲突，它们就至关重要，如果它们不得不在法庭解决的话，就受到他的真正关注。这些情况，对佩雷尔曼来说，只能由法律和法官来解决，他们决定什么是公正或者正确的。多数时候，人们不是带着赞同的意见诉诸辩论，这些冲突多数时候不是那种看起来要在法庭上结束的冲突。他们辩论的目的，如果说不是要表明他们的存在的话，经常只是要表达对某个问题的想法或者希望从对话者那里获得什么，在辩论时并不是要像侮辱别人似的一味增加和标明与对话者的距离。修辞学也是如此。

然而随着时间的推移，问题学在很多方面都比佩雷尔曼从中看到的修辞学基础有了很大的演进。它自身已经成为了一种哲学，即使是他去世后也产生了一种新的修辞学观念，与他建立的修辞学有很大的不同。在展开问题学的主要论题之前,我们现在就更近地看看问题学与佩雷尔曼新修辞学的差异。辱骂有修辞,制服的使用也有,例如,护士穿白色工作服、医生们脖子上挂听诊器,是想以此把他们在医院中辨认出来。我们走进商店或者去邮局时使用的种种礼貌形式中也有修辞。当然,文学完全是修辞性的。然而在所有这些情况里,没有辩论,没有急迫的冲突,没有所寻求的一致,而这种一致给正在发生的事情提供理论基础。但是,什么是所有这些修辞形式——从单纯的表现力到论据性辩论——的共同点呢?是哪一个使它们具有修辞性呢?事实上,正是问题构成了这些修辞形式的基础。问题表达了某种或大或小的社会或心理距离,这种距离是人类关系中不得不协商的,甚至可以成为他们的目标,是主要参与者在相互回应时考虑的距离。但是我们如何表明我们对这种距离的反应并向我们的对话者表达它呢?我们通常是满怀激情或者至少是带着感情地去做这件事。激情(或因为距离较大我们感到参与较少时的感情)通常是我们在告知别人他们施加的距离给我们造成怎样的感受,或者我们觉得使用中合理的距离时跟他们交流时的方式。

佩雷尔曼关于修辞的基本原则

1. 修辞学或论据化被定义为"达到坚持思想的论证手段"(1969,8)。

2. 论据化是推论的模式,它们产生只有可能性或者貌似真实的结论。修辞格用于突出那些被视为显而易见甚或强烈相关的方面。

3. 普世受众是理想受众,它原则上由每个人共享,但不在任何特定的个人之中。它是传统哲学称为理性的东西的对应物。在论据化里,理性体现在判断之中,后者在最后的分析中强加了规律。

4. 大多数论证都依赖概念的联系和分离,它们使用一些能使我们辨别出什么与我们的价值相同、什么与我们的价值相反的形式技巧。一般而言,这些技巧使我们能够避免混淆和把结论引入歧途。

5. 至于这些技巧,它们包含在半逻辑性的论证(如基于形式的同一性)、基于真实的论证(承接性、因果性等)以及描述真实的论证(表示我们应该从特定例证中得出结论,因而应该使用类比法、举例及其他归纳形式)。

6. 一致总是相对的和模糊的,经常建立在建构或使用模糊概念的基础之上,而这些概念每个人都同意。真实的冲突只有在法庭上才能而且必须得以解决，而法律推理是修辞学的模型。

7. 哲学本身是论证性的，因为其结论都只是可能的和不确定或逻辑上必真的，正如逻辑实证主义者甚至笛卡尔所认为的那样。

佩雷尔曼的观点里缺少什么?

1. 修辞学真的把自己限制在辩论和理性说服吗？那些没有辩论和冲突的其他修辞形式，例如诗歌、礼貌格式（或其反面侮辱格式）的使用，即风格和雄辩术发挥主要作用的话语使用，又怎么样呢？

2. 普遍受众本身就是一个颇有争议的概念。已有许多质疑它的理由。或许基本的问题是佩雷尔曼的框架里没有激情和感情这一事实，结果受众（以后可以成为普遍受众）仅被设想成理性或合理的。很多论证既不是合理的，也不是理性的。然而，写于 20 世纪的修辞学论著都未能提供一个关于激情的理论，从而忽视了亚里士多德在《修辞学》第 2 卷里提出的基本要求之一。

3. 论证中要谈什么呢？是亚里士多德和他之后所有人都众口一词所声称的一个论题，还是一个问题呢？但是，如果不是我们从构成任何话语（如叙述或决议）的整个回答序列中找到的某个问题，在一本书、一件制服、某个优雅雄辩的商务或政治话语中要谈什么呢？修辞学家们总是以其结论的可能性为基础对论证进行分析，而不考虑紧迫的种种问题（questions）或那个作为基础的问题（problem）。

4. 论据化的社会框架在佩雷尔曼的观点中几乎不存在，好像法官可以通过这些观点预设的法律和伦理取代它们。

统一的修辞学理论的根本要求

1. 一个统一的修辞学的第一个要求是，对严格意义的修辞（风格、赞美艺术、雄辩术、言语形式）和论据化（推理、论辩、反驳）给予说明。

2. 第二个要求与考虑感情和激情的必要性有关。

3. 由话语引起的主体间关系的三个修辞成分是性情（自己）、情感（他人、受众）和逻各斯（话语、推理、风格），它们都应被赋予相同地位，任一个都不应被认为是主要的，当选择一个成分时，剩下的另两个成分不应该从属于它。柏拉图总是强调受众（情感）的重要性以显示修辞是操作性的。亚里士多德强调逻各斯,似乎推理足以说服他人。性情和情感只能屈从于"好的"推理。西塞罗重视性情,因为在罗马世界里,你是"谁"才是在公开场合对他人演讲时的"那个"相关因素。因此,尽管三位作者专注于修辞的重要特征,但是他们也把修辞缩减为一个成分,赋予该成分超过其他两个成分的显要地位。

　　4. 很久以来一直被忽视的最重要的修辞特征,在我看来依然是叩问的构成性作用。我们讲话或写文章,是因为我们心里有一个问题(problem)。我们把这个问题(question)传递给或者我们把它的回答表达给那些我们以为对它感兴趣的人(或者那些我们希望变得对它感兴趣的人)。这样,不仅是说服的作用,而且论证的乐趣的作用也是如此。我们希望我们的话语很雄辩,以便引起或保持对话者对问题和回答的相关性及正确性的兴趣。我们的话语将自己作为某种回答的能力常常依赖于使它变得可能或有趣的修辞手段。话语不能被认为是由自我维持的"无问题的回答"(在哲学传统中通常称为"命题")构成的,仅仅通过推论手段相互连接,好像问题中的东西没有价值、是次要的或者可以由给定的答案所取消。

　　这样,我们就需要一个新的修辞定义,在这个定义里,a)修辞风格、雄辩术、纯粹的形式等(如用于文学修辞或商务活动中时)和论据化(辩证法、观点的展示、讨论和论辩)能够找到它们的正常位置;b)修辞的所有层面都可以根据问题(questions)和处理的问题(problems)来说明;c)性情、情感和逻各斯处于平等地位。这一定义并不排除对逻辑推理、情感反应以及演说者性格的考虑。它仅意味着任何东西都不能被认为是修辞的首要特征或基石。此外,我们还必须意识到,逻各斯不仅是推理性的,而且也是文学性的、纯粹有趣的。

　　因此,修辞的一般的和包容性的定义如下:修辞是就某个特定问题(通过逻各斯给出)对个体(性情和情感)之间距离或差异的协商。

　　急迫的问题或多或少具有问题性,因而起到参与者之间、性情与情感之间距离的定性手段的作用。那些问题性不太大的问题,经常起到我们日常生活中的会话触发机制的作用,更多地意味着在非威胁面子的态度和话语的情况下把说话者与他或她的受众统一起来。礼貌或者像"您好吗"这样地表露出对对方的虚假或真实兴趣的问题,可以降低威胁面子的社会冲突的潜力。相比之下,具有高度问题性的具体问题通常会在个体之间引发争论（如果不是尖锐对立），使他们感觉有问题。

性情、情感和逻各斯的问题学特征

1. 性情、逻各斯和情感的三分法产生"我"、"它"和"你"。这三个维度使我们返回到人性的最根本和最深刻的问题。我们是谁？世界是什么构成的（我们能否谈论它）？如何在社会里与其他人一起行动呢？毫不惊奇的是，这三个问题是休谟《人性论》（*Treatise of Human Nature*）的三个部分的主题，在康德所写的三篇批判文章中再次提出。[①]

在修辞中，性情是提供回答的能力，因而也是责任的角色，而责任把性情变为伦理。我对我的回答负责：如果我是一个医生，就对健康负责；如果我是一个律师，就对法律负责；如果我被作为一个人要求，就对公益负责。我们的意见具有我们自身的特点并揭示着我们的性格。我们的诚信和权威（甚至我们的专长，如果有人喜欢用它）会受到影响。所有这一切都说明了性情为什么是潜在地无限的叩问序列中一个停止点。想想一个三岁的孩子不依不饶地问父亲"为什么"的情景。过了一会儿，恼怒的父亲通常会回答"因为"令人惊讶的是，孩子觉得很快乐，并做出一个经常让心理学家意想不到的反应。这种权威性的显示并非对所提问题的真正回答，为什么孩子对它感到快乐呢？因为她的问题（problem）是要确认他父亲拥有她希望从他身上看到的权威和身份（性情）。这种性情表现在合理回应的能力和父亲按父亲的身份强求自己的事实之中，父亲按父亲的身份强求自己就向孩子表达他的真实性情，孩子要求的只是这样一种"证据"。父亲的举止如所期待的那样：他的"回答"表明他"能"像一个父亲那样"回答"。

2. 情感是被问题（problem）和疑问激活的受众。情感以问题（question）为导向。这些问题（question）回答更基本的问题（problem），这些更基本问题的感情甚至激情是深刻的主观性表达。信念和信仰在遇到价值时显示自身。我的论点是，当对话者之间的距离小时（如与我们的孩子、父母或伙伴的距离），感情强烈。然而，当这种距离扩大时，激情就变为价值。价值是没有主观性的感情，感情则是改用主观性字眼表达的价值。

---

① 休谟的论著包括三本书：《论知性》谈世界知识（逻各斯），《论情感》谈自身（性情），《论道德》谈别人的问题（情感）。

3. 至于逻各斯，意在表达问题学上的差异，也就是问题和回答之间的差异。问题就是引起（西塞罗和昆提连用的是拉丁语词 *causa*）话语发生和交流（以它们被回答的方式）随后发生的东西。当种种问题要在个体之间引起讨论——未必是冲突性的意见交换时，修辞便开始了。修辞详细阐述回答，并把它们与问题性的东西汇合起来，造成某种可能的混淆（"这就是修辞学！"对只使用不回答任何问题的语词感到不满的反对者说）；由此产生了论据化，意在把回答从问题性断言中区分出来。修辞处理问题的途径是给出那些提出似已解决的问题的回答（它要求雄辩术和风格来实现），而论据化则处理清楚直言的问题，如在法庭上。修辞与论据化（辩证性的）互补，正如亚里士多德在其《修辞学》第一句话中断定的：一个问题的问题性和冲突性越多，话语的论证性便越多，因为问题都是一定程度上在"桌面上"，相反地，一个问题的分歧性越小，语言交流的修辞性便越大，语言交流吞掉了问题，似乎它从未这样出现过。如此说来，修辞通过优雅（雄辩）的回答把问题推到了"桌面下"，这些回答给人以回答所提问题的假象（一个好的商业广告也能做到这一点）。

事实是，逻各斯与提问题的关系经常被语言分析者所忽视。但如果不注意语句和话语中的急迫和有效的问题，我们就无法研究语言的用法。让我们记住尼克松在一次竞选广播演说中的说法："我的对手绝对诚实！"这一评语看似恭维，但其实传递着这样的思想：对手也许不诚实。通过给出一个正面的回答，尼克松竞争者的诚实的问题就提出来了。怀疑之所以投射其上，是因为看起来那个问题似乎仍是相关的并且需要一个正面的回答。

在"他不诚实吗"这个句子中，说话者暗示正在说的这个人可能不诚实，虽然他形式上没有断言任何事情。我们（不明智地）对老板说"您很诚实"时，也可以得到同样的结果。它不表示问题是相关的吗？即使我们给出一个正面的回答，它也必定是相关的，因为我们感觉某种怀疑是合理的。我们的老板不可能喜欢我们说的话，即使我们没有断言任何关于他的负面的事情。假如我说"我没有任何事情反对您"时，会发生同样的情景。这是弗洛伊德所称"否认"的一个例证。我提出一个问题，同时我又否认它是相关的。断言因内在的矛盾而破坏了它自身，所以只剩下相反的回答："我没有什么事情反对您。"一个命题是一个回答，如果该回答规定它回应的问题不在讨论之中，这一回答就是自我拆台，但是所提问题仍然不变，作为结果，它仅有相反的回答。现在，假如某人走过来问道："你有什么事情反对我吗?""不，我没有任何事情反对你。"这一回答会让提问者感到满意，因为它在字面上答复了所提的明确问题。它结束了这个提问的程序。当没有提出这样明确的问题时情况就会不同。这一不明确的问题暗示有另一个迫切的问题不以字面的方式而是以隐喻的方式提出。另一个例子：假如我在某次会议结束时说"现在一点了"，它忠实地回答了"现在几点了"这个问题。但是如果没人提出这样的问题，这一回答就不能回答字面上存在的问题，而另一个的问题才是迫切的，它不是字面上的问题。这样它就回答了另一个问题，而该问题是以隐喻的方式隐含在那一回答之中，是一个派生出来的问题。它可能意味着比如"该吃午饭了"。我们可以把这个程序"形式化"，以获得一个一般形式。回答 a1 没有回答某个字面问题 q1，后者没有提出但是包含着对 q2 的一个回答，这就是说话者想暗示的，即"我们去吃午饭吧"或者 a2。通过字面上回答问题 q1 的 a1，他希望给 q2 一个回答并由此暗示 a2。我们可以用这种方式验证修辞与论据化等效。修辞的基本规律是"a1→ q1. q2"。a1 是 a2 的一个论据（此时是吃午饭的论据）。但是我们也可以肯定，说 a1 就是在说 a2；这是说同样事情的另一种（比喻的，即修辞的）方式。说"现在一点了"等于肯定"现在该吃午饭了"。当问题的问题性较少时，修辞是人们处理问题所偏爱的手段，而当问题的问题性较多时，论据化则是人们更喜欢的方法。我们需要寻找种种理由来证明对提出的问题（如在法庭上）的回答。修辞肯定是（辩证法的）论据化的相对面，如同亚里士多德在《修辞学》的卷首所说，但为了处理某个问题而借助于论据而不是雄辩术和风格就意味着您无法仅靠风格圆满处理这个问题。

语言通过帮助我们向受众表达问题与回答之间的差异使得我们能够讨论它们。甚至是没有明显出现疑问的简单断定，也可以当作回答。"拿破仑兵败滑铁卢"是一个似乎未指向任何问题的陈述。它好像是自立的。事实上，如果我们不知道拿破仑是谁或者滑铁卢在哪儿以及是什么、他何时兵败，这个陈述就不能理解，而且如果我们想被理解并和对话参与者成功进行语言交流的话，那我们就必须跟他们分享一些对那些问题的回答。我们在语言中并通过语言使用的语词，仅仅是隐含回答的未加细说的提要。那些语词让我们节省笔墨口舌；我们不必一个一个地操持每个回答。例如，"拿破仑"是许多回答的要点，比如"他是法国皇帝"、"他是约瑟芬的丈夫"、"他是奥斯特利茨的胜利者"，等等。我们用来说话和写作的语词使我们能最好地利用过去的提问过程；我们希望我们的对话者有效地回忆起包含在或隐含在我们所用语词里的某些知识（回答）。它是我们所说内容的问题性中的非问题性，有助于解决前者。"为什么拿破仑在滑铁卢失败？"这个问题只有在我们知道拿破仑以前做了什么以及他为什么被带到滑铁卢时，才能得到回答。论据化依赖非问题性的回答为提出的回答（那些前提称为中心或先验知识）提供论据。

既然我们已经更多地了解了逻各斯、性情和情感，我们就来对它们进行修辞学分析。

问题学框架中性情的修辞学结构

我们已经看到，性情是提问这个潜在无限的链条上的一个停止点。性情负责给出某种回答并在该回答而非另一回答上停止。无怪乎性情的独特性由其回答或者它产生的作为回答的的价值所界定。说话者把玩它们，把它们作为论据或作为中心（loci）（或者主题（topoi））使用。价值居间协调说话者与其受众发生关系的方式。价值用作确认说话者身份的手段，或者是说话者与其受众之间辩论和交锋的基础。通常称为同一性和其间差异的，只不过是我们称为个体间距离的东西。它经常被区分它们的问题（question）的问题性来"衡量"，但更准确地说，它是指示这种距离、这种差异的价值的事。我们能够画出一个社会的，更准确地说，像我们这样一个民主和个人主义社会的紧迫价值的全景吗？多数演说者用辩论来说服或打动受众时所依赖的价值，我们能够建立这样一份合理的清单吗？经验、常识和理性都指向一个价值目录的完全相同的结构。性情是与受众距离的调节者。价值的差异反映这种距离，而演说者通过把玩它，也能操纵受众。性情以我们现在分析所用的方式被聚焦于价值和距离。如果不涉入过多的细节，我想提出一个我们经常发现用于修辞和论据化中的价值表。

价值表

	性情	逻各斯	情感
集体价值 （它们自身表现为非问题性价值。修辞占主导地位，似乎表现的价值是显而易见的）	生死差异（生命）	阴阳差异（自然）	父母与子女的差异（家庭）
	物理价值（健康、身体、尊敬老人）	经济价值	政治价值（规范）
	个人目标（拯救、愉悦、伦理和审美兴趣）	外在目标（经济利益）	社会目标（一般效益、人的价值）
集体与个人之间的均衡点	同一性	协商	差异
个人立场（问题性随个体价值而增加）	地位	收入	权力
	权利（自由）	权力	义务
	欲望	需求	愉悦
	德行	能力	激情
	意见	事实	问题
	（个人知识、影响）	（现象、原因）	

　　我们该怎样解读这样一份价值表呢？乍一看，我们看到，这个表单越往下，价值越是个人性的。集体价值的力量归功于它们把该组如此统一起来的事实。形成某共同体身份的差异与该身份相矛盾，因为它们是差异。这就是何以这些差异经常被认为神圣、进而不可触动的原因。因之而使得尊重必不可少的种种差异是：1）生命（所以"你不能杀生"），2）对方（父母和孩子或者家庭，因此还有权威和权力）和3）自然秩序（阴与阳，在许多神话体系中，它们产生了世界，通过相互建立逻各斯）。这些价值非常强大，极其吸引人，因为它们是神圣的。在团体的眼里，神圣化是保持差异的途径，团体由它的同一性来界定并把任何差异视为有害因素。神圣的东西发挥着保护的作用，以防要破坏差异之处的愿望，并保持对该同一性具有根本性的差异。这就解释了为什么所有社会都通过某种司法秩序来规范生死关系、通过性别规则来规范男女差异、通过灌输尊重家庭的思想来规范父母与子女之间的差异。冲突有可能表现为是关于那些价值的，像在关于安乐死或堕胎的辩论、关于什么是对待异性的正确行为方式的辩论等中那样。类似的冲突很难解决，因为它们早已预设了对诸如生死、长幼或异性成员的观点。团体价值的有效性在明显性的修辞中给出，而且经

常体现在权威的某种概念中。集体价值一般不会在考虑之中,但有时会,如在悲剧中看到的那样。没有更高级的价值(它们是神圣的),所以,有关它们的冲突只能是悲剧性的。安提戈涅①的冲突在一点上很经典。它没法解决:克瑞翁是正确的,而安提戈涅也是正确的。在价值上,对死者的尊敬既不高于也不低于对社会规范(情感)的尊重,当必须分出高下时,悲剧冲突就发生了。

第二行朝着更多个人性或实在体现又进了一步。在价值的界定里,第4行是枢纽,因此可以说,是集体价值和个人价值之间的会合点,是有可能冲突但也可能变得没有差异的所在。

体现在表中第 2 行的价值较少形而上学性,而更多社会性。它们通常表示那些被理解为严格物质性的东西,并且会引起一定社会中有关经济和政治的作用和价值的问题。它们提供强有力的论据以表达一定的结论,因为它们诉诸统计上在团体中共享的观点。然而它们也会被质疑,即使这比较困难。在某一行的层面上论证的最佳途径是求助于上一行中的价值。实际的三段论就是这样运作的。它们用作为一组显明的前提,多因为它们显得更普遍、抽象和一般。谁会反对自由、美德、尊重他人等价值呢?当你不得不赋予这些一般理念实质性内容时,辩论便开始了,只要这些一般理念保持不确定和正式,每个人都同意。然而这是获得赞同的一条途径,就这一点来说,诉诸它们远非无足轻重。

当我们考察性情与情感之间某种冲突时,经常发现冲突双方求助于那些位于我们的价值表中就在正争论的价值上边的价值。但是我们也观察到,在一定冲突中,紧接正争论的价值下边的价值自身更多地表现为激情而非价值——也就是用于修辞目的时。我们继续向底部各行的价值走去时,这一模式重复自身。我们走近第 9 行时,激情更强烈,而价值则更不明确、更多冲突性、需要更多修辞,从集体性的视点看较少一致性。在前面几行中价值被插入一致的修辞话语(富于辞藻)中,我们越移向它们的个性化表达,引起的问题性就越多。

---

① 安提戈涅(Antigone)、克瑞翁(Creon)是古希腊索福克勒斯《安提戈涅》中的人物,前者是俄狄浦斯的长女,后者是俄狄浦斯王的兄弟、忒拜城国王、安提戈涅的叔父。克瑞翁下令不允许任何人埋葬在争夺王位中被杀的俄狄浦斯幼子波吕涅刻斯的尸体,但古希腊人把葬死者视为神圣义务。对安提戈涅来说,埋葬和不埋葬波吕涅刻斯,有法律王令和伦理道德之间的冲突。——编者注

　　在第 3 行中，我们发现我们面对比前两行里更多的个人价值。宗教价值变得更加个人化，审美考虑变得更加独立于宗教意识形态和体现，共同体的经济利益变得更加与个人利益相结合，政治结构停止下来去复制家庭模式，走向以个人为中心的反映竞争模式（例如，产生于所有自由人关于城市喜欢战争目标的讨论的希腊城邦的公益）。

　　最后，我们到了著名的第 4 行，这里价值本身从个人和集体角度得到评估，在这里已经在其形式的一般性中意识到问题本身的修辞，自身开始变成一件关于争论和价值的事。讨论、协商和冲突都是过程，甚至评价为正面的手段。我们从任何讨论中都能找到的性情是个人、团体甚至广义上的人类的一种身份（哈贝马斯）。至于情感，它产生矛盾（非矛盾）原理，作为界定对所有矛盾参与者都重要的某种回答的方法，反映着对立，也就是被接受的那些回答所消除的另一选项。逻各斯表达我们的最有个人性的问题，像表达它们的回答那样。由此得出了人类思想的著名三大原理：同一性原理（源于性情）、理由原理（逻各斯）和矛盾（非矛盾）原理（情感），它们使我们能够与另一个不同于我们、我们可能不同意其观点的人发生关系。同一性原理告诉我们，在众多问题中总有一个迫切问题出现在我们的连续话语中。矛盾（非矛盾）原理界定回答的性质：如果 A 是正确的，－A 就不能是回答，因为 A 与 －A 构成一个二选一关系，也就是一个问题，而根据界定，一个回答会阻止选项，即多个问题（questions）。一个回答（A 或者 －A）不是一个问题（A 和 －A）。是矛盾（非矛盾）原理使它们的差异成为可能，并支持问题性与非问题性之间的无差异化（或混淆），也容许这一事实：人们可以捍卫相反的观点而不被指责为有矛盾，因为相反的观点被视为对于给出的问题（即选项）来说相反。至于理由原理，它规定把 A 或者 －A 作为回答的理由归结于 A 和 －A 问题的展现，我们必须从这些词项中选择或决定或找来作为正确的回答。理由原理是一种从问题通到回答的原理，是它们之间差异化的要求。在我们的价值表里，同一性不再被当作思想和话语原理，但是被作为某种价值。当我们讨论事情或者我们这样那样意指的东西时，我们期待最少的，就是这些事情保持其本来面貌及我们共享意义。辩论的一个好方法是向受众表明，对我们究竟在讨论什么有建构："我用'荣誉'的意思并非此，而是彼"，等。那么，作为后果，我们可以改变我们的结论，这结论可能已经受到攻击，因为有建构，它太强了。我们重新考虑问题、正在讨论的是什么，以及什么产生了不想要的回答。

第 5 行指地位、收入和权力，这是马克思主义的社会阶级的标志，也是韦伯主义的社会嵌入（social insertion）和动机的参数。"地位"指我们的社会身份（我是一个医生、工人或者什么）。"收入"指我们从与这个世界的职业关系中之所得；它是我们成就的客观标志，至少从社会角度说是这样。"权力"指我们在一定职业等级中对他人的责任和尊重。

第 6 行更加个人化。有一些我们可以在我们个人的冲突或讨论中引用的价值，在这些讨论中，我们在修辞上对诸如我们的权利等契约性或非契约性的共同理念足以感到自慰，这些共同理念把我们界定为个体。责任确定我们对他人所负责任，同样确定他们对我们所负责任。在这里，我们清楚地看到，在修辞（论据化）中什么界定着冲突和争论。当没有对立或某种一致时，性情一栏就给出像情感一栏同样的解读。没有分歧，就有了同一性。如果所有人都同意把尊重我的权利作为他们的一种责任，我把尊重他们的权利视为属于我自己的责任，在别人和我之间也将没有冲突。这样的互相承认就会达成一致意见。我们不仅在形式上而且在事实上共享相同的价值。现在，如果出现了某种不一致，我将视我的权利为我所独有并且这样利用，与对别人的责任相对立，我不把对别人的责任视为我必须遵守的责任。从修辞的观点看，一场冲突因此而是性情的价值与情感的价值之间在给定某个价值行时的不一致。为了解决这一冲突，通常返回到紧挨的上面一行，这里就是第 5 行。"你危及我的地位，你不会想让这样的事情发生在你身上吧"是一条常见的论据。

第 7 行更加个人化：从地位，我们移动到欲望，欲望作为一种价值，本身是一种对大多数个人主义人士来说都是一个强有力的论据。距离在这里得以保持。隐私很重要。如果我的愿望引起了你的愉悦，一致便开始了，反之亦然。

第 9 行确定了我们的个人特点和性格。激情反映的个体间距离比德行短，这里取悦他人的愿望引起更多的道德层面：品德更有社会性，而感情更有心理性，这是与他人之间距离小的结果。当我们的能力用于世界时似乎功利性多于心理性，或者可与伦理性格相同。这里个人层面再次表现为性情与情感之间的心理距离。如果我们认为是美德的东西与我们对话者的感情相冲突的话，我们就能很容易地想象一种道德冲突。至于我们的价值清单的最后一行，它代表了我们认为作为个体非常重要的智力层面：我们的意见，我们认为相关的东西，以及我们的个人兴趣（或者别人的兴趣）。"口味无争论"，格言如是说，但人们肯定争论，尽管最好不要卷入关于口味的讨论，因为这样的争论会产生鲜明的、情绪化的、没有解决方案的分歧，其间只能是明白宣称我们就喜欢自己所喜欢的、赞赏我们认为有价值的东西，如此等等。

性情是投射在对方和世界身上的价值的储存库。这些价值或多或少有个人性或集体性、宗教性或社会性，至少从内容看有历史性。但在修辞中，距离这一概念对性情来说是至关重要的。为了理解这种距离如何对我们的修辞关系具有这样的影响，我们得引入受众的意象（image）和演说者的意象以及这两者实际上是什么之间的重要区别。我们是两个的时候，实际上是四个，至少开始时如此：我们讲一段真实的话，给意想出来的（projected）或意想的（projective）受众讲一个真正的问题并提供一些回答，受众回应意想出来的或意想的受众的说话者，说话者然后从真实的位置上改正（或肯定）意象。演说者和受众都是意想的和真实的。我们如何解释这一事实呢？当我们对某个人讲某个问题时，我们有关于她的各种意象或思想，或多或少接近真实，又或多或少异于真实。只有通过对话和各种前后相继的回答，我们才能修正我们投射到她身上的意象。不过，由于我们从来不会完全了解一个人，总有差数和最小不符。性情与情感之间的差异不管多么小，总是包含着某种不了解的东西；因此，意想的受众与实际的受众之间有区别，反之亦然。惊奇、欺骗、操纵及各种不同的建构一定会在大多数真诚的会话中间出现。我们的受众相对于我们的位置与我们相对于它的位置相同。

现在，我们可以建一个表，列出某次语言交流中的真实与意想之间的差距，以及可以通过问题和回答来填补这一差距而做的调整。

说话者与受众之间有一种动态关系，它就从提出有待处理的问题那一点开始。演说者通过考虑受众（情感）与那个问题（性情）结合在一起并给出一个回答（逻各斯），受众根据定义与他不同。说话者也带着超过真实情况的对话者意象进行对话。他知道他不完全了解受众。它是他所相信的一种投射。他对它说话时，他真正相信的是什么呢？首先，他把对眼下问题的某种理解投射到它的想象上（意想的性情）。他也认为它已经评估了其回答的正确性（逻各斯），特别是如果他通过某种推理证明了它的话。最后，尽管他们之间存在着差异，他有这样的印象，即由于他的努力,它被他说服了。这至少是说话者做出回答时所希望的。

现在,受众如何实际地反应呢? 这里也一样,有某种差距,这种差距可以通过对话来修正。受众首先心里带着它自己的差异做出反应,肯定它关于回答的个人观点(受众的实际性情)。

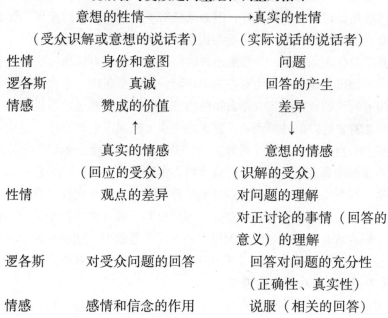

说话者与受众之间差距和调整的循环

意想的性情————————————→真实的性情

（受众识解或意想的说话者）　　　（实际说话的说话者）

性情	身份和意图	问题
逻各斯	真诚	回答的产生
情感	赞成的价值	差异

↑　　　　　　　　　　　　　↓

真实的情感　　　　　　意想的情感

（回应的受众）　　　　（识解的受众）

性情	观点的差异	对问题的理解
		对正讨论的事情（回答的意义）的理解
逻各斯	对受众问题的回答	回答对问题的充分性（正确性、真实性）
情感	感情和信念的作用	说服（相关的回答）

只要通过反对或者仅仅修改回答,它就会回应。它自己的感觉在其反应中将发挥某种决定性的作用(情感)。如果说话者与受众之间存在一致,那么真实受众与想象受众之间就不会有鲜明差异。通过说话者对与问题相关的感觉和信念达成说服,作为结果,觉得回答会得到证明。观点的差异由演说者予以综合。如果意想的受众与真实的受众之间的差距仍然存在的话发生了什么呢? 这表明说话者错估了其受众的理解力和感觉。他想象了证明是关于说服的错误参数,关于说服的参数就是关于受众的真实信念和真实特点的参数。于是说话者面对这一差异的现实。图中把表格的四项连起来的箭头表示有益的和持续的对话通常会减少分歧和差距。一定问题上的一致促成意想的受众与真实的受众合并成单一的受众。真实的受众实际给出它的认同,就如说话者认为最终会看到的那样。他已经通过其回答

遇到它的信念，而其回答必定是有效、切题或者只是令人高兴的。开始的问题在这一结局中消失了。演说者与受众之间的差异消失了，因为他们相信，在有了对问题的相同理解后同一个回答是真的或正确的。说服从这一过程达到。

但让我们还是回到意想的受众与真实的受众之间的差距仍然存在的情形吧。说话者认为他会被理解，他的回答将会被如此接受因而说服他的受众。然后他发现情况不是这样，因为他错估了意见、信念的差异，没有考虑受众已经支持的回答（那可能与说话者的那些回答相矛盾）。

真实的受众如何对一个意想出来的但不充分的观点作出反应呢？它会对说话者做得与说话者已经对它做的相同，也就是建构一个将会是它意想的演说者的说话者概念，并用真实的演说者替换这个意想的演说者，不管它们可能有多近。就性情而言，真实的受众会把观点的差异作为说话者身份的标志、意图的标志进行投射。至于逻各斯，受众会看到回答中提出了说话者意图的真诚性。最后，受众将用心中的价值来回应说话者。

这一循环将继续下去，直到达到某种一致，消除真实性与意想性之间的区别——由图中箭头体现的差异。如果没有一致看来要发生，图中箭头保留，标志着对话参与者之间的距离，在这个假设中，这些对话者不能相互走得更近。各自带着某种保留离开时都没变，像在"我以为……"或者"我希望……"等中表达的那样。

我们现在可以看到性情在修辞中是如何运作的。它主要以或多或少有集体性并在不言自明的修辞中得到确认，或者在说到最高的价值时或多或少被神圣化的价值为基础，将距离与对方统一起来。这些价值越具有个人性，它们越倾向于变得有问题性、越表现得有冲突性，即使它对它们比对被置问的基本价值来说对集体性的危害较小。相比于死亡、家庭或社会运转方式的问题，人们更容易为他们的口味、意见或者欲望辩护。当谈到它们时，例如在关于堕胎或安乐死的辩论中，它们会比我们对列奥纳多（达·芬奇）画乔孔达（蒙娜丽萨）及其堂吉诃德式微笑的意见（据信每个人都虔诚地钦佩）产生更多的激情。

性情根据价值设想距离，这些价值是有或多或少的问题性或说或多或少可置问的回答。这种问题性体现在现实的关系中。有时这些差异表现为真实的个体与我们对他们的意象之间的差异。不一致产生于主体间关系的真实维度与意想维度之间的差距。

问题学框架中逻各斯的修辞结构

逻各斯是修辞关系的第二个成分。它是可由如教堂绘画中的形象或质朴的话语构成的语言。这意味着它通过考虑个体间的差异向受众传递问题学的差异——或者正被质疑的东西与表达回答的东西之间的差异。逻各斯通过运算因此通过运算符做到这一点。最明显的问题学差异化的形式当然是语法形式:疑问语与断定句之间的差异。修辞学开始于一个给出的回答意在回答某个间接问题,可以说是第二个问题,它是蕴涵的,因为该回答字面上回应的第一个问题从未提出过。这第二个问题对应于另一个可推论出的回答(如在论据化中),或者可以想出来(如在严格意义的修辞中)。问题学差异一般体现在修辞中,要么在论据与结论(推理)之间的差异中,要么在比喻义与字面义之间的差异中。极端比喻性的或抽象的东西(像绘画),会引起更多的问题。问题学差异用语之间的关系也是程度问题,可从纯粹重复赞同到纯粹反对排列起来。

修辞已被界定为在某个表达距离的问题上身份与个体之间差异的协商。为了表达这种距离,逻各斯必须能够调整问题性,从赞同性重复已经接受的回答到拒绝那些提出的回答。什么是论据化中同一性与差异协商的修辞的相似物呢?当这个问题不大有争议性时,我们对待起它来就像它没发生一样;风格和形式的雅致被用来通过"回答"而达到这种"像……一样"。就像论据化以特定方式给出理由解决它一样,当问题不能通过修辞手段消除时,修辞消除问题性,修辞手段用来造成不存在迫切问题的印象。

让我们从论据化开始谈起。什么是主要运算符或推理运算呢?作为一个一般特征,论据化始于解决问题性东西的非问题性。我们怎么进行呢?性情—逻各斯—情感结构给了我们解决办法;它复制了回答的方法的三元结构:同一性—因果关系—矛盾。当性情确实迫在眉睫时,同一性或被使用或被讨论,它从说话者的身份到对概念同一性的作用,从个人偏好到公允中肯。证明被反对的东西或者支持某种意见的人,是性情战略的特点。至于逻各斯,它反映世界秩序,外在于对话参与者,由事实、因果关系结构、后果、归责构成:"如果不吃饭,就不让你和朋友玩!"逻各斯充满警告、威胁、奖励、联想、关于世界的意见、关于奖惩的评价。我们通常通过提供撤回、让步、否定、拒绝、基于个人偏好的对别人的批评等,来缩小我们自身与情感之间的对立。在论证主张时，我们自会证明（必要时修正）什么被有问题、我们主张什么。如果有人在恐怖主义行为发生时在宗教的救世方面与我们有分歧，我们将通过坚持看起来正面的形而上学的定义来捍卫它（它让我们免于死亡和肉体消失）。如果有人拒绝说话者为她的名誉提供的辩护，她会坚持说名誉不是使用的语词所指的东西，而是某种别的东西（另一身份）。我们可以同样用任一处在论辩核心的问题去进行。A 杀死了 B 吗？这是一起谋杀吗？不，这是合法的自我防卫或一场事故。如此等等。

关于像在论据化的逻各斯中处理的同一性或性情就谈这么多。逻各斯还是对参照秩序也可以说是"世界"的反映，在这个世界中因果秩序主导其间。许多论据很有说服力或者充满力量，因为它们考虑了效果："如果你这么做，那件事就随之发生，所以我们别做它。"或者相反的情况："如果我们那么做，这件好事就会发生。"在许多实际情况中，我们使用这一因果关系去说服别人或者在他们不服从时让他们反应："天冷，穿上外套吧！"或者"如果你不吃蔬菜，你就也不能吃任何甜点！"

性情和逻各斯之后，我们还有情感：在论据化和论辩中，与他人的关系很自然地是一种矛盾的关系，否则就不会有任何论辩。辩论的最好方法之一就是反对或与对话者的立场相矛盾，或者否认其在某些方面的有效性。

在所有这些情况中，我们应该认识到存在着同一性和承认的一致或分歧程度，与否定一样，都与回答的更高或更低的问题性相关联。你可以对回应加以调整。你可以多少同意某人的意见，或者说你同意，然后修改对方的观点（"你是对的，但是……"）使之更接近你的观点。你还可以加上你自己的观点，而不指明你在修改对方的观点或者你与她的观点相矛盾。例如，如果有人对你说"人们应该吃没有农药的食品"，你总是可以补充说："我们也应该查查这些食品是从哪儿来的，以确保它们是安全的。"这样，我们有确认、重复或者简单的同意（＝）、否定或矛盾（－）、修改（±）和补充性回答（＋，或者相反时的－）。这些就是修辞中处理一定的回答、向受众说出问题的不同方法。那些运算符使问题学的差异模态化了。模式化并表达了来自受众或者受众所相信的回答者的距离。这些运算符把模型化了。修辞格是问题性的变体；这四种运算符作用于作为回答的回答。

　　然而在所有这些推理形式中，我们从被认为由所有论辩参与者接受的非问题性回答开始，然后移向一个问题性回答，这个回答也像回答提出的那个问题那样说出来。

　　论据化与修辞的等价建立在这样一个事实基础上，即它们是在修辞中处理问题的两种方法。你可以直接或间接地处理这个问题，通过某个回答来处理，这回答给人以已经解决了它的印象。现在，我们从这两种方法中都可以找到四种运算或运算符。著名的 Mu 小组以其问世于 1970 年的《普通修辞学》（General Rhetoric）说明了这四种运算的基础性，他们像我们大家一样，碰到了学院式的、武断的且无休无止的修辞格清单。从亚里士多德到昆提连，从杜马塞（Dumarsais）和冯塔尼（Fontanier）到维柯（Vico）和肯尼思·伯克（Kenneth Burke），他们各自都提出了自己的主要修辞格清单和选择那些作为最重要修辞格的理由。所有概念都有分歧，更别提用来装饰他们各自名单的奇怪、粗俗的名称。

　　尽管这样兴盛，多数专家赞同在严格意义的修辞中有很宽的修辞格名单：语言辞格和思想辞格。前者包括语音辞格（figures of sound）、词语辞格（figures of words）、结构辞格（figures of construction）或语法辞格，以及转义辞格（trope）。我们依赖这一较宽的划分，因为它很好地揭示了修辞中修辞格的作用和性质，修辞包括从文学到广告、从政治话语到日常生活语言。这样的修辞格分类贯穿了修辞学史而保持不变，即使某些特定修辞格及其名单的细节已经发生了变化而且有时变得很复杂。

　　当我们看语言辞格时，立即被这一事实所震撼：语音辞格经常令人愉悦地引起一个已解决的问题，该问题稍微有点问题性。当我们听见"哎哟、哎哟"这样的声音时，我们也会很快意识到疼痛。在结构辞格出现的问题某种程度上更有问题性，否则就不会强调现在使用语法来讨论的东西："Great you were, great you are, great you will be"（"您过去伟大，您现在伟大，您将来还伟大"）是一个典型的语法倒装情况，用来强调对话者的伟大，这在对话者眼里可能比他想看到的更有问题性。诸如隐喻或换喻这些转义手法，字面解读本身成了一个问题，意在引导读者转向另一种回答。"理查德是一头狮子"意思是作为人（x）的理查德不是人（$-x$，即动物），而这种二选一（$x/-x$）要求我们寻找另一种答案，这一答案使得 x 和 $-x$ 有意义，就是"理查德很勇敢"，因为勇敢为狮子和骄傲的理查德王所共有。至于思想辞格，它们并不绕过这个具有问题性的问题，因为这个问题甚至比在转义辞格中更有问题性，但是它们规定这个问题正在解决或者可以认为正在解决。撤回、让步、忽略、公开等，都规定着我们如何处理一个我们不能通过让它保持隐含状态而避免它的问题。问题性（增加了的）大小从语音辞格到思想辞格变化，后者经常用于论据化中。但在论据化中，问题摆在"桌面上"，这要求说话者提供支持和反对的论据。这里，观点的差异也是通过论据来表达的，而这些论据从类比性的（回指非问题性的先验性回答）到单纯的反对到巨大距离化（四种运算符用于这种目的）。

在严格意义的修辞和论据化两者中，我们都找到了 +、±、= 和 - 这四种运算符。如在比喻中，我们有维柯和肯尼思·伯克所描写的经典的主要转义辞格：隐喻（一种同一性）和讽喻（一种对立）以及换喻（±）（"船［或多或少或者在比喻意义上］是帆"、"维克多·雨果［或多或少或者在比喻意义上］就是一支大笔杆子"）和提喻——在其间夸大（+）和添加（"法国人喜欢葡萄酒"对所有法国人来说不是真的）。在语法辞格中，Mu 小组展示了四种运算的工作情况：我们重复语词（"地中海！地中海！"）时、在省略中删掉它们时，等等。隐喻、换喻、提喻和讽喻代表着应用于转义的四种运算符的情况。

严格意义上的修辞使用修辞格来处理这一问题，该问题可能或多或少具有问题性。这种问题性主导着修辞格的选择。但在每一类修辞格里，我们都有四种基本运算、比喻性的四种基本策略，就像我们拥有四种基本的论据化运算符一样：反对别人或其论题，缩小或夸大他的回答，附加以及类比化或者确认和同一性（如沉默）的其他形式。

问题学框架中情感的修辞学结构

情感是受众对说话者（性情）所提问题或者说话者对特定问题的回答的回应。我们能有多少反应呢？这里，可能性在结构上也有限的、可预测的。我们有：1）对问题感兴趣或者2）不感兴趣或无动于衷。让我们假设受众对问题感兴趣。他会怎样对说话者给出的回答做出反应呢？他可以同意（1）或不同意（2），我们还可以有由沉默的赞同表达的含蓄同意（3）或者也以沉默表达的含蓄不同意（4）。如果这种同意或不同意是明确的，受众（情感）可以向另一方向修改回答（5 和 6），或者甚至增加另一个回答来表达不同意（7）或同意（8）。这里有八种可能的情况，但我们基本上有四种类型的回应：=、±、+ 和 −。

这就解释了为什么会有 Mu 小组描写的修辞的四种运算。它们对应着四类可能的受众和距离化。

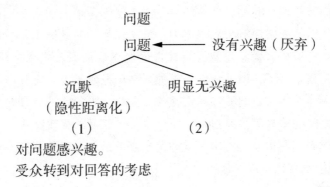

对问题感兴趣。

受众转到对回答的考虑

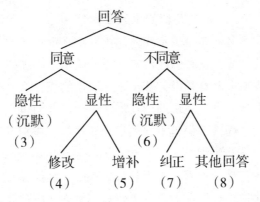

受众的各种回应预先决定着可能性。因为修辞是在特定问题上个体之间差异的协商，受众不仅可以像刚看到的那样对问题作出反应，也可以对个体之间的关系作出反应。主观性的从个人偏好出发的回应经常受到青睐，尤其是当受众用完论据时。那时就会诉诸从个人偏好出发的论据而非中肯切题的论据（它们仅对谈论中的东西产生影响）。一个典型的例子来自政治领域，在那里我们发现，不能在客观层面上互相回答的争论者诉诸"你呢，你有权时，你为什么不那么做呢"或"你是谁骂我…"等这类论据。从个人偏好出发的论据依靠说话者——他是谁，他做（或没做）什么，人们假设他在思考什么，以及与他相关的行动过程。事实是在话语中有一个起作用的坚持原则，它使我们能通过从对话语的关注转向对说出话语者的关注以及相反方向转变来改变策略。我们认为自己是怎样的人就是的怎样的人；人们认为我们是真诚的，当人们不同意我们说的话或者干脆不同意我们的意见时，我们感觉到像人们一样有问题，似乎我们的意见就是我们自身的一面镜子。当我们的意见甚至我们的生活方式没有完全被接受时，我们感觉到有问题。性格的力量使人想起在某人如何想我们的意见或兴趣和我们的人格保持距离的能力，但是在我们的社会里，事情经常不是这样。我知道某人爱好足球，当我告诉他我从来不看电视足球比赛时，他就不再与我讲话了，似乎我因为对他的一项爱好无动于衷而把他置于问题之中。无论如何，我们的修辞定义建立在对所提问题的处理与推动该问题的个体之间的差异等价基础上。① 因此，修辞可以聚焦距离、个体之间的差异，或者问题本身，使用客观的论据而不是依赖于赞同这个或那个观点的人的论据。

文学修辞学怎么样?

当唯有问题而不是距离至关重要时，修辞学必定只考虑问题性而且一般是所处理问题的性质。这种情况经常发生在政治中，在那里，选举候选人不知道他们的投票人究竟是谁，甚至不知道他们想什么，因为政治家们通常是在电视上对他们发表演讲的。在文学中，读者们也不知道就准确的意义向作者们提问，而作者们也不知道谁在读他们，更别说将来、他们死后谁会读。很显然（指形式上）没有要协商的距离，因为似乎它是无限的或者没有可能的确定性。然而，文学是修辞性的。在何种意义上？话语的语境存在于文本之中：我们称为自动语境化。例如，巴尔扎克通常用十余页的篇幅描写人物、房屋、风景，以及我们在日常生活中看到的人、我们不必跟受众交流的事物（受众也能看到）。在文学中，我们只能知道文本告知我们的。我想，其余的都没用（在诗歌中，告诉我们的很少，因为没有事件的叙述，而现实更多是各种感情的事）。问题的问题性如何考虑呢？问题学差异必须整合在文本之内（即被自行语境化）。问题越文学性地表达，其解决就一定越有文学性。现实主义文学的语言都更有指称性，更像日常生活话语。叙述者与其受众之间的距离很弱，通过与当时社会中每个人相同的口语风格来协商。这种风格的全部困难是通过情节的解决去捕捉

---

① L = 逻各斯，E = 性情，P = 情感：$\Delta L = \Delta (E - P)$。建立在逻各斯、在问题本身的处理基础上的论据，等价于依赖个人之间距离的论据。

并俘获读者。文本就是某种解决方案:这类叙述的例子是恐怖或爱情故事。开头我们面对一个问题,小说以给出答案结尾。如果做得不好,我们会很快合上书。

相反,一个问题越不是字面上的,文本越有问题性和比喻性(文本用来区分问题性和回答的技巧),而读者得更主动以便去发现(如果不是提供)意义。通过使用比日常语言中看到的更神秘的形式和更不常见的风格,可以增加距离。这由比喻语言与字面语言之间的距离标志,字面语言在文本中越来越少,而在文本外越来越多。确定意义越多地落在了读者的肩上,读者需要找到它,或者承认其中没有留下任何东西。我们在现代主义文学(乔伊斯、卡尔维诺、博尔赫斯、卡夫卡是很好的例子)和现代诗(从叶芝到庞德、从蒙塔莱①到文森特·阿莱桑德雷②,从马拉美到保罗·策兰③)中发现这种神秘性都已增加。这种文学的目的看来是质问自己,现实自身成了一个问题。文学已变成没有字面意义的比喻性。意义是发现了意义不再提出来作为一种回答,意义就是问题自身。这就是剩下的唯一回答。

我们的文学中比喻性增加的规律甚至看来是文学的历史发展规律。这并不是说我们不再阅读或写作恐怖小说或爱情故事。而只是说随着有越来越多的历史差异,一定会出现新的叙述模式,历史差异的独特特征用新的形式表达,问题性看着更加明显更有文本性。我把这种文学修辞学的原则叫做逆向问题性规律(在字面语言与比喻语言之间,特定问题越用字面义语言,文本的比喻性越少,反之亦然)。它也说明了一些文学理论,从阐释学(弱问题性)到接受理论和解构(声称没有对问题的单一回答,而是多个等价回答,每一个都比别的更主观)。

正像我们有一种仅仅以距离为基础的修辞学——可以说是社会修辞学,我们也有一种聚焦于形式的修辞学,在这种修辞学里,问题的形式化和表达方式控制着性情与情感之间的关系。文学就是这样。

---

① 埃乌杰尼奥·蒙塔莱(1896—1981),Montale,Eugenio,意大利诗人。1896 年 10 月 10 日生于热那亚,1981 年 9 月 12 日卒于米兰。——译注

② 阿莱桑德雷(Vincente Aleixandre Melo,1900—),西班牙诗人。主要诗集有《毁灭或爱情》、《天堂的影子》、《心的历史》、《终极的诗》等,1977 年获诺贝尔文学奖。——译注

③ 保罗·策兰(Paul Celan,1920—1970),罗马尼亚诗人,生于一个讲德语的犹太家庭,父母死于纳粹集中营,策兰本人历尽磨难,于 1948 年定居巴黎。——译注

结 论

我本可继续推进我们的分析，但缺少空间迫使我只能给出我的问题学的修辞学基础，最近我已经在我的《修辞学原理》（2008）中对之做了全面的解释。这种理论的主要特点是它使我们能够通过使用思维和语言的问题观而实现其他方法。性情、情感、逻各斯、个人之间的距离或差异、分化（或加入）论争参与者的问题的问题性强弱，是这种真正的"新修辞学"的关键概念。修辞学不是自足的；而是像亚里士多德十分清楚地看到的那样，它属于哲学，并且是哲学突出的领域之一。问题学就是这种新哲学的名称，在这种新哲学中，思考被认为是问题和回答，要求这两者之间的差异要表达出来。修辞学可以在它们的合并方面发挥作用（柏拉图的操作观就沿这个方向发展），然而论证可以消除问题性与非问题性之间的混淆。有时候，修辞比给出理由恰当；它是思想的经济学，在这里，暗示比推论更重要。比喻性确实比推理表现得更好。两者都是通过思考和话语面对问题的互补方式。修辞包含这两者，成为在一个问题性的世界里寻找答案的不可避免的心智工具，在这个世界中价值、事实以及已为大家接受的意见比以往任何时候都更脆弱。

布鲁塞尔大学

我对尼克·特恩布尔（Nick Turnbull）教授（曼彻斯特大学）和詹姆斯·克罗斯怀特（James Crosswhite）教授（俄勒冈—尤金大学）感激不尽，他们非常热情地帮助我打磨这个文本。